Advanced Deep Learning with Keras

# 深度學習
## 使用 Keras

U0098758

# 本書貢獻者

## 作者

**Rowel Atienza** 是菲律賓大學電子電機學院的助理教授，該校位於菲律賓奎松市。他也是 Dado and Maria Banatao 學院的人工智慧講座教授。自從畢業於菲律賓大學之後，Rowel 就深深著迷於各種智慧型機器人。他擁有新加坡國立大學的機械工程碩士學位，作品是一台整合了 AI 技術的四足機器人。接著，他在澳洲國立大學完成了博士學位，研究領域是人機互動系統的主動視線追蹤。Rowel 現在的研究領域著眼於 AI 與電腦視覺，他的夢想是打造一台可以感知、理解與推理的機器。為了實現夢想，Rowel 取得了菲律賓科技部、三星菲律賓研究院以及菲律賓 - 加州高級研究所高等教育委員會（CHED-PCARI）的贊助計畫。

## 致謝

感謝我的家人：Che、Diwa 與 Jacob，他們總是支持我所做的。

感謝母親循循教導我關於教育的價值。

要對 Packt 所有同仁以及本書諸位技術編輯，Frank、Kishor、Alex 與 Valerio 等人表達謝意。他們不但靈感四射，還很好相處。

感謝以下單位長久以來支持我的教學與研究計畫：菲律賓大學、菲律賓科技部、三星菲律賓研究院與 CHED-PCARI。

感謝我的學生們在我研發各種 AI 課程時所表現出的耐心。

# 關於編審

**Valerio Maggio** 是位博士後資料科學家，在義大利 Trento 市的 Fondazione Bruno Kessler（FBK）研究院的生醫與環境之預測模型（Predictive Models for Biomedicine and Environment, MPBA）實驗室中負責機器學習與深度學習。Valerio 擁有義大利拿坡里費德里克二世大學的電腦科學博士學位，研究領域為機器學習與深度學習在軟體維護與計算生物學領域上的應用。Valerio 在 Python 科學社群中也非常活躍，在許多 Python 研討會都曾發表演說。

他曾擔任 PyCon Italy、PyData Florence 與 EuroSciPy 的主辦人。他在深度 / 機器學習研究中都以 Python 做為主要開發語言，大量使用 Python 進行資料分析、視覺化與學習。而換到了深度學習領域，Valerio 是知名 Keras/TensorFlow 教學的作者，請參考他的 GitHub—github.com/leriomaggio/deep-learning-keras-tensorflow—也常出現在各大研討會（EuroSciPy、PyData London、PySS）與大學課堂中。Valerio 超愛喝紅茶，也是位魔法風雲會的老派玩家，不只喜歡玩也樂於幫助新手。

# 目錄

# CHAPTER 07   跨域 GAN     207

# CHAPTER 08   變分自動編碼器     243

# CHAPTER 09　深度強化學習　　　　　　　277

# 前言

近年來,深度學習在不同領域已催生了數量空前的成功案例,例如視覺、語音、自然語言處理／理解,以及所有會用到大量資料的領域。諸多公司、大學、政府與研究單位對這個領域所展現的高度興趣,使得這個領域發展地愈來愈快。本書談到了深度學習領域中幾個重要的技術革新並介紹其相關理論,依序介紹了基礎背景原理、深入討論概念下的脈絡、使用 Keras 來實作各方程式與演算法,最後驗證其結果。

人工智慧(**Artificial Intelligence, AI**),直到今天也還談不上是一個眾人皆知的領域。作為 AI 的一個子領域,深度學習也是一樣。雖然還遠不到成熟應用的階段,但許多現實世界中的應用,像是以視覺為基礎的偵測與辨識、商品推薦、語音辨識與合成、節能、藥物探索、金融行銷等領域早已運用了各種深度學習演算法,也發現並完成了各式各樣的應用。本書的目標是向你說明各種進階概念、範例程式,好讓讀者(同時也是各自領域的專家)能鎖定目標的應用。

一個未成熟的領域好比一把雙刃劍。一方面提供了大量的機會讓大家去探索與運用,深度學習還有許多懸而未決的問題,這有機會轉變成搶先上市的商品、論文發表或名氣。另一方面,在某項任務至關重要的環境下,要信任一個未被大眾完全理解的領域是很不容易的。這麼說吧,要找到一位願意搭乘完全由深度學習系統所控制之自動駕駛飛機的機器學習工程師,可說是難上加難。要取得大眾的高度信任,還有很長一段路要走。本書中所討論的各種進階觀念很有機會在日後取得大眾信任而扮演非常重要的角色。

不會有任何一本深度學習書籍有辦法涵蓋整個領域,本書也不例外。在有限的時空下,我們將帶你認識諸多有趣的領域,例如偵測、切割與辨識、影像內容理解、機率推論、自然語言處理／理解、語音合成與自動機器學習。筆者相信本書所介紹的領域已足以讓讀者們繼續深入本書未涵蓋到的內容。

在你開始閱讀本書之前,請記得這是一個精彩且足以對社會產生重大影響的領域。很幸運,我們所擁有的工作,正是每早醒來就非常期待去做的。

## 本書是為誰所寫

本書的目標讀者鎖定想要更認識關於深度學習的各種進階議題的機器學習工程師與學生們。每段討論都搭配了 Keras 實作程式碼,所以本書也適合想要知道如何使用 Keras 將理論變成可運作程式碼的讀者們。除了熟悉理論之外,實作程式範例也是將機器學習應用到真實世界問題時最困難的任務之一。

## 本書內容

*第 1 章* | 認識進階深度學習與 *Keras*,介紹了深度學習領域的重要觀念,例如最佳化、正規化、損失函數、常用的網路架構與層,以及如何用 Keras 來實作。本章也使用了 Sequential API 複習了深度學習與 Keras。

*第 2 章* | 深度神經網路的內容是 Keras 的 Functional API,並使用這個 API 在 Keras 中驗證並實作兩款常用的深度網路架構:ResNet 與 DenseNet。

*第 3 章* | 自動編碼器中談到了自動編碼器這個常見的網路架構,可用來找出輸入資料中的潛在特徵。本章使用 Keras 來討論並實作了自動編碼器的兩種應用:降噪與上色。

*第 4 章* | GAN 生成對抗網路,介紹了當前深度學習領域最重要的進展。GAN 可用於生成全新的合成資料,就和真的一樣。本章介紹了 GAN 的基本原理,並使用 Keras 來實作了兩種 GAN:DCGAN 與 CGAN。

*第 5 章* | 各種改良版 GAN 介紹了用於改良基礎 GAN 的各種演算法。這些演算法解決了訓練 GAN 時的難點,並提升了合成資料的品質。本章介紹了 WGAN、LSGAN 與 ACGAN,並用 Keras 來實作。

*第 6 章｜抽離語意特徵 GAN* 討論了如何控制 GAN 所產生之合成資料的各種屬性。在抽離了潛在特徵之後，就可以控制所要的屬性了。本章介紹了兩種抽離語意特徵技術：InfoGAN 與 StackedGAN，並用 Keras 來實作。

*第 7 章｜跨域 GAN* 介紹了 GAN 的一項實務應用：將某個領域的影像轉譯到另一個領域，也就是俗稱的跨域轉換。本章一樣使用 Keras 來討論並實作了 CycleGAN 這款廣泛運用的跨域 GAN，另外也示範了如何使用 CycleGAN 來進行上色與風格轉換。

*第 8 章｜變分自動編碼器* 是深度學習領域的另一個重要進展。類似於 GAN，VAE 也是一款能夠產生合成資料的生成模型。但又有點不一樣，VAE 專攻可解碼的連續型潛在空間，適合用於進行變分推論。本章也介紹並用 Keras 實作了 VAE 與其變形款：CVAE 與 $\beta$-VAE。

*第 9 章｜深度強化學習* 介紹了強化學習與 Q 學習的運作原理，說明了兩種在離散型動作空間中實作 Q-學習的技術：Q 表更新與深度 Q 網路（DQN）。接著，使用 Python 來實作 Q-學習以及用 Keras 來實作 DQN，兩者都是在 OpenAI gym 環境中來完成。

*第 10 章｜策略梯度方法* 談到了如何讓神經網路學會強化學習中的決策策略。本章介紹並用 Keras 與 OpenAI gym 環境實作了四種方法：REINFORCE 法、具基準的 REINFORCE 法、動作-評價法、優勢動作-評價法（A2C）。本章的範例說明了如何在連續型動作空間中執行策略梯度方法。

# 本書所需軟硬體

- **深度學習與 Python 程式**：深度學習以及如何用 Python 實作的基本知識。如果你曾經使用 Keras 來實作深度學習演算法當然是很好，但沒經驗者也是沒問題的。「*第 1 章│認識進階深度學習與 Keras*」說明了深度學習的重要觀念以及如何使用 Keras 來實作。

- **數學**：我們假設本書讀者對於微積分、線性代數、統計與機率具備大學程度的理解。

- **GPU**：本書中絕大部分的 Keras 範例都需要 GPU。如果沒有 GPU，多數程式範例會因為時間關係（數小時甚至數天）而變得不太適合。本書範例使用的資料大小還算合理，這是為了盡量避免去用到高效能的電腦。讀者的顯示卡等級至少要是 NVIDIA GTX 1060 這類規格才行。

- **編輯軟體**：本書的程式範例是在 Ubuntu Linux 16.04 LTS、Ubuntu Linux 17.04 與 macOS High Sierra 等作業系統中的 vim 編輯器所完成的，但你可改用任何適用 Python 的文字編輯器。

- **Tensorflow**：Keras 需要一個後端。本書範例都是用 Keras 與 TensorFlow 後端所完成的。請確認你的 GPU 驅動程式與 tensorflow 都已正確安裝。

- **GitHub**：大家都是從範例與實驗中來學習的。請 git pull 或 fork 本書 GitHub 上的程式集。取得之後，驗證、執行、修改，再次執行。對各個範例程式進行各種創意十足的修改吧。這樣就是對本書所介紹的所有理論最好的讚美。如果你願意對本書的 GitHub 給顆星，也是非常感謝的喔！

# 下載範例程式碼

本書範例程式碼可自以下網址取得：

https://github.com/PacktPublishing/Advanced-Deep-Learning-with-Keras

# 下載彩色圖片

你可在此取得本書螢幕截圖與圖示的彩色 PDF 檔：

http://www.packtpub.com/sites/default/files/downloads/
9781788629416_ColorImages.pdf

# 慣用標示與圖例

本書範例皆使用 Python，精確來說是 python3。配色是根據 vim 編輯軟體的設定
而來，請看以下範例：

```python
def encoder_layer(inputs,
                  filters=16,
                  kernel_size=3,
                  strides=2,
                  activation='relu',
                  instance_norm=True):
    """Builds a generic encoder layer made of Conv2D-IN-LeakyReLU
    IN is optional, LeakyReLU may be replaced by ReLU

    """

    conv = Conv2D(filters=filters,
                  kernel_size=kernel_size,
                  strides=strides,
                  padding='same')

    x = inputs
    if instance_norm:
        x = InstanceNormalization()(x)
    if activation == 'relu':
```

```
        x = Activation('relu')(x)
    else:
        x = LeakyReLU(alpha=0.2)(x)
    x = conv(x)
    return x
```

docstring 會盡量保留，不行的話至少會用文字註解來節省篇幅。

命令列或終端機指令會如下表示：

$ python3 dcgan-mnist-4.2.1.py

範例程式碼檔名如下所示：algorithm-dataset-chapter.section.number.
py。命令列方法請參考第 4 章第二段的第一個程式範例，是運用 DCGAN 於
MNIST 資料集。某些情況下，原本要明確執行的命令列指令可能沒有被寫出來，
但應該都長這樣：

$ python3 name-of-the-file-in-listing

範例程式的檔名已包含在其標題中。

# 1

# 認識進階深度學習與 Keras

本書第 1 章將介紹三種不同的深度學習類神經網路，後續在書中都會用到。三種深度學習模型包含了 MLP、CNN 與 RNN，這些是本書所要談到的進階深度學習主題的基石，例如自動編碼器與 GAN。

本章將帶領你一同使用 Keras 函式庫來實作這些深度學習模型。我們會先說明 Keras 為什麼是一款絕佳的工具，接著，才是深入討論關於這三種深度學習模型的安裝與實作。

本章學習內容如下：

- 理解為什麼 Keras 函式庫是用於進階深度學習的絕佳方案

- 介紹 MLP、CNN 與 RNN—這些是多數進階深度學習模型的基石，本書後續都會用到

- 提供使用 Keras 與 TensorFlow 來實作 MLP、CNN 與 RNN 的各種範例

- 介紹各種重要的深度學習，包括最佳化、正規化、與損失函數

本章最後會用 Keras 來實作基礎的深度學習模型。下一章所談到的進階深度學習主題就是以本章的實作為基礎，例如深度網路、自動編碼器與 GAN。

# 為什麼 Keras 是最棒的深度學習函式庫？

Keras [*Chollet, François, "Keras (2015)." (2017)*] 是一款熱門的深度學習函式庫，本書寫作時已有超過 25 萬名開發者投身其中，這個數字可說是每年翻倍成長。超過六百位貢獻者積極在維護。本書幾個範例已經收錄在 Keras 官方的 GitHub。Google 的 **TensorFlow** 是套熱門的開放原始碼深度學習函式庫，採用了 Keras 做為自家函式庫的高階 API。在產業方面，Keras 已被 Google、Netflix、Uber 與 NVIDIA 這類主流高科技公司所採用。本章將介紹如何運用 **Keras 的 API**。

本書範例實作之所以選用 Keras，是因為它是一款專門用來加速深度學習模型實作的函式庫。這使得 Keras 很適合用於實作，例如，在探索本書中各種關於深度學習進階觀念的時候。由於 Keras 與深度學習可說是緊密交織，在充分運用各種 Keras 函式庫之前，確實有必要先學會關於深度學習的各種重要概念。

本書所有範例都可由此取得：
`https://github.com/PacktPublishing/Advanced-Deep-Learning-with-Keras`

Keras 是款能讓建置與訓練模型都更有效率的深度學習函式庫。在函式庫，各層就像樂高積木一樣彼此連接，使得模型本身乾淨整齊又容易理解。訓練模型也很直觀，只需要監控資料、一定數量的訓練回合與一些要監控的評量指標而已。這使得多數的深度學習模型只需要更少量的程式碼就能實作出來。使用 Keras 可節省程式碼實作所需的時間來提高生產力，而將資源投入在更關鍵的任務，像是找到更棒的深度學習演算法等。我們會結合 Keras 與深度學習，因為它可提升上述三種深度學習網路的效率，本章後續就會談到。

同樣地，Keras 也很適合用於快速實作各種深度學習模型，例如本書中所提到的。運用順序型（**Sequential**）**Model API**，常用的模型只要幾行程式碼就能搞定。可別被這樣的簡化誤導了，Keras 也可用來建置更進階更複雜的模型，運用其 API 以及可供客製化來滿足特殊需求的 Model 與 Layer 類別就能做到。**Fuctional API**

支援建置運算圖式的模型、層再利用以及行為模式類似於 Python 函數的模型。同時，Model 與 Layer 類別也提供框架來實作不常見或實驗性深度學習模型與層。

## 安裝 Keras 與 TensorFlow

Keras 並非一個獨立的深度學習函式庫。如圖 *1.1.1*，它是建立在另一套深度學習函式庫（或稱為後端）之上，例如 Google 的 **TensorFlow**、MILA 的 **Theano** 或 Microsoft 的 **CNTK**。而 Keras 支援 Apache 的 **MXNet** 則是最近才完成的事情。我們會用 **Python 3 搭配 TensorFlow 後端**來完成本書的範例，這是因為 TensorFlow 實在太熱門而成為大家所常用的後端之一。

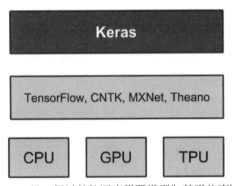

圖 1.1.1：Keras 是一個以其他深度學習模型為基礎的高階函式庫。
Keras 支援 CPU、GPU 與 TPU。

在 Linux 或 macOS 作業系統中，只要編輯 Keras 設定檔 `.keras/keras.json` 就可以切換到不同的後端。根據低階演算法在實作上的差異，同一套神經網路的速度會根據執行在不同的後端上而有所不同。

而看到硬體面，Keras 可在 CPU、GPU 與 Google 的 TPU 上執行。本書會用 CPU 與 NVIDIA GPU 來執行（GTX 1060 與 GTX 1080Ti）。

在進入本書其他部份之前，得先確保你把 Keras 與 TensorFlow 都安裝好了。安裝方式相當多元，例如以下語法是使用 `pip3`：

```
$ sudo pip3 install tensorflow
```

如果你手邊有一款支援的 NVIDIA GPU，其驅動程式、NVIDIA 的 **CUDA** 工具包與 **cuDNN 深度神經網路函式庫**也都安裝完成，那推薦你安裝支援 GPU 的 Keras，這樣可以讓訓練與預測更快。：

```
$ sudo pip3 install tensorflow-gpu
```

下一步是安裝 Keras：

```
$ sudo pip3 install keras
```

本書某些範例會用到額外的套件，例如 pydot、pydot_ng、vizgraph、python3-tk 與 matplotlib 等。在進行之前得先把它們安裝好。

如果 TensorFlow、Keras 與相依套件都已安裝，執行以下指令應該不會看到錯誤訊息：

```
$ python3
>>> import tensorflow as tf
>>> message = tf.constant("Hello world!")
>>> session = tf.Session()
>>> session.run(message)
b"Hello world!"
>>> import keras.backend as K
Using TensorFlow backend.
>>> print(K.epsilon())
1e-07
```

如果看到類似以下關於 SSE4.2 AVX AVX2 FMA 的訊息，請忽略即可，不會有安全性的影響。如果要移除這個錯誤訊息，你得由此重新編譯與安裝 TensorFlow 原始程式碼：https://github.com/tensorflow/tensorflow。

```
tensorflow/core/platform/cpu_feature_guard.cc:137] Your CPU supports
instructions that this TensorFlow binary was not compiled to use:
SSE4.2 AVX AVX2 FMA
```

本書無法完整介紹所有的 Keras API，而只會談到關於進階深度學習主題所需的內容。更多資訊請參考 Keras 官方文件：https://keras.io。

# 實作核心深度學習模型 – MLP、CNN 與 RNN

先前已經提過會用到三種深度學習模型，包含：

· **MLP**：多層感知器（Multilayer Perceptron）

· **CNN**：卷積神經網路（Convolutional Neural Network）

· **RNN**：循環神經網路（Recurrent Neural Network）

以上就是本書會用到的三種神經網路。除了獨立使用之外，你也會發現它們常常組合起來好匯集各家之長。

本章後續段落中會依序介紹這三種神經網路。下一段會談到 MLP 與其他重要主題，例如損失函數、最佳器與正規化器，然後才討論 CNN 與 RNN。

## MLP、CNN 與 RNN 的差異

多層感知器（簡稱 MLP）就是一個全連接網路。在某些文獻裡，它被稱為深度前饋（feedforward）網路或前饋神經網路。從目標應用來認識這些網路有助於我們理解這些進階深度學習模型的設計原理。MLP 常用於簡易的算術與線性迴歸問題。不過，MLP 在處理順序型與多維度資料樣式上的效能不是太好。它在先天設計上很難去記得順序型資料的樣式，並且需要相當大量的參數才能處理多維度資料。

RNN 很常用於順序型的輸入資料，因為其內部設計能讓網路去發掘歷史資料的相依性，這對於預測來說相當有用。而對於圖片或影片這類多維度資料，CNN 在擷取用於分類、分割、生成或其他目的特徵圖都相當不錯。在某些狀況下，型態為 1D 卷積的 CNN 也可用於能接受順序型輸入資料的網路。然而在多數深度學習模型中，會把 MLP、RNN 與 CNN 結合起來讓它們發揮各自所長。

單單使用 MLP、RNN 或 CNN 無法兜成深度網路的全貌，還需要找到 **目標函數**（或損失函數）、**最佳器** 與 **正規化器**。由於損失函數是模型學習一個相當不錯的指標，因此，目標是在訓練過程中去降低損失函數值。為了最小化這個值，模型會用到最佳器，就是用於每個訓練步驟中決定如何調整權重與偏差的一種演算法。訓練

後的模型需可適用於訓練資料與測試資料,甚至未曾見過的輸入資料也能夠處理。正規化器則是確保這個訓練的模型可適用於全新未見的新資料。

# 多層感知器(MLP)

三種網路中,首先要登場的是**多層感知器**(**multilayer perceptron, MLP**)。假設現在的目標是建立一個可以辨識手寫數字的神經網路。例如當網路輸入是一張手寫數字 8 的圖片,對應的預測結果就是數字 8。這是可用邏輯迴歸進行訓練的常見分類器網路功能。為了訓練與驗證分類器網路,手寫數字的資料集數量一定要夠大才行。Modified National Institute of Standards and Technology Dataset(簡稱 MNIST)[1],可說是深度學習的的 *Hello World!* 範例,並且是一個適用於分類手寫數字的資料集。

在深入討論多層感知器模型之前,有必要先認識 MNIST 資料集。本書有很多範例都會用到這個資料集。由於其高達 70,000 筆的樣本不但小又包含了足夠的資訊,因此 MNIST 很適合用來解釋並驗證各種深度學習理論:

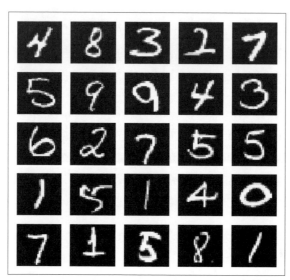

圖 1.3.1:MNIST 資料集中的一些範例影像,每張都是 28×28 像素的灰階影像

# MNIST 資料集

MNIST 是一堆 0 到 9 的手寫數字大全集。它的訓練資料集共有 60,000 張影像，而訓練資料集則有 10,000 張已經分類到對應類別（或稱為標籤）的測試影像。在某些文獻中，目標（**target**）或實況（**ground truth**）等詞就等於本書所說的**標籤**（**label**）。

上圖是 MNIST 的一些範例影像，每張都是 28×28 像素的灰階影像。為了方便運用 MNIST 資料集，Keras 提供了可以自動下載以及提取影像與標籤的 API。**範例 1.3.1** 示範了如何只用一行程式就能載入 MNIST 資料集，會計算訓練與測試標籤的數量，並隨機繪製數字影像出來。

範例 1.3.1，`mnist-sampler-1.3.1.py`。這份 Keras 程式碼示範了如何存取 MNIST 資料集、隨機繪製 25 個樣本，並計算訓練資料集與測試資料集中的標籤數量：

```python
import numpy as np
from keras.datasets import mnist
import matplotlib.pyplot as plt

# 載入資料集
(x_train, y_train), (x_test, y_test) = mnist.load_data()

# 計算不重複訓練標籤數量
unique, counts = np.unique(y_train, return_counts=True)
print("Train labels: ", dict(zip(unique, counts)))

# 計算不重複測試標籤數量
unique, counts = np.unique(y_test, return_counts=True)
print("Test labels: ", dict(zip(unique, counts)))

# 從訓練資料集隨機取樣25個mnist數字
indexes = np.random.randint(0, x_train.shape[0], size=25)
images = x_train[indexes]
labels = y_train[indexes]

# 繪製25個mnist數字
plt.figure(figsize=(5,5))
for i in range(len(indexes)):
    plt.subplot(5, 5, i + 1)
    image = images[i]
    plt.imshow(image, cmap='gray')
```

```
        plt.axis('off')

plt.show()
plt.savefig("mnist-samples.png")
plt.close('all')
```

`mnist.load_data()` 方法在此非常方便，有了它就不再需要逐一載入所有 70,000 影像與標籤再存入陣列中了。請在命令列中執行 `python3 mnist-sampler-1.3.1.py`，會顯示訓練與測試資料集的標籤分配狀況：

```
Train labels:  {0: 5923, 1: 6742, 2: 5958, 3: 6131, 4: 5842, 5: 5421, 6:
5918, 7: 6265, 8: 5851, 9: 5949}
Test labels:  {0: 980, 1: 1135, 2: 1032, 3: 1010, 4: 982, 5: 892, 6: 958, 7:
1028, 8: 974, 9: 1009}
```

程式稍後會隨機繪製 25 個數字並如圖 *1.3.1* 所示。

在討論多層感知器分類器模型之前，別忘了 MNIST 資料既然是 2D tensor，就應該根據輸入層類型來重新調整形狀。下圖說明如何將 3×3 灰階影像根據 MLP、CNN 與 RNN 輸入層來調整形狀：

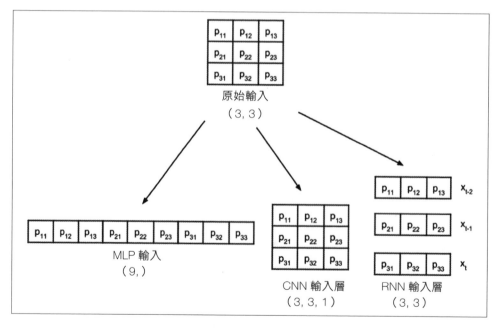

圖 1.3.2：類似於 MNIST 資料的輸入影像根據輸入層型態來調整形狀。
在此使用 3×3 灰階影像以便說明。

# MNIST 數字分類器模型

圖 *1.3.3* 是一款可用於分類 MNIST 數字的 MLP 模型。把單元或感知器攤開來看，MLP 模型就是一個全連接網路，如圖 *1.3.4*。圖中也可看出在 $n^{th}$ 單元中，如何以感知器的輸出作為權重 $w_i$ 與偏差值 $b_n$ 的函數來求得輸出。**範例** *1.3.2* 是對應的 Keras 實作。

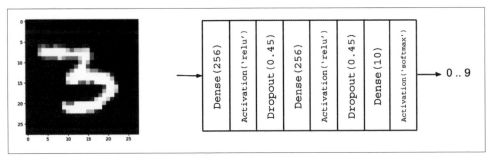

圖 1.3.3：MLP MNIST 數字分類器模型。

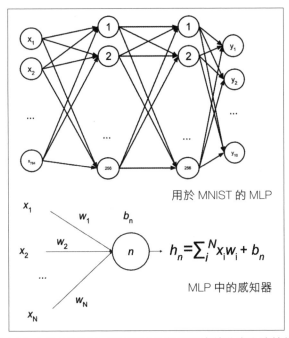

圖 1.3.4：圖 1.3.3 中的 MLP MNIST 數字分類器是由彼此完全連接的層所組成。
為了簡化，在此未標出觸發與 dropout，且只用一個單元（感知器）來說明。

範例 1.3.2，`mlp-mnist-1.3.2.py` 是以 MLP 為基礎的 MNIST 數字分類器模型之 Keras 實作：

```python
import numpy as np
from keras.models import Sequential
from keras.layers import Dense, Activation, Dropout
from keras.utils import to_categorical, plot_model
from keras.datasets import mnist

# 載入mnist資料集
(x_train, y_train), (x_test, y_test) = mnist.load_data()

# 計算標籤數量
num_labels = len(np.unique(y_train))

# 轉換為one-hot向量
y_train = to_categorical(y_train)
y_test = to_categorical(y_test)

# 影像維度（假設為矩形）
image_size = x_train.shape[1]
input_size = image_size * image_size

# 調整尺寸與標準化
x_train = np.reshape(x_train, [-1, input_size])
x_train = x_train.astype('float32') / 255
x_test = np.reshape(x_test, [-1, input_size])
x_test = x_test.astype('float32') / 255

# 網路參數
batch_size = 128
hidden_units = 256
dropout = 0.45

# 模型是3層的MLP，每層都有ReLU觸發與dropout
model = Sequential()
model.add(Dense(hidden_units, input_dim=input_size))
model.add(Activation('relu'))
model.add(Dropout(dropout))
model.add(Dense(hidden_units))
model.add(Activation('relu'))
model.add(Dropout(dropout))
model.add(Dense(num_labels))
# 用於one-hot向量的輸出
model.add(Activation('softmax'))
```

```
model.summary()
plot_model(model, to_file='mlp-mnist.png', show_shapes=True)

# one-hot向量的損失函數
# 使用adam最佳器
# 準確度對於分類任務來說是相當好的評量指標
model.compile(loss='categorical_crossentropy',
              optimizer='adam',
              metrics=['accuracy'])
# 訓練網路
model.fit(x_train, y_train, epochs=20, batch_size=batch_size)

# 根據測試資料集來驗證模型，藉此判斷一般性是否足夠
loss, acc = model.evaluate(x_test, y_test, batch_size=batch_size)
print("\nTest accuracy: %.1f%%" % (100.0 * acc))
```

資料的形狀與格式都必須正確才能實作模型。在載入 MNIST 資料集之前，可以這樣計算標籤的數量：

```
# 計算標籤數量
num_labels = len(np.unique(y_train))
```

num_labels = 10 這樣寫死也是一個做法，但讓電腦來計算應該是更好的選擇。程式碼中指定 y_train 代表 0 到 9 的標籤。

這時的標籤格式為數字 0 到 9。這種稀疏的純量標籤表示方式並不適用於會輸出各自類別機率的神經網路預測層。有個很適合的格式稱為 **one-hot** 向量，這是一個長度為 10 的向量，除了輸出數字類別的索引值為 1 之外，其他所有元素皆為 0。例如當標籤為 2，對應的 one-hot 向量就是 [0,0,1,0,0,0,0,0,0,0]。第一個標籤的索引值為 0。

以下程式碼會把各個標籤轉換為 one-hot 向量：

```
# 轉換為one-hot向量
y_train = to_categorical(y_train)
y_test = to_categorical(y_test)
```

在深度學習中，資料是被儲存在**張量**（**tensor**）裡面。tensor 一詞可適用於純量（0D tensor）、向量（1D tensor）、矩陣（2D tensor）以及多維度 tensor。從現在起除非用純量、向量或矩陣會更能解釋清楚，否則一律用 tensor 一詞。

接著,就是要計算影像維度,第一 Dense 層的 input_size,並將各像素數值範圍從原本的 0 到 255 調整為 0.0 到 1.0。雖然原始像素值也可以直接使用,但最好還是將輸入資料進行標準化以避免梯度過大導致訓練困難。網路輸出也要進行標準化。訓練時也可以將輸出 tensor 乘以 255。

現在所介紹的模型是以 MLP 層為基礎,因此,輸入應該是 1D tensor 才對。因此,x_train 與 x_test 都會被分別重塑為 [60000, 28 * 28] 與 [10000, 28 * 28]。

```
# 影像維度(假設為矩形)
image_size = x_train.shape[1]
input_size = image_size * image_size

# 調整尺寸與標準化
x_train = np.reshape(x_train, [-1, input_size])
x_train = x_train.astype('float32') / 255
x_test = np.reshape(x_test, [-1, input_size])
x_test = x_test.astype('float32') / 255
```

## 使用 MLP 與 Keras 來建置模型

資料準備就緒之後就可以建置模型了。在此的模型是由三個 MLP 層所組成。Keras 把 MLP 層稱為 **Dense**,代表密集連接層。第一與第二 MLP 層完全相同,各有 256 個單元,接著,是 relu 觸發與 dropout。之所以選用 256 單元是因為 128、512 與 1,024 單元的效能較差。網路在 128 單元時會很快收斂,但測試準確度也較低。而把單元數拉高到 512 或 1,024 並不會大幅提升測試準確度。

單元數量稱為**超參數**(**hyperparameter**),它控制了網路的**容量**(*capacity*)。容量是指網路可模擬出的函數複雜度。例如對於多項式來說,超參數就是其次方數。只要次方數增加,函數容量也會增加。

如以下模型,在此使用 Keras 的 Sequential Model API 來實作一個分類器模型。當模型只需要一個輸入、一個輸出,且只需要由順序排列層來處理時,這樣已經很足夠。為了簡化,現在用到這個就好,不過,到了「*第 2 章|深度神經網路*」時,就會用到 Keras 的 Functional API 來實作進階的深度學習模型。

```
# 模型是3層的MLP，每層都有ReLU觸發與dropout
model = Sequential()
model.add(Dense(hidden_單元, input_dim=input_size))
model.add(Activation('relu'))
model.add(Dropout(dropout))
model.add(Dense(hidden_units))
model.add(Activation('relu'))
model.add(Dropout(dropout))
model.add(Dense(num_labels))
# 用於one-hot向量的輸出
model.add(Activation('softmax'))
```

由於 Dense 層屬於線性操作，所以就算有一連串的 Dense 層也只能做到模擬線性函數。現在的問題在於 MNIST 數字分類在本質上就是非線性過程。在 Dense 層之間插入 relu 觸發可讓 MLP 得以針對非線性應對來建模。relu 或稱為**修正線性單元（Rectified Linear Unit, ReLU）**是一種簡易的非線性函數，它很像是個過濾器，只讓正值輸入通過且保持不變，其他則全部變為零。數學上來說，relu 可用以下方程式來表示，圖示如圖 *1.3.5*：

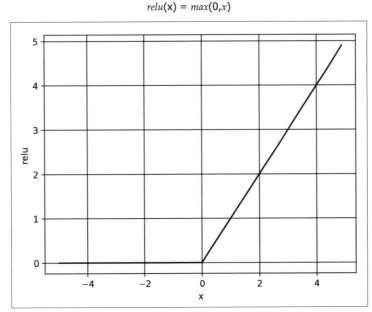

圖 1.3.5：繪製 ReLU 函數，ReLU 函數可在神經網路中加入非線性特性。

還有其他種類的非線性函數可供應用，例如 elu、selu、softplus、sigmoid 與 tanh 等。不過，業界最常用的還是 relu，由於本身的簡潔性所以它的計算效率相當不錯。sigmoid 與 tanh 則是用於輸出層的觸發函數，這後續會提到。**表 1.3.1** 列出這些觸發函數的方程式：

| relu | $relu(x) = max(0,x)$ | 1.3.1 |
|------|----------------------|-------|
| softplus | $softplus(x) = \log(1 + e^x)$ | 1.3.2 |
| elu | $$elu(x,a) = \begin{cases} x & if\ x \geq 0 \\ a(e^x - 1) & otherwise \end{cases}$$ 其中 a ≥ 0 且為可調整的超參數 | 1.3.3 |
| selu | $selu(x) = k \times elu(x,a)$ 其中 $k = 1.0507009873554804934193349852946$ 且 $a = 1.6732632423543772848170429916717$ | 1.3.4 |

表 1.3.1：常用的非線性觸發函數定義

## 正規化

神經網路傾向於記住自身的訓練資料，尤其是當容量充足的時候。在這樣的狀況下，網路碰到測試資料時就會一塌糊塗。這就是網路無法一般化的典型症狀。模型會運用正規化層或正規化函數來避免這個傾向，常見的正規化層也稱為 **dropout**。

dropout 的概念很簡單。指定 dropout 率（在此設定 dropout=0.45），Dropout 層就會隨機移除這個比例的單元數，不讓它們參與下一層。例如，第一層有 256 個單元，隨後應用 dropout=0.45。這樣一來，層 1 就只會有 *(1 - 0.45) \* 256 units = 140* 個單元會參與層 2。Dropout 層讓神經網路在適應於未見過的輸入資料時能更強健，因為網路已被訓練要能正確預測，即便某些單元遺失也沒關係。值得一提的是 dropout 不會用於輸出層，且它只會用於在訓練過程。再者，dropout 在預測時也不會出現。

除了 dropout 之外還有其他正規化器可使用，例如 l1 或 l2。在 Keras 中，各層偏差值、權重與觸發輸出都可以單獨正規化。藉由加入懲罰函數，我們讓 l1 與 l2 偏好較小的參數值。l1 與 l2 會以參數絕對值之和（l1）或參數值平方和（l2）來施加懲罰。換言之，懲罰函數會強迫最佳器去找到那些較小的參數值。參數較小的神經網路對於輸入資料的雜訊會比較不敏感。

l2 權重正規化器搭配 fraction=0.001 可這樣實作：

```
from keras.regularizers import l2
model.add(Dense(hidden_units,
          kernel_regularizer=l2(0.001),
          input_dim=input_size))
```

如果已採用 l1 或 l2 正規化，就不需要再加入其他層了。Dense 層內部就具備了正規化。對於現在這個模型來說，dropout 的效果還是比 l2 來得好。

## 輸出觸發與損失函數

輸出層有 10 個由 softmax 來觸發的單元，這 10 個單元對應到 10 個可能標籤、類別或分類。softmax 觸發可由以下方程式來表示：

$$softmax\left(x_i\right) = \frac{e^{x_i}}{\sum_{j=0}^{N-1} e^{x_j}} \quad \text{（方程式1.3.5）}$$

本式可用於所有 $N = 10$ 輸出，$x_i$ for $i = 0, 1 \ldots 9$，代表最終預測結果。softmax 的概念非常簡單。它藉由預測標準化來將輸出轉換為機率值。在此，各個預測輸出就是一筆機率值，而索引則代表指定輸入影像的正確標籤。所有輸出的機率總和為 1.0。例如，當 softmax 層產生一個預測時，這個預測就會是一個具有 10 個元素的 1D tensor，如下：

```
[   3.57351579e-11    7.08998016e-08    2.30154569e-07    6.35787558e-07
    5.57471187e-11    4.15353840e-09    3.55973775e-16    9.99995947e-01
    1.29531730e-09    3.06023480e-06]
```

這個預測輸出 tensor 認為該筆輸入影像是數字 7，因為對應的索引的機率值最高。numpy.argmax() 方法也可用來判斷數值最高的元素索引值。

輸出觸發層還有其他方案可用，例如 linear、sigmoid 與 tanh。linear 觸發的是 identity 函數，它就是把輸入複製到輸出而已。sigmoid 函數也稱為

**logistic sigmoid**，它可用於預測 tensor 的元素須獨立映射到 0.0 與 1.0 之間的情形。預測 tensor 所有的元素總和不需要為 1.0，這是與 softmax 最大的不同。例如，sigmoid 可用於情緒預測（0.0 為差，1.0 為優）的最後一層，或影像產生（0.0 為 0，1.0 則為 255 像素值）。

tanh 函數可將其輸入映射到 -1.0 到 1.0 之間，這個性質在輸出值需要有正負值時尤其重要。tanh 函數常用於循環神經網路的內部層，但也可用於輸出層觸發。如果用 tanh 來取代輸出觸發中的 sigmoid，那麼資料就需要先適當縮放才行。例如，在此就不是用 $x = \dfrac{x}{255}$ 把每一張灰階像素都縮放到 [0.0 1.0] 範圍之間，而是改用 $x = \dfrac{x - 127.5}{127.5}$ 來縮放到 [-1.0 1.0] 範圍之間。

下圖是 sigmoid 與 tanh 函數。就數學定義上而言，sigmoid 可由以下方程式來表示：

$$sigmoid(x) = \sigma(x) = \frac{1}{1 + e^{-x}}$$ （方程式 1.3.6）

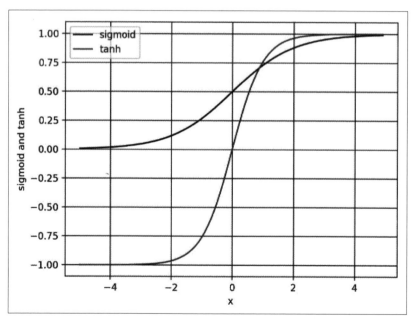

圖 1.3.6：畫出 sigmoid 與 tanh 函數圖形。

預測 tensor 與 one-hot 實況向量之間的距離就稱為損失（loss）。損失函數其中一種就是 `mean_squared_error`（**mse**），代表目標與預測兩者差平方的平均值。本範例會使用 `categorical_crossentropy`，它是目標值與預測值取對數之後的乘積和，最後再取負數。Keras 還有其他損失函數可用，例如 `mean_absolute_error` 與 `binary_crossentropy`。損失函數可不是隨便選，應該根據模型的學習標準來決定。對於目錄型的分類來說，在 `softmax` 觸發層之後使用 `categorical_crossentropy` 或 `mean_squared_error` 是個不錯的做法。`binary_crossentropy` 損失函數常用於 `sigmoid` 觸發層之後，而 `mean_squared_error` 為 `tanh` 的選項之一。

## 最佳化

最佳化的目標是把損失函數降到最低。如果能把損失降到一個可接受的水準，模型會間接學會一個可將輸入對應到輸出的函數。成效矩陣是用於評估這個是否學會了對應的資料分配。Keras 預設的成效矩陣就叫做 **loss**。在訓練、驗證與測試的過程中，也可以加入其他矩陣，例如 **accuracy**。準確度（accuracy）是正確預測之於實況的百分比，或比值。在深度學習領域中還有更多成效矩陣。不過，這也要看模型的應用目標到底是什麼。再者，模型對於測試資料集訓練後的成效矩陣可讓其他深度學習模型用來進行比較。

在 Keras 中有多款最佳器可供選擇，最常用的有：**隨機梯度下降（SGD）**、**Adaptive Moments（Adam）**與 **Root Mean Squared Propagation（RMSprop）**。每個最佳器都有各自可調整的參數，例如學習率、動量與衰退率。Adam 與 RMSprop 是 SGD 的變形款，具備適應性的學習率。在我們現在所用的分類器網路中，由於 Adam 的測試準確度最高所以就採用它。

SGD 被公認為最基礎的最佳器，它是簡單版的梯度下降法。在 **梯度下降（Gradient Descent, GD）** 中，追蹤函數下降的曲線就可以找到最小值，相當類似於沿著山谷，或梯度的反方向，向下走直到到達底部為止。

GD 演算法的說明如圖 *1.3.7*。假設 $x$ 是要被調整的參數（例如，權重），以期能找到 $y$（例如，損失函數）的最小值。從隨機點 $x$ = -0.5 搭配梯度 $\frac{dy}{dx} = -2.0$。GD 演算法會要求 $x$ 被更新為 $x = -0.5 - \in (-2.0)$。新的 $x$ 值等於舊值加上由 $\in$ 縮放後的梯度相反值。$\in$ 是一個相對小的數值，也稱為學習率（learning rate）。如果 $\in = 0.01$，則新的 $x$ 值為 -0.48。

GD 會不斷重複執行。每一步驟中，$y$ 都會更接近其最小值。當 $x$ = 0.5 $\frac{dy}{dx} = 0.0$，GD 找到了其絕對最小值 $y$ = -1.25。梯度會建議 $x$ 無需再進行任何調整。

如何調整學習率可說至為關鍵。一個太大的 $\in$ 值可能無法找到最小值，因為搜尋過程會在最小值附近來回擺盪。另一方面，如果 $\in$ 值過小則可能要遞迴非常多次才能找到最小值。當有多個最小值時，搜尋就可能會被卡在區域最小值中。

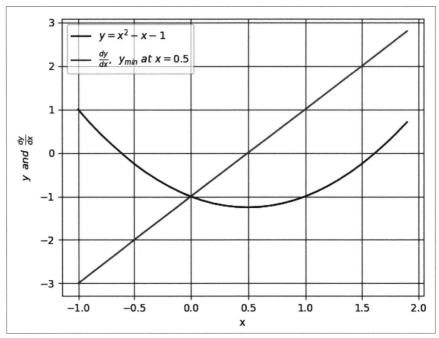

圖 1.3.7：梯度下降類似於沿著函數曲線往下走，直到到達最低點為止。
本圖中的全域最小值在 x = 0.5 處。

圖 *1.3.8* 是有多個最小值的範例。如果搜尋是從左側開始並且學習率非常小的話，則 GD 很有可能會找到 *x* = -1.51，並認為這就是 *y* 的最小值，而無法找到全域最小值 x = 1.66。夠大的學習率能讓梯度下降，足以克服 *x* = 0.0 這個小山丘。在深度學習應用中，通常會建議從較高的學習率（例如從 0.1 到 0.001）開始，再逐漸降低好讓損失能逼近最小值。

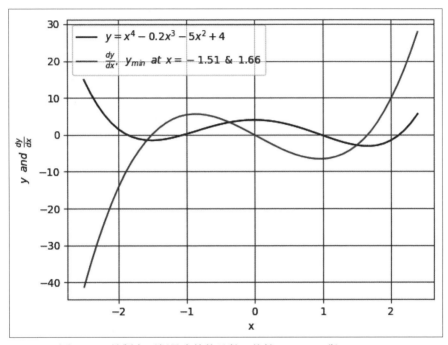

圖 1.3.8：繪製有兩個最小值的函數，位於 x = -1.51 與 x = 1.66。
圖中也畫出了本函數的導數。

由於要訓練的參數可達上百萬個，深度神經網路一般來說不直接採用梯度下降。執行完整的梯度下降在計算上相當沒有效率。反之會採用 SGD，SGD 會選取一小批樣本來計算下降的約略值。各個參數（如權重與偏差值）可用以下方程式來調整：

$$\theta \leftarrow \theta - \epsilon \, g \qquad \text{（方程式 1.3.7）}$$

在上述方程式中，$\theta$ 與 $\mathbf{g} = \frac{1}{m}\nabla_\theta \sum L$ 代表損失函數的參數與梯度 tensor。為了 GPU 最佳化，批大小建議為 2 的冪次方。對本網路來說，`batch_size=128`。

*方程式 1.3.7* 用於計算最後一層的參數更新。所以，在這之前的層參數要如何調整呢？對本範例來說，可應用微積分中的連鎖律來將導數往較低的層傳播，並以此計算梯度。深度學習中也稱為**反向傳播**（**backpropagation**）。反向傳播的細節不在本書範圍之內，但這份網路教學不錯，值得參考：`http://neuralnetworksanddeeplearning.com`。

由於最佳化是以微分為基礎，代表損失函數的必要條件就是連續或可微分的。想要改用新的損失函數時可千萬別忘了這項限制。

指定好訓練資料集，選好損失函數、最佳器與正規化器之後，就可用 `fit()` 函數來訓練模型了：

```
# 用於one-hot向量的損失函數
# 採用adam最佳器
# 準確度是分類任務的良好評量指標
model.compile(loss='categorical_crossentropy',
              optimizer='adam',
              metrics=['accuracy'])
# 訓練網路
model.fit(x_train, y_train, epochs=20, batch_size=batch_size)
```

這是 Keras 的另一個好用功能。只要指定 *x* 與 *y* 資料、訓練回合次數以及批大小之後，其他都交給 `fit()` 就好。在其他深度學習框架中，這還包含了許多任務，像是準備輸入與輸出資料為適當的格式、載入與監控等等。並且上述事情全部都要在一個 `for` 迴圈中做完！但 Keras 只要一列程式碼就能搞定。

在 `fit()` 函數中，一個回合（epoch）是對整體訓練資料的一次完整取樣。`batch_size` 參數是指在每個訓練步驟中所要處理的輸入數量抽樣大小。要完成一回合，`fit()` 會將訓練資料集的大小除以 batch size，再加 1 來抵消可能的小數部分。

# 效能評估

至此，用於 **MNIST** 數字分類器的模型已經完工了。下一個關鍵步驟是效能評估，用來判定這個模型是否找到了一個夠好的解答。訓練這個模型 20 回合已足以得到還不錯的成效矩陣。

下表，**表 1.3.2**，說明不同的網路設定與對應的效能評量。在層這行中，可以看到第 1 到第 3 層中的單元數。各個最佳器都是使用 Keras 的預設參數。你可以觀察調整 regularizer、最佳器以及每層單元數所產生的效果。**表 1.3.2** 的另一個觀察重點是更大的網路不一定等於效能更好。

增加網路深度從準確度來說沒有任何好處，不論從訓練資料集或資料集都一樣。另一方面，減少單元數，例如 128，也會降低測試與訓練的準確度。當不使用 regularizer 且每層單元數為 256，可達到最佳的訓練準確度 99.93%。但測試準確度就只有較低的 98.0%，這是因為網路過度擬合（overfitting）所導致。

使用 Adam 最佳器以及 Dropout(0.45) 可得到最高的測試準確度 98.5%。技術上而言，由於訓練準確度高達 99.39%，應該還是有一定程度的過度擬合。256-512-256，Dropout(0.45) 和 SGD 的情況，可讓訓練與測試準確度兩者皆為 98.2%。皆不採用 *Regularizer* 與 *ReLU* 層會使網路效能最差。一般來說，Dropout 層的效能普遍優於 12 層。

下表是典型深度神經網路微調過程的準確度變化。本範例說明有必要去改良這個網路架構。下一段將採用另一個運用 CNN 的模型來大幅提升測試準確度：

| 層 | 正規化器 | 最佳器 | ReLU | 訓練準確度，% | 測試準確度，% |
| --- | --- | --- | --- | --- | --- |
| 256-256-256 | None | SGD | None | 93.65 | 92.5 |
| 256-256-256 | L2(0.001) | SGD | Yes | 99.35 | 98.0 |
| 256-256-256 | L2(0.01) | SGD | Yes | 96.90 | 96.7 |
| 256-256-256 | None | SGD | Yes | 99.93 | 98.0 |
| 256-256-256 | Dropout(0.4) | SGD | Yes | 98.23 | 98.1 |
| 256-256-256 | Dropout(0.45) | SGD | Yes | 98.07 | 98.1 |

| 層 | 正規化器 | 最佳器 | ReLU | 訓練準確度，% | 測試準確度，% |
|---|---|---|---|---|---|
| 256-256-256 | Dropout(0.5) | SGD | Yes | 97.68 | 98.1 |
| 256-256-256 | Dropout(0.6) | SGD | Yes | 97.11 | 97.9 |
| 256-512-256 | Dropout(0.45) | SGD | Yes | 98.21 | 98.2 |
| 512-512-512 | Dropout(0.2) | SGD | Yes | 99.45 | 98.3 |
| 512-512-512 | Dropout(0.4) | SGD | Yes | 98.95 | 98.3 |
| 512-1024-512 | Dropout(0.45) | SGD | Yes | 98.90 | 98.2 |
| 1024-1024-1024 | Dropout(0.4) | SGD | Yes | 99.37 | 98.3 |
| 256-256-256 | Dropout(0.6) | Adam | Yes | 98.64 | 98.2 |
| 256-256-256 | Dropout(0.55) | Adam | Yes | 99.02 | 98.3 |
| 256-256-256 | Dropout(0.45) | Adam | Yes | 99.39 | 98.5 |
| 256-256-256 | Dropout(0.45) | RMSprop | Yes | 98.75 | 98.1 |
| 128-128-128 | Dropout(0.45) | Adam | Yes | 98.70 | 97.7 |

表 1.3.2：不同的 MLP 網路設定與效能評量

## 模型總結

使用 Keras 函式庫使我們得以快速驗證，例如呼叫：

```
model.summary()
```

範例 *1.3.2* 是我們所提出網路的模型總結，它總共用到了 269,322 個參數。就算是 MNIST 數字這種簡單分類任務也需要如此多的參數，我們不得不謹慎。MLP 在參數使用上不算太有效率。根據圖 *1.3.4*，只要知道如何計算感知器的輸出，就能算出參數數量。從輸入層 Dense 層：$784 \times 256 + 256 = 200{,}960$。由第一 Dense 層到第二 Dense 層：$256 \times 256 + 256 = 65{,}792$。由第二 Dense 層到輸出層：$10 \times 256 + 10 = 2{,}570$。所以總數為 269,322。

範例 1.3.2 是這個 MLP MNIST 數字分類器模型的總結：

```
Layer (type)                    Output Shape              Param #
=================================================================
dense_1 (Dense)                 (None, 256)               200960
_____
activation_1 (Activation)       (None, 256)               0
_____
dropout_1 (Dropout)             (None, 256)               0
_____
dense_2 (Dense)                 (None, 256)               65792
_____
activation_2 (Activation)       (None, 256)               0
_____
dropout_2 (Dropout)             (None, 256)               0
_____
dense_3 (Dense)                 (None, 10)                2570
_____
activation_3 (Activation)       (None, 10)                0
=================================================================
Total params: 269,322
Trainable params: 269,322
Non-trainable params: 0
```

另一個驗證網路的方式是：

```
plot_model(model, to_file='mlp-mnist.png', show_shapes=True)
```

圖 1.3.9 是繪製結果。你會看到結果類似於程式碼字型，但以圖表方式顯示出各層的 I/O 與互聯方式。

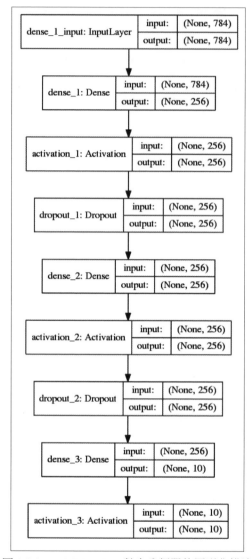

圖 1.3.9：MLP MNIST 數字分類器的圖形化描述

# 卷積神經網路（CNN）

現在要介紹第二種類神經網路，卷積神經網路（**Convolutional Neural Netowrk, CNN**）。本段使用同一個 MNIST 數字分類問題，但在此改用 CNN。

圖 *1.4.1* 是用於 MNIST 數字分類的 CNN 模型，實作請參考**範例 *1.4.1***。不過，先前的模型需要稍作修改才能實作 CNN 模型。在此不再使用輸入向量，輸入 tensor 現在有了新的維度 height, width, channels 或 image_size,image_size, 1，對於灰階 MNIST 影像就是 (28, 28, 1)。調整訓練與測試影像的大小必須遵守這項輸入形狀的要求。

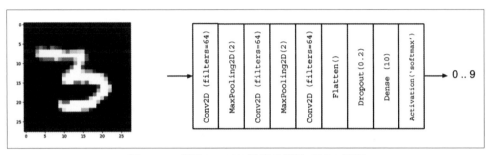

圖 1.4.1：用於 MNIST 數字分類的 CNN 模型

範例 1.4.1，`cnn-mnist-1.4.1.py`，是使用 CNN 來進行 MNIST 數字分類的 Keras 程式碼：

```python
import numpy as np
from keras.models import Sequential
from keras.layers import Activation, Dense, Dropout
from keras.layers import Conv2D, MaxPooling2D, Flatten
from keras.utils import to_categorical, plot_model
from keras.datasets import mnist

# 載入mnist資料集
(x_train, y_train), (x_test, y_test) = mnist.load_data()

# 計算標籤數量
num_labels = len(np.unique(y_train))

# 轉換為one-hot向量
y_train = to_categorical(y_train)
y_test = to_categorical(y_test)

# 輸入影像維度
image_size = x_train.shape[1]
# 調整大小與標準化
x_train = np.reshape(x_train,[-1, image_size, image_size, 1])
x_test = np.reshape(x_test,[-1, image_size, image_size, 1])
x_train = x_train.astype('float32') / 255
```

```
x_test = x_test.astype('float32') / 255

# 網路參數
# 影像是以灰階矩形來處理
input_shape = (image_size, image_size, 1)
batch_size = 128
kernel_size = 3
pool_size = 2
filters = 64
dropout = 0.2

# 模型堆疊方式為CNN-ReLU-MaxPooling
model = Sequential()
model.add(Conv2D(filters=filters,
                 kernel_size=kernel_size,
                 activation='relu',
                 input_shape=input_shape))
model.add(MaxPooling2D(pool_size))
model.add(Conv2D(filters=filters,
                 kernel_size=kernel_size,
                 activation='relu'))
model.add(MaxPooling2D(pool_size))
model.add(Conv2D(filters=filters,
                 kernel_size=kernel_size,
                 activation='relu'))
model.add(Flatten())
# 加入dropout作為正規化器
model.add(Dropout(dropout))
# 輸出層為長度10的one-hot向量
model.add(Dense(num_labels))
model.add(Activation('softmax'))
model.summary()
plot_model(model, to_file='cnn-mnist.png', show_shapes=True)

# 用於損失函數的one-hot向量
# 使用adam最佳器
# 準確度對於分類任務來說是相當好的評量指標
model.compile(loss='categorical_crossentropy',
              optimizer='adam',
              metrics=['accuracy'])
# 訓練網路
model.fit(x_train, y_train, epochs=10, batch_size=batch_size)

loss, acc = model.evaluate(x_test, y_test, batch_size=batch_size)
print("\nTest accuracy: %.1f%%" % (100.0 * acc))
```

在此主要的差異是使用了 Conv2D 層。relu 觸發函數已包含在 Conv2D 的引數中。當模型中用到了 **batch normalization** 層時，relu 函數可作為 Actication 層來使用。各種深度 CNN 都運用了批標準化，讓我們可以使用較高的學習率並保持訓練過程穩定。

## 卷積

如果在 MLP 模型的 Dense 層特色是單元數量，那 CNN 操作上的特色就是核心（kernel）。如圖 *1.4.2*，核心就是一個矩形區塊或視窗，會由左至右或由上往下滑過整張影像。這項操作就稱為**卷積**（**convolution**），這樣會把輸入影像轉換為**特徵圖**（**feature map**），代表這個核從輸入影像中到底**學**到了什麼。這個特徵圖接著會在後續的層中被轉換為另一個特徵圖，並一直這樣下去。每個 Conv2D 所產生的特徵圖數量是由 filters 引數所決定的。

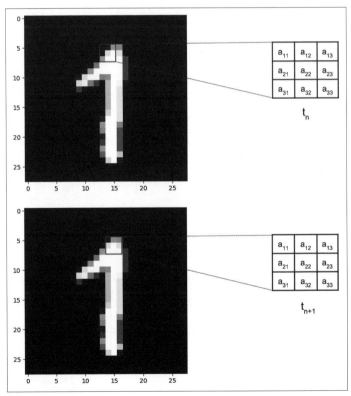

圖 1.4.2：使用一個 3×3 的核心對 MNIST 數字影像進行卷積。
步驟 $t_n$ 與 $t_{n+1}$ 之間發生了一次卷積，其中核心以 1 像素的步長向右移動。

卷積操作所需的計算如圖 *1.4.3*。為了簡化，在此使用 5×5 輸入影像（或稱為輸入特徵圖），並應用 3×3 的核。卷積後所產生的特徵圖如下圖，特徵圖中的元素值加了陰影來強調。你會發現產生的特徵圖會比原始的輸入影像來得小，這是因為卷積只能在有效元素上操作。kernel 不能超出影像邊界。如果輸入維度與輸出特徵圖維度相等，Conv2D 可接受 padding='same'。輸入的邊界會被填入數字 0，好讓卷積之後的維度不變：

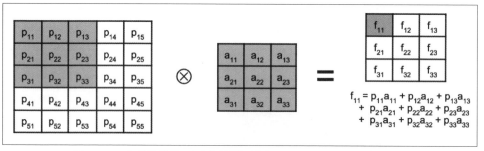

圖 1.4.3：由卷積操作可看出特徵圖的每一個元素是如何計算的。

## 池化操作

最後一個不同是 MaxPooling2D 層，搭配參數 pool_size=2，MaxPooling2D 會壓縮每一個特徵圖。每一個大小為 pool_size×pool_size 的區塊（patch）會被縮減為 1 像素。結果就是該區塊中的最大像素值。批大小為 2 的 MaxPooling2D 如下圖：

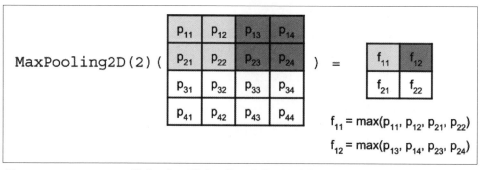

圖 1.4.4: MaxPooling2D 操作。為了簡化，輸入特徵圖大小為 4×4，所產生的特徵圖大小為 2×2。

MaxPooling2D 的好處是大幅縮減了特徵圖的尺寸，這等同於核心覆蓋面積增加。例如在 MaxPooling2D(2) 之後，2×2 的核心就大約可將 4×4 的區塊卷積完成。因此 CNN 學會了一組覆蓋範圍不同的新特徵圖。

池化與壓縮還有其他的意義。例如想要用 MaxPooling2D(2) 讓尺寸減少 50%，AveragePooling2D(2) 會去計算每一個區塊的平均值而非最大值。設定步長後的卷積，Conv2D(strides=2,...) 在卷積過程中每次會移動兩個像素，同樣能做到 50% 尺寸的瘦身效果。各種瘦身技巧彼此之間的效果還是有些微的差異。

在 Conv2D 與 MaxPooling2D 中，pool_size 與 kernel 不一定要是正方形。但如果非正方形，就需要明確指定行列的尺寸，例如，pool_size=(1, 2) 與 kernel=(3, 5)。

最後一個 MaxPooling2D 的輸出是多個特徵圖的堆疊。Flatten 的功能是把特徵圖堆疊轉換為向量，格式適用於 Dropout 或 Dense 層，在此概念類似於 MLP 模型的輸出層。

## 效能評估與模型總覽

如範例 1.4.2，範例 1.4.1 的 CNN 模型只需要 80,226 個參數，遠較 MLP 的 269,322 個參數來得更少。conv2d_1 層有 640 個參數，因為各個 kernel 有 3×3 = 9 個參數，並且 64 個特徵圖各自有一個 kernel 與一個偏差值參數。其他層的參數數量也是一樣的計算方式。圖 1.4.5 是 CNN MNIST 數字分類器的圖形化呈現。

表 1.4.1 中可看到測試準確度最高達 99.4%，這是由一個三層網路所做到的，其中每層各有 64 個特徵圖，並使用 dropout=0.2 的 Adam 最佳器。相較於 MLP，CNN 在參數上更有效率且準確度也更高。同樣地，CNN 也相當適合從序列性資料、圖片與影片中來學習其中的各種特徵。

範例 1.4.2 是 CNN MNIST 數字分類器的總覽：

```
Layer (type)                 Output Shape              Param #
=================================================================
conv2d_1 (Conv2D)            (None, 26, 26, 64)        640

max_pooling2d_1 (MaxPooling2 (None, 13, 13, 64)        0

conv2d_2 (Conv2D)            (None, 11, 11, 64)        36928

max_pooling2d_2 (MaxPooling2 (None, 5, 5, 64)          0

conv2d_3 (Conv2D)            (None, 3, 3, 64)          36928

flatten_1 (Flatten)          (None, 576)               0

dropout_1 (Dropout)          (None, 576)               0

dense_1 (Dense)              (None, 10)                5770

activation_1 (Activation)    (None, 10)                0
=================================================================
Total params: 80,266
Trainable params: 80,266
Non-trainable params: 0
```

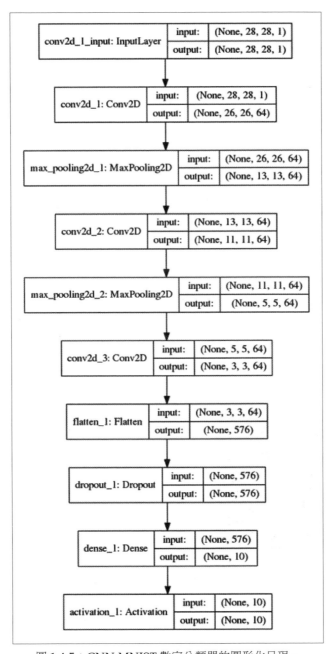

圖 1.4.5：CNN MNIST 數字分類器的圖形化呈現。

| 層 | 最佳器 | 正規化器 | 訓練準確度，% | 測試準確度，% |
|---|---|---|---|---|
| 64-64-64 | SGD | Dropout(0.2) | 97.76 | 98.50 |
| 64-64-64 | RMSprop | Dropout(0.2) | 99.11 | 99.00 |
| 64-64-64 | Adam | Dropout(0.2) | 99.75 | 99.40 |
| 64-64-64 | Adam | Dropout(0.4) | 99.64 | 99.30 |

表 1.4.1：用於 MNIST 數字分類的不同 CNN 網路設定與效能評量。

# 循環神經網路（RNN）

現在要介紹三種類神經網路的最後一種：循環神經網路（Recurrent Neural Network，或稱 RNN）。

RNN 是一系列適用於學習序列性資料表示的網路總稱，例如**自然語言處理**（**NLP**）中的諸多文字，或是儀器中的感測器資料串流。因為 MNIST 各資料樣本在本質上並非序列性質，不難想像每張影像都會被轉換為一連串像素的行或列。因此，以 RNN 為基礎的模型就能以一連串長度為 28 的輸入向量，**timesteps** 為 28 來處理每張 MNIST 影像。以下範例是圖 *1.5.1* 中的 RNN 模型程式碼：

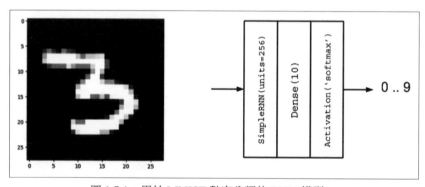

圖 1.5.1：用於 MNIST 數字分類的 RNN 模型。

以下的**範例** *1.5.1*，`rnn-mnist-1.5.1.py` 是使用 RNN 進行 MNIST 數字分類的 Keras 程式碼：

```python
import numpy as np
from keras.models import Sequential
from keras.layers import Dense, Activation, SimpleRNN
from keras.utils import to_categorical, plot_model
from keras.datasets import mnist

# 載入mnist資料集
(x_train, y_train), (x_test, y_test) = mnist.load_data()

# 計算標籤數量
num_labels = len(np.unique(y_train))

# 轉換為one-hot向量
y_train = to_categorical(y_train)
y_test = to_categorical(y_test)

# 調整尺寸與標準化
image_size = x_train.shape[1]
x_train = np.reshape(x_train,[-1, image_size, image_size])
x_test = np.reshape(x_test,[-1, image_size, image_size])
x_train = x_train.astype('float32') / 255
x_test = x_test.astype('float32') / 255

# 網路參數
input_shape = (image_size, image_size)
batch_size = 128
units = 256
dropout = 0.2

# 模型為256單元的RNN 輸入為長度28的向量 timesteps為28
model = Sequential()
model.add(SimpleRNN(units=units,
                    dropout=dropout,
                    input_shape=input_shape))
model.add(Dense(num_labels))
model.add(Activation('softmax'))
model.summary()
plot_model(model, to_file='rnn-mnist.png', show_shapes=True)

# 用於one-hot向量的損失函數
# 使用sgd最佳器
# 準確度對於分類任務來說是相當好的評量指標
model.compile(loss='categorical_crossentropy',
              optimizer='sgd',
              metrics=['accuracy'])
```

```
# 訓練網路
model.fit(x_train, y_train, epochs=20, batch_size=batch_size)

loss, acc = model.evaluate(x_test, y_test, batch_size=batch_size)
print("\nTest accuracy: %.1f%%" % (100.0 * acc))
```

RNN 與前述兩種模型有兩個主要差異之處。首先是 input_shape = (image_size, image_size)，這實際上等於 input_shape = (timesteps, input_dim) 或一連串長度為 input_dim 的 timesteps 長度向量。第二是採用 SimpleRNN 層來代表 units=256 的 RNN 細胞。units 變數代表輸出單元的數量。如果 CNN 的特色是由核心輸入特徵圖進行的卷積操作，RNN 輸出則是一個不僅包含當下輸入，還包含先前輸出或隱藏狀態的函數。由於先前的輸出也是先前輸入的函數，當下輸出自然會等於先前輸出與輸入的函數，以此類推。Keras 的 SimpleRNN 層是真實 RNN 的簡化版。以下方程式說明了 SimpleRNN 的輸出：

$$\mathbf{h}_t = \tanh(\mathbf{b} + \mathbf{W}\mathbf{h}_{t-1} + \mathbf{U}\mathbf{x}_t) \quad \text{（方程式1.5.1）}$$

在本方程式中，**b** 為偏差值，而 **W** 與 **U** 分別稱為循環核心（recurrent kernel，先前輸出的權重）與核心（當下輸出的權重）。下標 *t* 是代表在序列中的位置。對 units=256 的 SimpleRNN 層來說，參數總數為 $256 + 256 \times 256 + 256 \times 28 = 72,960$，這對應於 **b**、**W** 與 **U** 的實際值大小。

下圖是用於 MNIST 數字分類的 SimpleRNN 與 RNN 示意圖。SimpleRNN 之所以比 RNN 來得更簡潔，是因為在計算 softmax 之前把輸出值 $\mathbf{O}_t = \mathbf{V}\mathbf{h}_t + c$ 拿掉了：

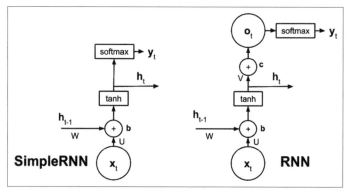

圖 1.5.2 SimpleRNN 與 RNN 示意圖。

相較於 MLP 或 CNN，RNN 一開始可能不太容易理解。MLP 的基礎單元就是感知器，一旦理解感知器的原理之後，MLP 就只是由感知器所構成的網路而已。在 CNN 中，核心是一個滑過特徵圖來產生另一個特徵圖的小塊或視窗。最後對於 RNN 來說，最重要的就是自迴圈的概念，都在一個細胞中完成。

之所以會讓你有多個細胞的錯覺是因為每個時間步驟都會有一個細胞存在，但事實上除非網路未經捲動，否則它不過是同一個細胞被重複使用而已。RNN 底層的神經網路會被多個細胞所共用。

範例 1.5.2 可以看到，SimpleRNN 所需的參數數量較少。圖 1.5.3 是 RNN MNIST 數字分類器的圖示說明，這個模型相當簡潔。表 1.5.1 則說明 SimpleRNN 在各網路中的準確度是最低的。

範例 1.5.2，RNN MNIST 數字分類器總覽：

```
Layer (type)                    Output Shape               Param #
=================================================================
simple_rnn_1 (SimpleRNN)        (None, 256)                72960

dense_1 (Dense)                 (None, 10)                 2570

activation_1 (Activation)       (None, 10)                 0
=================================================================
Total params: 75,530
Trainable params: 75,530
Non-trainable params: 0
```

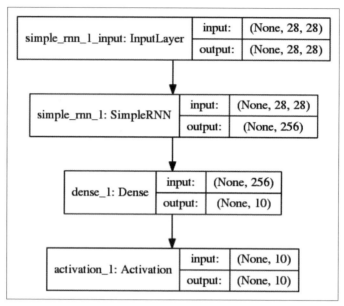

圖 1.5.3：RNN MNIST 數字分類器的圖示說明。

| 層 | 最佳器 | 正規化器 | 訓練準確度，% | 測試準確度，% |
|---|---|---|---|---|
| 256 | SGD | Dropout(0.2) | 97.26 | 98.00 |
| 256 | RMSprop | Dropout(0.2) | 96.72 | 97.60 |
| 256 | Adam | Dropout(0.2) | 96.79 | 97.40 |
| 512 | SGD | Dropout(0.2) | 97.88 | 98.30 |

表 1.5.1：不同的 SimpleRNN 網路設定與效能評量

在許多深度神經網路中，還有許多 RNN 家族成員被廣泛使用。例如，**長短期記憶（Long Short-Term Memory, LSTM）**網路用於機器翻譯與回答問題等情境。LSTM 網路解決了長期相依性或記起相關的過往資訊並用於當下輸出等問題。

與 RNN 或 SimpleRNN 不同，LSTM 細胞的內部結構較兩者更複雜許多。**圖 *1.5.4*** 是一個用於 MNIST 手寫數字分類的 LSTM。LSTM 不只用到了當下輸入與先前輸出（或隱藏狀態）；它用到了細胞狀態（cell state），$s_t$ 把資訊從一個細胞帶往另一個。細胞狀態之間的資訊流是由三個閘所控制：$f_t$、$i_t$ 與 $q_t$。這三個閘是用來決定哪些資訊要被保留或被取代，以及過去與當下輸入究竟有多少資訊量可以進入當下細胞狀態或輸出。本書不會深入談到 LSTM 細胞。進一步關於 LSTM 的教學請參考：
http://colah.github.io/posts/2015-08-Understanding-LSTMs

LSTM() 層可用來取代 SimpleRNN()。如果 LSTM 對於你要進行的任務來說有點大材小用，那麼可以採用稱為**門控循環單元**（**Gated Recurrent Unit, GRU**）的簡易版。GRU 把細胞狀態與隱藏狀態組合起來，藉此簡化了 LSTM。GRU 也讓閘的數量減少了一個。GRU() 函數也可用來取代 SimpleRNN()。

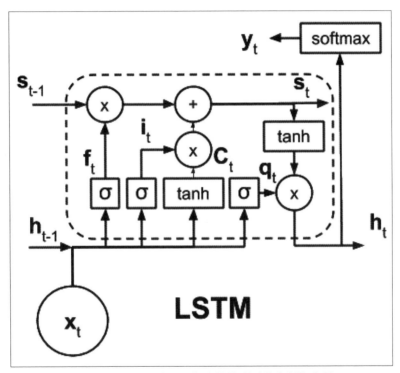

圖 1.5.4：LSTM 示意圖，為求簡潔所以沒有標注參數。

RNN 還有很多設定方式，其中一種是讓 RNN 模型變成雙向。RNN 預設上都是單向的，代表當下的輸出只會受到過去狀態與當下輸入所影響。而在雙向 RNN 中，因為資訊會反向流動，所以未來狀態也能回頭去影響現在狀態與過去狀態。過去的輸出則根據所收到的新資訊來被更新。RNN 可藉由呼叫 wrapper 包裝函數來做成雙向的。例如，雙向 LSTM 實作的語法就是 Bidirectional(LSTM())。

對所有類型的 RNN 來說，增加這些單元當然會增加容量。不過，另一個增加容量的方法是把多層 RNN 疊起來。在此只有一個大原則，就是只在有必要時才去提高模型容量。Excess 容量過大可能會發生過擬合（overfitting）狀況，而導致訓練時間拉長並拖累預測效能。

# 結論

本章介紹了三種深度學習模型：MLP、RNN 與 CNN，還介紹了 Keras 這款用於快速開發、訓練與測試這些深度學習模型的函式庫。另外，也介紹了 Keras 的 Sequential API。下一章會介紹 Functional API，這讓我們得以建置更複雜的模型，尤其是針對進階深度神經網路。

本章還提到了深度學習的重要觀念，例如最佳化、正規化與損失函數。為了讓你更容易理解，會以 MNIST 數字分類來呈現相關的觀念。使用類神經網路的不同 MNIST 數字分類做法，包括 MLP、CNN 與 RNN 等深度神經網路的重要基石，與其效能評量指標都一併討論到了。

理解一定程度的深度學習觀念以及如何將 Keras 做為工具來搭配使用，我們現在已經準備好來分析各種進階的深度學習模型。下一章在討論 Functional API 之後，我們會開始實作各種熱門的深度學習模型。隨後的章節會介紹像是自動編碼器、GAN、VAE 與強化學習等進階主題。相關的 Keras 程式碼範例在理解這些主題上扮演了相當重要的角色。

# 參考資料

1. LeCun, Yann, Corinna Cortes, and C. J. Burges. *MNIST handwritten digit database*. AT&T Labs [Online]. Available: *http://yann. lecun. com/exdb/mnist* 2 (2010).

# 2

# 深度神經網路

本章要討論的是深度神經網路。對於像是 ImageNet、CIFAR10（https://www.cs.toronto.edu/~kriz/learning-features-2009-TR.pdf） 與 CIFAR100 這類更有挑戰性的進階資料集來說，這些網路的效能更好。為了簡潔起見，在此只討論兩種網路：**ResNet** [2][4] 與 **DenseNet** [5]。在深入討論之前，有必要花點時間來介紹這兩種網路。

ResNet 導入了殘差學習（residual learning）的概念，因為可以解決深度卷積網路的梯度消失問題，而得以建置非常深的網路架構。

DenseNet 進一步改良了 ResNet 的技術，讓每一層卷積層都可以直接存取輸入層與較低的特徵圖。透過使用**瓶頸（Bottleneck）層**與**轉移（Transition）層**，它能讓深度網路的參數保持在相對少的數量。

但為什麼這兩款模型可以做到，其他不行呢？這麼說吧，自從它們誕生之後，有非常多的模型像是 **ResNeXt** [6] 與 **FractalNet** [7]，其靈感都是來自於這兩種網路。同樣地，對 ResNet 與 DenseNet 有一定認知之後，我們就能根據其設計準則來自行建立模型。只要使用轉換學習，我們就能把預先訓練好的 ResNet 與 DenseNet 模型用於自己的專案。再加上與 Keras 的相容性，這就是為什麼兩款模型很適合用來探索與補足本書所提的各種進階深度學習範疇的原因。

本章重點在於深度神經網路；所以我們會從 Keras 的一個重要功能開始介紹，稱為 **Functional API**。這套 API 算是在 Keras 中建立網路的替代性方案，使我們得以建置以往無法用序列式模型完成的更複雜網路。之所以這麼重視這個 API 的原因在於，它在建置各種深度網路時非常好用，如本章所談到的這兩種。在此建議你完成「*第 1 章｜認識進階深度學習與 Keras*」的範例之後再進入本章內容，因為該章談到了各種入門概念與範例，到了本章才會進入較進階的等級。

本章學習內容如下：

· Keras 的 Functional API，還有可執行它的神經網路範例

· 在 Keras 中實作深度殘差網路（ResNet versions 1 與 2）

· 使用 Keras 來實作密集連接卷積網路（Densely Connected Convolutional Network, DenseNet）

· 深入認識兩款熱門的深度學習模型：**ResNet** 與 **DenseNet**

# Functional API

「*第 1 章｜認識進階深度學習與 Keras*」所介紹的序列式模型中，各層都是堆疊在另一層之上。一般來說，模型都可透過其輸入與輸出層來存取。我們還知道如果想在網路中段加入一個附屬輸入，或在最末層之前取得一個附屬輸出，這沒有簡單的方法可以達成。

這種模型當然也有缺點，例如，它不支援 graph 式模型或行為模式類似 Python 函數的模型，再者，也很難做到在兩個模型之間共享層。Functional API 解決了諸如此類的限制，也正因如此它對於想要操作深度學習模型的任何人來說，都是一項重要的工具。

Functional API 的兩個重要概念如下：

· 層是可接收 tensor 為參數的一個實例，而層的輸出則是另一個 tensor。如果要建置模型，各個層實例實際上是透過輸入與輸出 tensor 彼此鏈結的物件。這樣會

使其最終結果相當類似於在序列式模型中堆疊多層的效果。不過,運用層實例能讓模型較容易具備附屬或多重輸入與輸出,因為各層的輸出 / 輸入已可被存取。

· 模型代表一或多個輸入 tensor 與輸出 tensor 之間的函數。在模型的輸入與輸出之間,tensor 就是被其他層的輸入與輸出 tensor 連接起來的層實例。因此,在此的模型就是指一或多個輸入層與一或多個輸出層之間的函數。模型實例會根據資料從輸入流往輸出的方式來產生運算圖。

Functional API 模型建置完成之後,就可用序列式模型中的相同函數來進行訓練與評估。為了在 Functional API 中呈現,在此有一個 2D 卷積層 Conv2D,有 32 個過濾器、x 代表層的輸入 tensor,y 代表層的輸出 tensor,可如下所示:

```
y = Conv2D(32)(x)
```

還可以堆疊多層來建置模型。例如,我們可以修改上一章用於 MNIST 的同一份 CNN 程式碼,如下所示:

如範例 2.1.1,`cnn-functional-2.1.1.py`,本範例說明如何使用 Functional API 來轉換前一個範例 `cnn-mnist-1.4.1.py`:

```
import numpy as np
from keras.layers import Dense, Dropout, Input
from keras.layers import Conv2D, MaxPooling2D, Flatten
from keras.models import Model
from keras.datasets import mnist
from keras.utils import to_categorical


# 計算標籤數量
num_labels = len(np.unique(y_train))

# 轉換為one-hot向量
y_train = to_categorical(y_train)
y_test = to_categorical(y_test)

# 重塑與標準化輸入影像
image_size = x_train.shape[1]
x_train = np.reshape(x_train,[-1, image_size, image_size, 1])
x_test = np.reshape(x_test,[-1, image_size, image_size, 1])
x_train = x_train.astype('float32') / 255
```

```
x_test = x_test.astype('float32') / 255

# 網路參數
# 影像以灰階矩形來處理
input_shape = (image_size, image_size, 1)
batch_size = 128
kernel_size = 3
filters = 64
dropout = 0.3

# 使用Functional API來建置cnn層
inputs = Input(shape=input_shape)
y = Conv2D(filters=filters,
           kernel_size=kernel_size,
           activation='relu')(inputs)
y = MaxPooling2D()(y)
y = Conv2D(filters=filters,
           kernel_size=kernel_size,
           activation='relu')(y)
y = MaxPooling2D()(y)
y = Conv2D(filters=filters,
           kernel_size=kernel_size,
           activation='relu')(y)
# 在連接到dense層之前先把影像轉為向量
y = Flatten()(y)
# dropout正規化
y = Dropout(dropout)(y)
outputs = Dense(num_labels, activation='softmax')(y)

# 提供輸入/輸出來建置模型
model = Model(inputs=inputs, outputs=outputs)
# 網路模型的文字描述
model.summary()

# 分類器損失，Adam最佳器，分類器準確度
model.compile(loss='categorical_crossentropy',
              optimizer='adam',
              metrics=['accuracy'])

# 使用輸入影像與標籤來訓練模型
model.fit(x_train,
          y_train,
          validation_data=(x_test, y_test),
          epochs=20,
          batch_size=batch_size)
```

```
# 模型之於測試資料集的精確度
score = model.evaluate(x_test, y_test, batch_size=batch_size)
print("\nTest accuracy: %.1f%%" % (100.0 * score[1]))
```

MaxPooling2D 的預設參數是 pool_size=2，所以引數已經被移除了。

在以上範例中，每一層都是一個 tensor 函數。它們都可以產生一個 tensor 作為輸出，也就是下一層的輸入。為了產生這個模型，需要呼叫 Model() 函數並指定輸入與輸出 tensor，或改用 tensor 清單也可以。其他做法則都一樣。

同一個範例也可透過 fit() 與 evaluate() 函數來進行訓練與評估，做法與序列式模型類似。sequential 類別事實上就是 Model 類別的一個子類別。別忘了我們在 fit() 函數中加入了 validation_data 引數，藉此觀察訓練過程中的準確度驗證效果。到了 20 回合時的準確度在 99.3% 到 99.4% 之間。

## 建立一個雙 - 輸入 / 單 - 輸出的模型

來做一些很酷的東西吧！現在要做一個具備兩個輸入與一個輸出的進階模型。在開始之前，得先告訴你這件事在序列式模型中並沒有這麼直觀。

假設我們發明了一款用於 MNIST 數字分類的新模型，稱為 **Y- 網路**，如圖 *2.1.1*。Y- 網路將同一筆輸入在左右兩側的 CNN 分支上總共運用了兩次。網路會運用 concatenate 層來結合這兩者的結果。合併操作 concatenate 就好比將兩個相同形狀的 tensor 沿著 concatenation 軸堆疊起來，藉此形成一個新的 tensor。例如，把兩個形狀為 (3, 3, 16) 的 tensor 沿著最後一軸結合起來會產生一個形狀為 (3, 3, 32) 的 tensor。

concatenate 層之後的所有東西都與先前的 CNN 模型相同，就是 Flatten-Dropout-Dense：

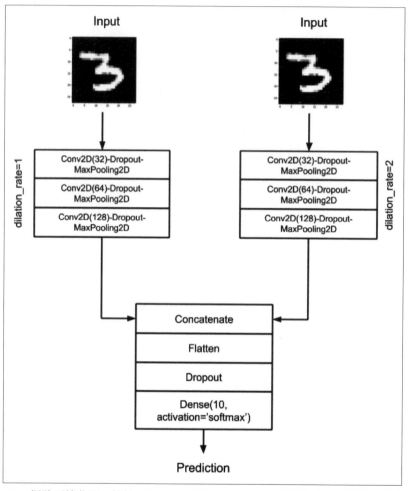

圖 2.1.1：Y- 網路可接收同一筆輸入兩次，但會在卷積網路的兩個分支來分別處理輸入。兩個分支的輸出會藉由 concatenate 層來合併。最後一層的預測結果會與先前的 CNN 範例類似。

我們提出了幾項修改來提升範例 2.1.1 中的模型效能。首先是把 Y- 網路分支的過濾器數量加倍，藉此抵銷在 MaxPooling2D() 之後的特徵圖尺寸減半所造成的結果。例如，如果第一次卷積層的輸出為 (28, 28, 32)，這樣經過最大池化之後就會變成 (14, 14, 32)。下一次卷積層的過濾器尺寸就會採用 64，讓輸出保持為 (14, 14, 64)。

再者，雖然兩個分支的核心大小都為 3，但右側分支的擴張率為 2。圖 2.1.2 可以看到核心大小同樣為 3，但擴張率不同所產生的效果。在此的主要想法是透過擴張率來增加核心的覆蓋程度，CNN 就能讓右側分支去學習不同的特徵圖。在此將採用 padding='same' 來確保在使用擴張後的 CNN 時不會讓 tensor 的尺寸為負數。padding='same' 還能讓輸入尺寸與輸出特徵圖維持相同。這是透過對輸入填入 0 來確保輸出的尺寸也相同：

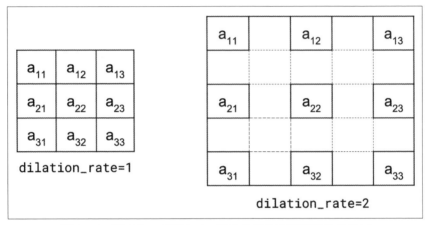

圖 2.1.2：將 dilate 率增加 1，核心的有效覆蓋範圍也會增加

以下範例是 Y- 網路實作，透過兩個 for 迴圈來產生兩個分支。兩個分支需要相同形狀的輸入才行。兩個 for 迴圈會產生兩個層數為 3 的 Conv2D-Dropout-MaxPooling2D 堆疊。使用 concatenate 層來組合左右分支的輸出時，還需要用到 Keras 其他的合併函數，例如 add、dot 與 multiply。合併函數並非隨便挑就好，需要根據模型設計架構來決定。

在 Y- 網路中，concatenate 不會捨棄特徵圖的任何一部分。反之，我們會讓 Dense 層去搞懂如何處理結合後的特徵圖。範例 2.1.2，cnn-y-network-2.1.2.py 說明如何使用 Functional API 來實作 Y- 網路：

```
import numpy as np

from keras.layers import Dense, Dropout, Input
from keras.layers import Conv2D, MaxPooling2D, Flatten
from keras.models import Model
```

```
from keras.layers.merge import concatenate
from keras.datasets import mnist
from keras.utils import to_categorical
from keras.utils import plot_model

# 載入MNIST資料集
(x_train, y_train), (x_test, y_test) = mnist.load_data()

    # 計算標籤數量
    num_labels = len(np.unique(y_train))

    # 轉換為one-hot向量
    y_train = to_categorical(y_train)
y_test = to_categorical(y_test)

# 重塑與標準化輸入影像
image_size = x_train.shape[1]
x_train = np.reshape(x_train,[-1, image_size, image_size, 1])
x_test = np.reshape(x_test,[-1, image_size, image_size, 1])
x_train = x_train.astype('float32') / 255
x_test = x_test.astype('float32') / 255

# 網路參數
input_shape = (image_size, image_size, 1)
batch_size = 32
kernel_size = 3
dropout = 0.4
n_filters = 32

# Y網路的左側分支
left_inputs = Input(shape=input_shape)
x = left_inputs
filters = n_filters
# 3層Conv2D-Dropout-MaxPooling2D
# 過濾器數量在經過各層之後倍增為(32-64-128)
for i in range(3):
    x = Conv2D(filters=filters,
               kernel_size=kernel_size,
               padding='same',
               activation='relu')(x)
    x = Dropout(dropout)(x)
    x = MaxPooling2D()(x)
    filters *= 2

# Y網路的右側分支
right_inputs = Input(shape=input_shape)
y = right_inputs
filters = n_filters
# 3層Conv2D-Dropout-MaxPooling2D
# 過濾器數量在經過各層之後倍增為(32-64-128)
for i in range(3):
    y = Conv2D(filters=filters,
```

```
                    kernel_size=kernel_size,
                    padding='same',
                    activation='relu',
                    dilation_rate=2)(y)
    y = Dropout(dropout)(y)
    y = MaxPooling2D()(y)
    filters *= 2

# 合併左右兩個分支的輸出
y = concatenate([x, y])
# 在連接Dense層之前將特徵圖轉換為向量
y = Flatten()(y)
y = Dropout(dropout)(y)
outputs = Dense(num_labels, activation='softmax')(y)

# 在連接Dense層之前將特徵圖轉換為向量
model = Model([left_inputs, right_inputs], outputs)
# 使用圖像來驗證模型
plot_model(model, to_file='cnn-y-network.png', show_shapes=True)
# 使用層的文字敘述來驗證模型
model.summary()

# 分類器損失、Adam最佳器、分類器準確度
model.compile(loss='categorical_crossentropy',
              optimizer='adam',
              metrics=['accuracy'])

# 分類器損失 Adam最佳器 分類器準確度
model.fit([x_train, x_train],
          y_train,
          validation_data=([x_test, x_test], y_test),
          epochs=20,
          batch_size=batch_size)

# 模型對於測試資料集的準確度
score = model.evaluate([x_test, x_test], y_test, batch_size=batch_size)
print("\nTest accuracy: %.1f%%" % (100.0 * score[1]))
```

回想一下，我們知道 Y- 網路需要兩個輸入才能進行訓練與驗證。這兩筆輸入是完全一樣的，所以是 [x_train, x_train]。

經過 20 回合之後，Y- 網路的準確度來到了 99.4% 到 99.5% 之間。相較於之前的 3 層 CNN（準確度為 99.3% 到 99.4%），改良效果只能說小到不行。而且，這樣微幅提升的代價是複雜度提升以及參數數量增加了一倍以上。下圖，圖 2.1.3 說明了 Keras 的 Y- 網路架構，並且用 plot_model() 函數來繪製：

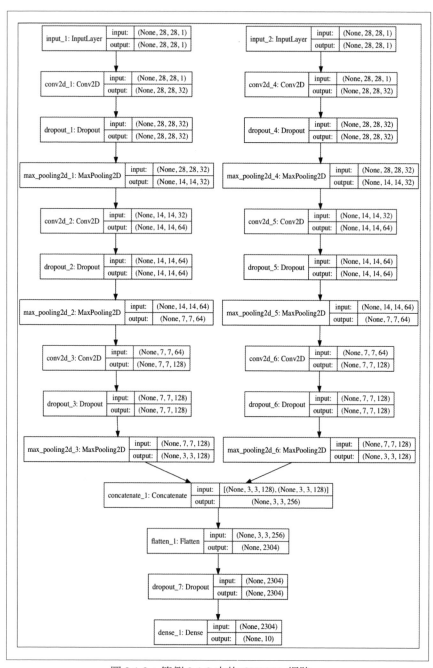

圖 2.1.3：範例 2.1.2 中的 CNN Y- 網路。

關於 Functional API 的討論就到這裡。請注意本章重點在於如何建置深度神經
網路，特別是 ResNet 與 DenseNet。因此，我們只有介紹建置這些網路所需的
Functional API，要完整介紹這套 API 已經超出本書的範圍。

更多關於 Functional API 的資訊請參考：
`https://keras.io/`。

# 深度殘差網路（ResNet）

深度網路的優勢之一，是它很擅長透過輸入與特徵圖來學習不同層級的特徵。在分
類、分割、偵測與各式各樣的電腦視覺問題中，能否學習不同層級的特徵就代表了
更好的效能。

不過，你很快會發現訓練深度網路不太容易，因為梯度會在反向傳播的過程中，隨
著層的深度增加而消失（有時則是爆炸）。圖 *2.2.1* 說明了何謂梯度消失。網路參數
會透過輸出層到所有先前層的反向傳播來更新。由於反向傳播是以連鎖律為基礎，
梯度傾向於抵達較淺層時消失。這是因為微小數值連乘的結果，尤其是誤差與參數
的微小絕對值。

這個相乘次數與網路深度成比例。請注意，如果梯度降階了，參數就無法正確更新。

網路的效能也會因為這樣而無法提升：

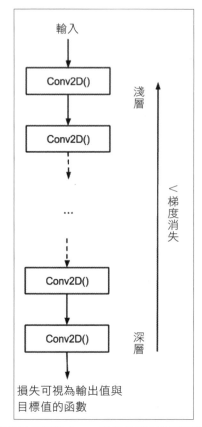

圖 2.2.1：深度網路的常見問題之一，梯度會在反向傳播抵達較淺層時消失。

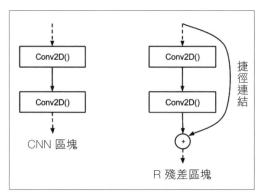

圖 2.2.2：一般 CNN 與 ResNet 的區塊比較。
為了避免反向傳播的梯度降階問題，加入了一個捷徑連結。

為了減緩深度網路的梯度降級問題，ResNet 導入了深度殘差學習框架的概念。讓我們從一個區塊，也就是深度網路的一部分開始看。

上圖是標準 CNN 區塊與 ResNet 殘差區塊兩者的比較。ResNet 的主軸是避免梯度降階，我們會讓資訊流過捷徑連結來抵達淺層。

接著，要深入討論上圖中兩個區塊的差異。圖 2.2.3 深入比較了另一款常用深度網路 VGG[3] 中的 CNN 區塊與 ResNet 區塊。層的特徵圖表示為 **x**。層 $l$ 的特徵圖就是 $\mathbf{x}_l$。CNN 層中的操作為 **Conv2D-Batch Normalization(BN)-ReLU**。

假設我們以 $H()$ = Conv2D-Batch Normalization(BN)-ReLU 的格式來呈現這一系列操作，代表：

$$\mathbf{x}_{l-1} = H\left(\mathbf{x}_{l-2}\right) \quad \text{（方程式 2.2.1）}$$

$$\mathbf{x}_{l} = H\left(\mathbf{x}_{l-1}\right) \quad \text{（方程式 2.2.2）}$$

換言之，層 $l$ - 2 的特徵圖會透過 $H()$ =Conv2D-Batch Normalization(BN)-ReLU 被轉換為 $\mathbf{x}_{l-1}$。同一組操作也可用於將 $\mathbf{x}_{l-1}$ 轉換為 $\mathbf{x}_l$。換個例子來說，如果有一個層數為 18 的 VGG，那麼在輸入影像被轉換為第 18 層的特徵圖之前，總共會經過 18 次 $H()$ 操作。

一般來說，我們不難發現層 $l$ 輸出的特徵圖會直接、也只會受到先前的特徵圖所影響。同時，對 ResNet 來說：

$$\mathbf{x}_{l-1} = H\left(\mathbf{x}_{l-2}\right) \quad \text{（方程式 2.2.3）}$$

$$\mathbf{x}_{l} = ReLU\left(F\left(\mathbf{x}_{l-1}\right) + \mathbf{x}_{l-2}\right) \quad \text{（方程式 2.2.4）}$$

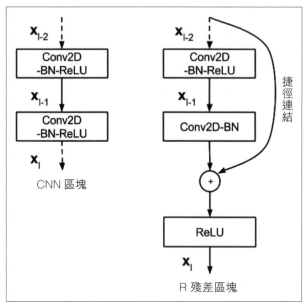

圖 2.2.3：一般 CNN 區塊與殘差區塊層中的操作詳細說明。

$F(\mathbf{x}_{l-1})$ 是由兩個 Conv2D-BN 所組成，也稱為殘差映射（residual mapping）。+ 號代表捷徑連結與 $F(\mathbf{x}_{l-1})$ 輸出之間的 tensor 元素加法。捷徑連結不會增加額外的參數，也不會讓運算更複雜。

加法操作可用 Keras 的 add() 合併函數來實作。不過，$F(\mathbf{x}_{l-1})$ 方程式與 **x** 兩者的形狀需相同。如果形狀不同，例如在修改特徵圖大小時，應該要對 **x** 執行線性映射來對應 $F(\mathbf{x}_{l-1})$ 的大小。在原本的文章中，當特徵圖大小減半時，線性映射是由 1×1 核心與 strides=2 的 Conv2D 所完成的。

在「第 1 章｜認識進階深度學習與 *Keras*」曾說過，stride > 1 等於在卷積過程中跳過一些像素。例如當 strides=2，很有可能在卷積過程中滑動核心時，卻跳過了其他的像素。

上述方程式 2.2.3 與 2.2.4 都是 ResNet 殘差區塊的操作。此兩式說明，如果深一點的層可經由訓練讓誤差更少，則較淺層的誤差也沒有理由會比較高。

認識 ResNet 的基本建置區塊之後，就要來設計可以分類影像的深度殘差網路了。
不過，這時候要改用另一個更具挑戰性的進階資料集。

在本範例中會用到 CIFAR10，也是原始論文中已驗證的資料集之一。本範例運用了
Keras 的 API，方便我們存取 CIFAR10 資料集，如下：

```
from keras.datasets import cifar10
(x_train, y_train), (x_test, y_test) = cifar10.load_data()
```

與 MNIST 一樣，CIFAR10 資料集也有 10 個目錄。資料集是許多大小為 (32×32)
真實世界 RGB 彩色影像的集合，包含飛機、車輛、鳥類、貓、鹿、狗、青蛙、馬、
船與卡車來對應到各自的 10 個目錄。圖 2.2.4 是 CIFAR10 的一些範例影像。

資料集中有 50,000 筆已標記的訓練影像，還有 10,000 筆用於驗證的已標記影像：

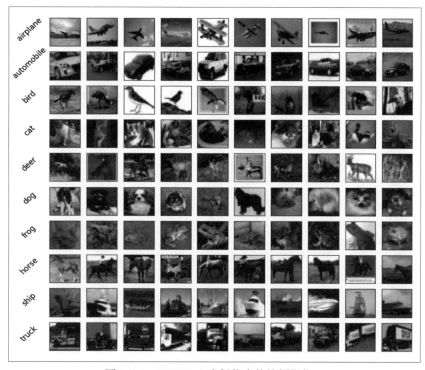

圖 2.2.4：CIFAR10 資料集中的範例影像。
完整資料集中有 50,000 筆已標記訓練影像，還有 10,000 筆用於驗證的已標記影像。

對於 CIFAR10 資料來說，可用不同的網路架構來建置 ResNet，如表 *2.2.1*。*n* 值與對應的 ResNet 網路架構驗證結果如表 *2.2.2*。表 *2.2.1* 代表共有三組殘差區塊，每組有 2*n* 層對應到 *n* 個殘差區塊，額外的 32×32 層就是用於輸入影像的第一層。

核心的大小為 3，除了在兩個特徵圖之間的轉移不同之外，其餘皆相同。這兩個特徵圖是用來實作線性對映。例如一個核心大小為 1 且 strides=2 的 Conv2D。感謝 DenseNet 本身的一致性，我們會使用轉移層一詞來代表結合兩個不同大小的殘差區塊這件事。

ResNet 運用 kernel_initializer='he_normal' 來幫助反向傳播過程中的收斂 [1]，最後一層是由 AveragePooling2D-Flatten-Dense 所組成。請注意 ResNet 沒有使用 dropout，另外也顯示加入了合併操作與 1×1 卷積可達到自我正規化的效果。圖 *2.2.5* 是表 *2.2.1* 中所提到用於 CIFAR10 資料集的 ResNet 模型架構。

以下範例是用 Keras 來實作 ResNet 的部分內容，程式碼已收錄於 Keras GitHub。表 *2.2.2* 中可看到，透過修改 **n** 值就能增加網路的深度。例如當 n = 18 就等於 ResNet110，也就是 110 層的深度網路。如果要建置 ResNet20 就需要 n = 3：

```
n = 3

# 模型版本
# 原始論文: version = 1 (ResNet v1),
# 證明ResNet: version = 2 (ResNet v2)
version = 1

# 由指定模型參數n計算深度
if version == 1:
    depth = n * 6 + 2
elif version == 2:
    depth = n * 9 + 2
…
if version == 2:
    model = resnet_v2(input_shape=input_shape, depth=depth)
else:
    model = resnet_v1(input_shape=input_shape, depth=depth)
```

resnet_v1() 方法可用來建置 ResNet 模型。它運用了 resnet_layer() 這個工具函數來堆疊 Conv2D-BN-ReLU。

下一段會介紹稱為 ResNet version 2 或 v2 的改良版 ResNet。相較於 ResNet，ResNet v2 改良了殘差區塊的設計方式，使得效能更好。

| 層 | 輸出 | 過濾器 | 操作 |
|---|---|---|---|
| Convolution | 32×32 | 16 | $3\times3 \quad Conv2D$ |
| Residual Block (1) | 32×32 | | $\begin{Bmatrix} 3\times3 & Conv2D \\ 3\times3 & Conv2D \end{Bmatrix} \times n$ |
| Transition Layer (1) | 32×32<br>16×16 | | $\{1\times1 \quad Conv2D, strides = 2\}$ |
| Residual Block (2) | 16×16 | 32 | $\begin{Bmatrix} 3\times3 & Conv2D, strides = 2\,if\,1st\,Conv2D \\ 3\times3 & Conv2D \end{Bmatrix} \times n$ |
| Transition Layer (2) | 16×16<br>8×8 | | $\{1\times1 \quad Conv2D, strides = 2\}$ |
| Residual Block (3) | 8×8 | 64 | $\begin{Bmatrix} 3\times3 & Conv2D, strides = 2\,if\,1st\,Conv2D \\ 3\times3 & Conv2D \end{Bmatrix} \times n$ |
| Average Pooling | 1×1 | | $8\times8 \quad AveragePooling2D$ |

表 2.2.1：ResNet 網路架構設定

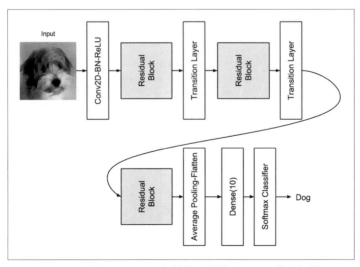

圖 2.2.5：用於 CIFAR10 資料集分類的 ResNet 模型架構。

| #層 | n | 用於CIFAR10的準確度（原始論文） | 用於CIFAR10的準確度（本書） |
|---|---|---|---|
| ResNet20 | 3 | 91.25 | 92.16 |
| ResNet32 | 5 | 92.49 | 92.46 |
| ResNet44 | 7 | 92.83 | 92.50 |
| ResNet56 | 9 | 93.03 | 92.71 |
| ResNet110 | 18 | 93.57 | 92.65 |

表 2.2.2：以 CIFAR10 資料集驗證的 ResNet 架構

以下範例是 `resnet-cifar10-2.2.1.py` 的一部分，這是 ResNet v1 的 Keras 模型實作：

```python
def resnet_v1(input_shape, depth, num_classes=10):
    if (depth - 2) % 6 != 0:
        raise ValueError('depth should be 6n+2 (eg 20, 32, 44 in [a])')
    # 模型定義
    num_filters = 16
    num_res_blocks = int((depth - 2) / 6)

    inputs = Input(shape=input_shape)
    x = resnet_layer(inputs=inputs)
    # 建立殘差單元堆疊的實例
    for stack in range(3):
        for res_block in range(num_res_blocks):
            strides = 1
            if stack > 0 and res_block == 0:
                strides = 2  # downsample
            y = resnet_layer(inputs=x,
                             num_filters=num_filters,
                             strides=strides)
            y = resnet_layer(inputs=y,
                             num_filters=num_filters,
                             activation=None)
            if stack > 0 and res_block == 0
                # 將線性映射殘差捷徑連結好，以符合修改後的長度
                x = resnet_layer(inputs=x,
                                 num_filters=num_filters,
                                 kernel_size=1,
                                 strides=strides,
                                 activation=None,
                                 batch_normalization=False)
```

```
        x = add([x, y])
        x = Activation('relu')(x)
    num_filters *= 2

# 於最上端加入分類器
# v1沒有在最後一個捷徑連結-ReLU之後使用BN
x = AveragePooling2D(pool_size=8)(x)
y = Flatten()(x)
outputs = Dense(num_classes,
                activation='softmax',
                kernel_initializer='he_normal')(y)

# 建立模型實例
model = Model(inputs=inputs, outputs=outputs)
return model
```

這裡的做法與原本的 ResNet 實作方式有一點點不同，改用了 Adam 而不再使用 SGD，因為 ResNet 搭配 Adam 會比較容易收斂。另外，還會運用 lr_schedule() 這個學習率排程器讓 lr 在 80、120、160 與 180 回合時從原本的數值 1e-3 開始遞減。lr_schedule() 函數會被當作回呼變數的一部分，在每次訓練回合結束後被呼叫。

其他回呼會在每次驗證準確度有增加時儲存一次檢查點。由於訓練深度網路需要相當可觀的時間，因此，在訓練深度網路時儲存模型或權重檢查點是個很好的做法。當要用到這個網路時，只需要再次載入檢查點就可取用訓練好的模型了。這只要呼叫 Keras 的 load_model() 語法即可，同時也會用到 lr_reducer() 函數。考量到某些特殊狀況，如果驗證損失在 patience=5 回合之後並未改善，這個回呼函數會把學習率調低。

當呼叫 model.fit() 方法時需要提供回呼變數。類似於原本的論文，Keras 實作會運用資料增強方法 ImageDataGenerator() 提供額外的訓練資料來達到正規化。當訓練資料量增加時，網路的一般性也會隨之提升。

例如,一種簡單的資料增強做法就是翻轉狗狗的照片,如下圖(`horizontal_flip=True`)。如果這是張狗狗的照片,那在翻轉之後還是一隻狗。你還可以執行其他變形操作,縮放、旋轉、白化等等,但標籤依然不變:

原始影像               翻轉後影像

圖 2.2.6:一種簡單的資料增強做法就是翻轉原始照片。

完整程式碼請由此取得:`https://github.com/PacktPublishing/Advanced-Deep-Learning-with-Keras`。

要精準重現原本論文成果的難度相當高,尤其是在最佳器與資料增強方面,因此,本書中的 Keras ResNet 實作與原本論文中模型,兩者在效能上還是有些許的不同。

# ResNet v2

關於 ResNet 的第二篇論文 [4] 推出之後,上一段所介紹的模型就被稱為 ResNet v1。改良後的 ResNet 普遍稱為 ResNet v2。改良主要在於殘差區塊中各層的排列方式,如下圖。

ResNet v2 的主要修改在於:

・運用 1×1 - 3×3 - 1×1 `BN-ReLU-Conv2D` 堆疊

・在 2D 卷積之前，先使用了批標準化與 ReLU 觸發

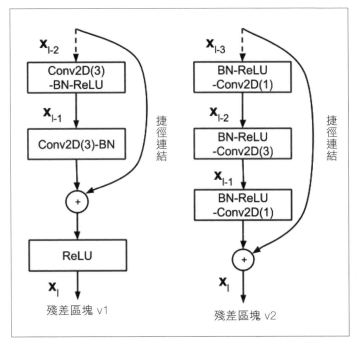

圖 2.3.1：ResNet v1 與 ResNet v2 的殘差區塊比較。

`resnet-cifar10-2.2.1.py` 是另一份 ResNet v2 實作：

```
def resnet_v2(input_shape, depth, num_classes=10):
    if (depth - 2) % 9 != 0:
        raise ValueError('depth should be 9n+2 (eg 56 or 110 in [b])')
    # 模型定義
    num_filters_in = 16
    num_res_blocks = int((depth - 2) / 9)

    inputs = Input(shape=input_shape)
    # v2會在分成兩條路徑之前，對輸入進行Conv2D與BN-ReLU
    x = resnet_layer(inputs=inputs,
                     num_filters=num_filters_in,
                     conv_first=True)

    # 建立殘差單元堆疊實例
    for stage in range(3):
        for res_block in range(num_res_blocks):
```

```python
        activation = 'relu'
        batch_normalization = True
        strides = 1
        if stage == 0:
            num_filters_out = num_filters_in * 4
            if res_block == 0:    # 第一層，第一階段
                activation = None
                batch_normalization = False
        else:
            num_filters_out = num_filters_in * 2
            if res_block == 0:    # 第一層，但並非第一階段
                strides = 2       # 縮小

        # 瓶頸殘差單元
        y = resnet_layer(inputs=x,
                        num_filters=num_filters_in,
                        kernel_size=1,
                        strides=strides,
                        activation=activation,
                        batch_normalization=batch_normalization,
                        conv_first=False)
        y = resnet_layer(inputs=y,
                        num_filters=num_filters_in,
                        conv_first=False)
        y = resnet_layer(inputs=y,
                        num_filters=num_filters_out,
                        kernel_size=1,
                        conv_first=False)
        if res_block == 0:
            # 將線性映射殘差捷徑連結好，以符合修改後的長度
            x = resnet_layer(inputs=x,
                            num_filters=num_filters_out,
                            kernel_size=1,
                            strides=strides,
                            activation=None,
                            batch_normalization=False)
        x = add([x, y])

    num_filters_in = num_filters_out

# 於最上端加入分類器
# v2在池化之前採用BN-ReLU
x = BatchNormalization()(x)
x = Activation('relu')(x)
x = AveragePooling2D(pool_size=8)(x)
y = Flatten()(x)
```

```
outputs = Dense(num_classes,
                activation='softmax',
                kernel_initializer='he_normal')(y)

# 模型建立模型實例
model = Model(inputs=inputs, outputs=outputs)
return model
```

ResNet v2 的模型建置方式如以下程式碼。例如使用 n = 12 來建置 ResNet110 v2：

```
n = 12

# 模型版本
# orig paper: version = 1 (ResNet v1), Improved ResNet: version = 2
(ResNet v2)
version = 2

# 由指定模型參數n計算深度
if version == 1:
    depth = n * 6 + 2
elif version == 2:
    depth = n * 9 + 2
…
if version == 2:
    model = resnet_v2(input_shape=input_shape, depth=depth)
else:
    model = resnet_v1(input_shape=input_shape, depth=depth)
```

ResNet v2 的準確度如下表：

| #層 | n | 用於CIFAR10的準確度（原始論文） | 用於CIFAR10的準確度（本書） |
|---|---|---|---|
| ResNet56 | 9 | NA | 93.01 |
| ResNet110 | 18 | 93.63 | 93.15 |

表 2.3.1：以 CIFAR10 資料集驗證的 ResNet v2 架構

在 Keras 的套件中，ResNet50 實作已經包含了對應的檢查點方便重作。這是另一種以 50 層 ResNet v1 為基礎的實作。

# 密集連接卷積網路（DenseNet）

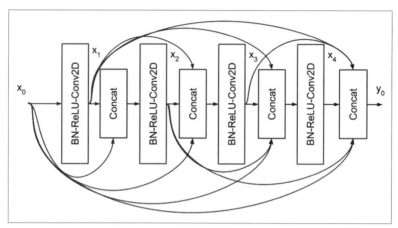

圖 2.4.1：DenseNet 中的 4 層 Dense 區塊。各層的輸入是由所有先前的特徵圖所組成。

DenseNet 採用另一個方法來搞定梯度消失問題。它不再使用捷徑連結，所有先前的特徵圖都會變成下一層的輸入。上圖是在單一 Dense 區塊中的密集互連狀況。

為了簡化，本圖中只顯示了四層。請注意層 *l* 的輸入是所有先前特徵圖的組合。如果將 $H(x)$ 內容指定為 BN-ReLU-Conv2D，層 *l* 的輸入可寫為：

$$\mathbf{x}_l = H\left(\mathbf{x}_0, \mathbf{x}_1, \mathbf{x}_2, \ldots, \mathbf{x}_{l-1}\right) \qquad \text{（方程式 2.4.1）}$$

Conv2D 的核心大小為 3。每一層所產生的特徵圖數量稱為成長率（growth rate），*k*。一般來說 $k = 12$，但在 *Densely Connected Convolutional Networks*, Huang and others，2017 [5] 論文中則是使用 $k = 24$。因此，如果特徵圖數量 $x_0$ 等於 $k_0$，到了圖 *2.4.1* 中 4 層 Dense 區塊時的特徵圖總數為 $4 \times k + k_0$。

DenseNet 也建議 Dense 區塊要放在 BN-ReLU-Conv2D 之前，並讓特徵圖數量為成長率 $k_0 = 2 \times k$ 的兩倍。因此，在 Dense 區塊的最末，特徵圖的總數量為 72。核心大小維持不變，依然為 3。到了輸出層，DenseNet 建議在 Dense() 與 softmax 分類器之前先執行一次平均池化。如果未使用資料增強，則 Dense 區塊 Conv2D 之後一定要接一個 dropout 層：

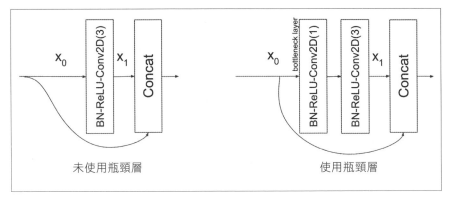

圖 2.4.2：DenseNet 中 Dense 區塊的一層，左側未使用瓶頸層 BN-ReLU-Conv2D(1)，
右側則有使用。在此為了簡潔，我們把核心大小以 Conv2D 的引數來表示。

當網路變深時會發生兩個新的問題。首先，由於每一層都會產生 $k$ 個特徵圖，層 $l$
的輸入數量就等於 $(l-1) \times k + k_0$。因此，特徵圖數量會隨著網路變深而快速增加導致
計算變慢。例如，101 層的網路就會是 1200 + 24 = 1224，$k = 12$。

再者類似於 ResNet，特徵圖的大小會在網路變深時減小，藉此增加核心的覆蓋範
圍。如果 DenseNet 在合併運算中需要用到序連（concatenation）運算，就需要先
處理尺寸不一致的問題。

為了避免特徵圖數量增加太多而影響到運算效率，DenseNet 導入了如圖 2.4.2 中所
提到的瓶頸層。概念就是在每次的序連之後，會應用一個過濾器大小為 $4k$ 的 $1 \times 1$
卷積。這個技巧可以避免 Conv2D(3) 所要處理的特徵圖數量暴增。

Bottleneck 層會把 DenseNet 層修改為 BN-ReLU-Conv2D(1)-BN-ReLU-Conv2D(3)，
而非只使用 BN-ReLU-Conv2D(3)。為了更清楚說明，我們把核心大小作為
Conv2D 的引數。運用瓶頸層之後，每一個 Conv2D(3) 對於層 $l$ 要處理的特
徵圖數量就只會有 $4k$ 而非 $(l-1) \times k + k_0$。例如以 101 層的網路來說，最後一個
Conv2D(3) 的輸入在 $k = 12$ 時依然是 48 個特徵圖，而非先前的 1224 個：

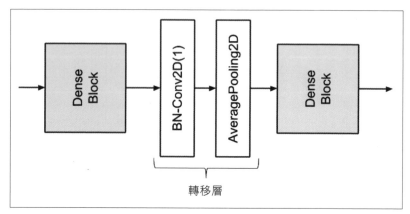

圖 2.4.3：兩個 Dense 區塊之間的轉移層。

為了解決特徵圖的大小不符問題，DenseNet 將深度網路切分為多個可由轉移層組合起來的 dense 區塊，如上圖。在各個 dense 區塊中，特徵圖大小（寬與高）會保持固定。

轉移層是用來將兩個 dense 區塊之間的一個特徵圖**轉換**成另一個較小的特徵圖。尺寸的縮減程度通常為一半。這是透過平均池化層所做到的，例如 AveragePooling2D 搭配預設的 pool_size=2 可把特徵圖尺寸由原本的 (64, 64, 256) 降為 (32, 32, 256)。轉移層的輸入為上一個 dense 區塊中最後一個序連層的輸出。

不過，在把所有特徵圖進行平均池化之前，這些數字會運用 Conv2D(1) 的一個特定壓縮因子，$0 < \theta < 1$，來降低特徵圖的數量。DenseNet 採用 $\theta = 0.5$。例如當前一個 dense 區塊的最後一個輸出為 (64, 64, 512)，那麼經過 Conv2D(1) 之後會變成 (64, 64, 256)。如果需要同時做到壓縮與降維，轉移層就會由 BN-Conv2D(1)-AveragePooling2D 層所組成。但在實務上會在卷積層之前先加一個批標準化。

# 建置用於 CIFAR10 的 100 層 DenseNet-BC

現在要建置一個用於 CIFAR10 資料集的 100 層 **DenseNet-BC**（**Bottleneck-Compression**），設計原理之前已經討論過了。

下表是模型設定，而模型架構請參考圖 2.4.4。範例 2.4.1 是一部分的 100 層 DenseNet-BC 的 Keras 實作。請注意對於 DenseNet 來說，由於 `RMSprop` 的收斂效果較好，所以我們採用它而非 SGD 或 Adam。

| 層 | 輸出尺寸 | DenseNet-100BC |
|---|---|---|
| Convolution | 32 x 32 | $3 \times 3$   *Conv2D* |
| Dense Block (1) | 32 x 32 | $\left\{ \begin{array}{l} 1 \times 1 \quad Conv2D \\ 3 \times 3 \quad Conv2D \end{array} \right\} \times 16$ |
| Transition Layer (1) | 32 x 32<br>16 x 16 | $\left\{ \begin{array}{l} 1 \times 1 \qquad\quad Conv2D \\ 2 \times 2 \quad AveragePooling2D \end{array} \right\}$ |
| Dense Block (2) | 16 x 16 | $\left\{ \begin{array}{l} 1 \times 1 \quad Conv2D \\ 3 \times 3 \quad Conv2D \end{array} \right\} \times 16$ |
| Transition Layer (2) | 16 x 16<br>8 x 8 | $\left\{ \begin{array}{l} 1 \times 1 \qquad\quad Conv2D \\ 2 \times 2 \quad AveragePooling2D \end{array} \right\}$ |
| Dense Block (3) | 8 x 8 | $\left\{ \begin{array}{l} 1 \times 1 \quad Conv2D \\ 3 \times 3 \quad Conv2D \end{array} \right\} \times 16$ |
| Average Pooling | 1 x 1 | $8 \times 8$   *AveragePooling2D* |
| Classification Layer | | `Flatten-Dense(10)-softmax` |

表 2.4.1：用於 CIFAR10 分類的 100 層 DenseNet-BC

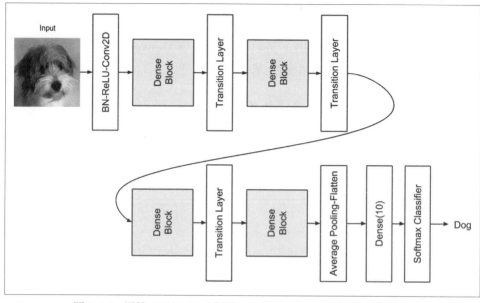

圖 2.4.4：用於 CIFAR10 分類的 100 層 DenseNet-BC 模型架構。

範例 2.4.1，`densenet-cifar10-2.4.1.py`，是表 *2.4.1* 中的 100 層 DenseNet-BC 的部分 Keras 實作：

```
# 模型定義
# densenet CNN(合成函數)是由BN-ReLU-Conv2D所組成
inputs = Input(shape=input_shape)
x = BatchNormalization()(inputs)
x = Activation('relu')(x)
x = Conv2D(num_filters_bef_dense_block,
           kernel_size=3,
           padding='same',
           kernel_initializer='he_normal')(x)
x = concatenate([inputs, x])

# 堆疊多個dense區塊，並由轉移層進行橋接
for i in range(num_dense_blocks):
    # dense區塊就是多個瓶頸層的堆疊
    for j in range(num_bottleneck_layers):
        y = BatchNormalization()(x)
        y = Activation('relu')(y)
        y = Conv2D(4 * growth_rate,
                   kernel_size=1,
                   padding='same',
```

```
                    kernel_initializer='he_normal')(y)
        if not data_augmentation:
            y = Dropout(0.2)(y)
        y = BatchNormalization()(y)
        y = Activation('relu')(y)
        y = Conv2D(growth_rate,
                    kernel_size=3,
                    padding='same',
                    kernel_initializer='he_normal')(y)
        if not data_augmentation:
            y = Dropout(0.2)(y)
        x = concatenate([x, y])

    # 最後一個dense區塊之後不再接轉移層
    if i == num_dense_blocks - 1:
        continue

    # transition層可以壓縮特徵圖的數量並將大小減半
    num_filters_bef_dense_block += num_bottleneck_layers * growth_rate
    num_filters_bef_dense_block = int(num_filters_bef_dense_block *
compression_factor)
    y = BatchNormalization()(x)
    y = Conv2D(num_filters_bef_dense_block,
                kernel_size=1,
                padding='same',
                kernel_initializer='he_normal')(y)
    if not data_augmentation:
        y = Dropout(0.2)(y)
    x = AveragePooling2D()(y)


# 於最上端加入分類器
# 經過平均池化之後，特徵圖大小為1×1
x = AveragePooling2D(pool_size=8)(x)
y = Flatten()(x)
outputs = Dense(num_classes,
                kernel_initializer='he_normal',
                activation='softmax')(y)

# 建立並編譯模型實例
# 原始論文使用SGD，但RMSprop對DenseNet的效能較佳
model = Model(inputs=inputs, outputs=outputs)
model.compile(loss='categorical_crossentropy',
                optimizer=RMSprop(1e-3),
                metrics=['accuracy'])
model.summary()
```

範例 *2.4.1* 中訓練 200 回合之後準確度可達 93.74%，而原始論文則是 95.49%。在此採用了資料增強。我們對 DenseNet 採用與 ResNet v1/v2 相同的回呼函數。

對於更深的層，Python 程式中的 `growth_rate` 與 `depth` 這兩個變數需根據上表來修改。不過，如果是針對深度為 250 的網路或論文中的 190 層網路，則需要相當長的訓練時間。在此用一個訓練時間數字讓大家更有概念，使用單顆 1060Ti GPU 來跑的話，每回合大概一小時。雖然在 Keras 模組中也有一份 DenseNet 實作，不過，此是根據 ImageNet 來訓練的。

## 結論

本章介紹了 Functional API 作為使用 Keras 來建置更複雜神經網路的進階方法。接著，示範了如何使用 Functional API 來建置多輸入 - 單輸出的 Y- 網路。相較於單一分支的 CNN 網路，這種網路的準確度更好。你可在本書後續章節中發現，Functional API 在建置更複雜的進階模型時是不可或缺的。到了下一章，Functional API 還能用來建置編碼器、解碼器與自動編碼器等模組。

另外也花了相當的篇幅來探討兩款重要的深度網路：ResNet 與 DenseNet。這兩款網路不只可用於分類，也被廣泛用於例如分割、偵測、追蹤、生成與視覺 / 語意理解等諸多領域。請注意，請理解 ResNet 和 DenseNet 兩者在模型設計概念上相當類似，這比單純根據原始論文進行實作更重要。這樣一來，我們就可將 ResNet 與 DenseNet 運用在自己想要的應用上了。

## 參考資料

1. Kaiming He and others. *Delving Deep into Rectifiers: Surpassing Human-Level Performance on ImageNet Classification.* Proceedings of the IEEE international conference on computer vision, 2015 (`https://www.cv-foundation.org/openaccess/content_iccv_2015/papers/He_Delving_Deep_into_ICCV_2015_paper.pdf?spm=5176.100239.`

blogcont55892.28.pm8zml&file=He_Delving_deep_into_ICCV_2015_paper.pdf).

2. Kaiming He and others. *Deep Residual Learning for Image Recognition.* Proceedings of the IEEE conference on computer vision and pattern recognition, 2016a(http://openaccess.thecvf.com/content_cvpr_2016/papers/He_Deep_Residual_Learning_CVPR_2016_paper.pdf).

3. Karen Simonyan and Andrew Zisserman. *Very Deep Convolutional Networks for Large-Scale Image Recognition.* ICLR, 2015(https://arxiv.org/pdf/1409.1556/).

4. Kaiming He and others. *Identity Mappings in Deep Residual Networks.* European Conference on Computer Vision. Springer International Publishing, 2016b (https://arxiv.org/pdf/1603.05027.pdf).

5. Gao Huang and others. *Densely Connected Convolutional Networks.* Proceedings of the IEEE conference on computerr vision and pattern recognition, 2017(http://openaccess.thecvf.com/content_cvpr_2017/papers/Huang_Densely_Connected_Convolutional_CVPR_2017_paper.pdf).

6. Saining Xie and others. *Aggregated Residual Transformations for Deep Neural Networks.* Computer Vision and Pattern Recognition (CVPR), 2017 IEEE Conference on. IEEE, 2017(http://openaccess.thecvf.com/content_cvpr_2017/papers/Xie_Aggregated_Residual_Transformations_CVPR_2017_paper.pdf).

7. Gustav Larsson, Michael Maire and Gregory Shakhnarovich. *Fractalnet: Ultra-Deep Neural Networks Without Residuals.* arXiv preprint arXiv:1605.07648, 2016 (https://arxiv.org/pdf/1605.07648.pdf).

# 3

# 自動編碼器

上一章「第 2 章｜深度神經網路」中談到了深度神經網路的重要觀念。現在要來看看自動編碼器，這是一種會試著從輸入資料中找出被壓縮的特徵（representation）之神經網路架構。

與先前章節相同，輸入資料的格式可能相當不同，包括語音、文字影像或影片。自動編碼器會試著去找到一個表示或編碼，好對輸入資料執行有用的轉換。以降噪自動編碼器來說，這套神經網路會試著去找到一個能把充滿雜訊的資料過濾乾淨的編碼。資料充滿雜訊的型態可能是包含了靜電雜訊的錄音，後續再轉換為乾淨的聲音。自動編碼器會根據資料來自動學會編碼，不需要人類進行標注。正因如此，自動編碼器可被歸類為**非監督式（unsupervised）**學習演算法。

本書後續章節會介紹**生成對抗網路（Generative Adversarial Network, GAN）**與 **Variational 自動編碼器（Variational Autoencoders, VAE）**，兩者都可歸類為非監督式學習演算法。這與我們在先前章節中所談到的監督式學習演算法相反，因為後者需要人類下註解。

簡單一句話，自動編碼器會試著把輸入複製到輸出來學會表示或編碼。不過，自動編碼器在使用上不單單只是把輸入複製到輸出而已。否則，神經網路就無法從輸入分配中找出隱藏結構。

自動編碼器會把輸入分配編碼成低維度的 tensor，型態上通常是一個向量。它會去尋找近似隱藏結構，也常稱為潛在特徵、編碼或向量。這個過程組成了編碼部分。潛在向量後續會由解碼器來進行解碼，希望能夠回復原始輸入。

既然潛在向量是輸入分配的一種低維度壓縮特徵，不難理解由解碼器回復後的輸出只能做到近似輸入。輸入與輸出之間的不相似程度可用損失函數來量測。

但為什麼要用到自動編碼器呢？簡單來說，自動編碼器不論是在其原始型態或做為更複雜神經網路的一部分，都有相當不錯的應用。自動編碼器對於理解深度學習的進階主題來說相當關鍵，因為它會給你一個低維度的潛在向量。再者，它可以有效處理自動編碼器的各種結構性作業。這些作業包括降噪、上色、特徵層級計算、偵測、追蹤與分割，這還只是一部分的應用而已！

本章學習內容如下：

- 自動編碼器的運作原理

- 使用 Keras 神經網路函式庫來實作自動編碼器

- 用於降噪與上色的自動編碼器之主要特徵

# 自動編碼器的運作原理

本段將介紹自動編碼器的運作原理。我們會透過 MNIST 資料集來使用自動編碼器，這項資料集在先前章節中已經介紹過了。

首先，要請大家注意自動編碼器包含了兩種運算子：

- **編碼器（Encoder）**：它會把輸入 $x$，轉換成一個低維度的潛在向量 $z = f(x)$。由於潛在向量的維度很低，編碼器會被強迫只去學習輸入資料的最重要特徵。例如以 MNIST 數字來說，要學會的重要特徵可能包含寫字風格、斜角、筆觸曲線以及粗細等等。就實務面來說，這些特徵本來就是用來呈現 0 到 9 等數字的最重要資訊。

· **解碼器（Decoder）**：解碼器會試著從潛在向量 $g(z) = \tilde{x}$ 來回復輸入。雖然潛在向量的維度很低，但其大小還是足以讓解碼器回復輸入資料。

解碼器的目標是讓 $\tilde{x}$ 愈接近 $x$ 愈好。一般來說，編碼器與解碼器都是非線性函數。$z$ 的維度是代表它可表示的顯著特徵數量。這個維度通常會比輸入維度來得小很多，這是為了效率考量，以及要將潛在編碼限制在只會去學習輸入分配中的最顯著屬性 [1]。

當潛在編碼的維度明顯高於 $x$ 時，自動編碼器會傾向記住輸入。

$\mathcal{L}(x, \tilde{x})$ 是一款合適的損失函數，可用於量測輸入 $x$ 與輸出的差異，而後者就是回復後的輸入 $\tilde{x}$。如以下方程式所示，**均方差（Mean Squared Error, MSE）**就是一款常用的損失函數：

$$\mathcal{L}(x, \tilde{x}) = MSE = \frac{1}{m} \sum_{i=1}^{i=m} (x_i - \tilde{x}_i)^2 \quad \text{（方程式3.1.1）}$$

在本範例中，$m$ 為輸出維度（以 MNIST 為例，$m = $ 寬度 × 高度 × 通道 $= 28 \times 28 \times 1 = 784$）。$x_i$ 與 $\tilde{x}_i$ 則分別代表 $x$ 與 $\tilde{x}$ 的元素。由於損失函數是用來量測輸入與輸出之間的差異，我們就能使用其他種類的損失函數，例如二元交叉熵或**結構相似性指標（structural similarity index, SSIM）**。

與其他種類的神經網路類似，自動編碼器會試著在訓練過程中讓這個誤差或損失函數愈小愈好。圖 3.1.1 就是一個自動編碼器。編碼器是一個把輸入 $x$，壓縮成一個低維度潛在向量 $z$ 的函數。這個潛在向量代表輸入分配的各個重要特徵。解碼器會將潛在向量以 $\tilde{x}$ 的格式來回復原本的輸入。

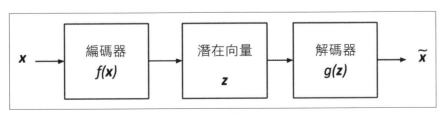

圖 3.1.1 自動編碼器的功能方塊圖。

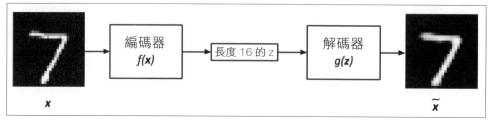

圖3.1.2：用於 MNIST 數字輸入與輸出的自動編碼器，潛在向量的維度為 16。

對自動編碼器來說，$x$ 可以是一個 MNIST 數字，維度等於 $28 \times 28 \times 1 = 784$。編碼器會把輸入轉換為一個低維度的 $z$，例如可以是長度 16 的潛在向量。解碼器會試著將 $z$ 以 $\tilde{x}$ 的格式來回復輸入。就視覺上而言，每一個 MNIST 數字 $x$ 看起來都會很類似於 $\tilde{x}$。圖 *3.1.2* 是這個自動編碼的過程，可以看到解碼後的數字 7，雖然沒有一模一樣但還算相當接近。

由於編碼器與解碼器兩者皆為非線性函數，我們就能用神經網路來實作。例如在 MNIST 資料集，自動編碼器即可用 MLP 或 CNN 來實作。自動編碼器可透過向後傳播過程中將損失函數最小化來訓練。與其他神經網路一樣，對於損失函數的唯一要求是它必須可微分。

如果把輸入當作一個分配來處理，就能把編碼器轉成編碼器分配：$p(z|x)$，而把解碼器視為一個解碼器分配：$p(x|z)$。自動編碼器的損失函數可如下表示：

$$\mathcal{L} = -\log p(x|z)$$　　（方程式 3.1.2）

損失函數僅代表我們想要在指定潛在向量分配的前提下，盡量去回復原本的輸入分配。如果將解碼器輸出分配假設為高斯分配，則損失函數可簡化為 MSE：

$$\mathcal{L} = -\log p(x|z) = -\log \prod_{i=1}^{m} \mathcal{N}(x_i; \tilde{x}_i, \sigma^2) = -\sum_{i=1}^{m} \log \mathcal{N}(x_i; \tilde{x}_i, \sigma^2) \alpha \sum_{i=1}^{m}(x_i - \tilde{x}_i)^2$$　　（方程式3.1.3）

在本範例中，$N\left(x_i; \tilde{x}_i, \sigma^2\right)$ 是一個高斯分配，平均數為 $\tilde{x}_i$，變異數為 $\sigma^2$。在此假設變異數為常數，解碼器輸出 $\tilde{x}_i$ 假設為獨立，而 $m$ 是指輸出維度。

# 使用 Keras 來建置自動編碼器

現在要介紹的東西超酷：使用 Keras 函式庫來建置一個自動編碼器。為了簡化，前幾個範例會使用 MNIST 資料集。自動編碼器會從輸入資料產生一個潛在向量，再使用解碼器去回復輸入。第一個範例中潛在向量的維度會是 16。

首先要透過建置編碼器來實作自動編碼器，範例 3.2.1 說明編碼器如何將 MNIST 數字壓縮成一個長度 16 的潛在向量。編碼器是兩個 Conv2D 的堆疊，最後一階段則是一個具有 16 單元的 Dense 層來產生潛在向量。圖 3.2.1 是由 plot_model() 語法所產生的模型架構圖，這與 encoder.summary() 所產生的文字版是一樣的。最後一個 Conv2D 的輸出形狀會被儲存起來，用於計算解碼器輸入層的維度，以便重新構成 MNIST 影像。

範例 3.2.1，autoencoder-mnist-3.2.1.py，是一個使用 Keras 的自動編碼器實作，其潛在向量維度為 16：

```
from keras.layers import Dense, Input
from keras.layers import Conv2D, Flatten
from keras.layers import Reshape, Conv2DTranspose
from keras.models import Model
from keras.datasets import mnist
from keras.utils import plot_model
from keras import backend as K

import numpy as np
import matplotlib.pyplot as plt

# 載入MNIST資料集
(x_train, _), (x_test, _) = mnist.load_data()

# 調整形狀為(28,28,1)並正規化輸入影像
image_size = x_train.shape[1]
x_train = np.reshape(x_train, [-1, image_size, image_size, 1])
x_test = np.reshape(x_test, [-1, image_size, image_size, 1])
```

```
x_train = x_train.astype('float32') / 255
x_test = x_test.astype('float32') / 255

# 網路參數
input_shape = (image_size, image_size, 1)
batch_size = 32
kernel_size = 3
latent_dim = 16
# 每一CNN層中編碼器/解碼器的數量
layer_filters = [32, 64]

# 建置自動編碼器模型
# 首先建置編碼器模型
inputs = Input(shape=input_shape, name='encoder_input')
x = inputs
# 堆疊Conv2D(32)-Conv2D(64)
for filters in layer_filters:
    x = Conv2D(filters=filters,
               kernel_size=kernel_size,
               activation='relu',
               strides=2,
               padding='same')(x)

# 建置解碼器模型所需的形狀資訊
# 所以不需要手動計算
# 解碼器第一個Conv2DTranspose的輸入形狀為(7,7,64)
# 接著透過解碼器轉換為(28,28,1)
shape = K.int_shape(x)

# 產生潛在向量
x = Flatten()(x)
latent = Dense(latent_dim, name='latent_vector')(x)

# 產生編碼器模型實例
encoder = Model(inputs, latent, name='encoder')
encoder.summary()
plot_model(encoder, to_file='encoder.png', show_shapes=True)

# 建置解碼器模型
latent_inputs = Input(shape=(latent_dim,), name='decoder_input')
# 使用先前保存的形狀 (7, 7, 64)
x = Dense(shape[1] * shape[2] * shape[3])(latent_inputs)
# 將向量轉換為適用於轉置後conv的形狀
x = Reshape((shape[1], shape[2], shape[3]))(x)
```

```python
# 堆疊Conv2DTranspose(64)-Conv2DTranspose(32)
for filters in layer_filters[::-1]:
    x = Conv2DTranspose(filters=filters,
                        kernel_size=kernel_size,
                        activation='relu',
                        strides=2,
                        padding='same')(x)

# 重構輸入
outputs = Conv2DTranspose(filters=1,
                          kernel_size=kernel_size,
                          activation='sigmoid',
                          padding='same',
                          name='decoder_output')(x)

# 解碼器模型實例
decoder = Model(latent_inputs, outputs, name='decoder')
decoder.summary()
plot_model(decoder, to_file='decoder.png', show_shapes=True)

# 自動編碼器 = 編碼器 + 解碼器
# 產生自動編碼器模型實例
    autoencoder = Model(inputs,
                        decoder(encoder(inputs)),
                        name='autoencoder')
    autoencoder.summary()
    plot_model(autoencoder,
               to_file='autoencoder.png',
               show_shapes=True)

# 均方差(MSE)損失函數、Adam最佳器
autoencoder.compile(loss='mse', optimizer='adam')

# 訓練自動編碼器
autoencoder.fit(x_train,
                x_train,
                validation_data=(x_test, x_test),
                epochs=1,
                batch_size=batch_size)

# 由測試資料預測自動編碼器的輸出
x_decoded = autoencoder.predict(x_test)

# 顯示前8張測試輸入與解碼後的影像
imgs = np.concatenate([x_test[:8], x_decoded[:8]])
```

```
imgs = imgs.reshape((4, 4, image_size, image_size))
imgs = np.vstack([np.hstack(i) for i in imgs])
plt.figure()
plt.axis('off')
plt.title('Input: 1st 2 rows, Decoded: last 2 rows')
plt.imshow(imgs, interpolation='none', cmap='gray')
plt.savefig('input_and_decoded.png')
plt.show()
```

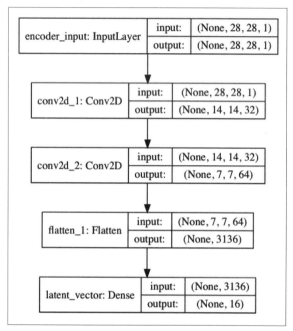

圖 3.2.1：編碼器模型是由 Conv2D(32)-Conv2D(64)-Dense(16) 所組成，
以產生低維度的潛在向量。

**範例 3.2.1** 中的解碼器會將潛在向量解壓縮，藉此來回復 MNIST 數字。解碼器的輸入階段是一個可接受潛在向量的 Dense 層，其單元數量等於來自編碼器中已儲存之 Conv2D 輸出各維度的積。這已經完成了，所以我們很容易調整 Dense 層的輸出大小來配合 Conv2DTranspose，至終回復成原始的 MNIST 影像維度。

這個解碼器是由三個 Conv2DTranspose 的堆疊所組成，本範例會使用**轉置**（**Transposed CNN**，也稱為反卷積（deconvolution））。我們可以把轉置 CNN（Conv2DTranspose）看做是 CNN 的反向流程。舉個簡單例子，如果 CNN 是

把影像轉為特徵圖,那麼轉置後的 CNN 就可根據指定特徵圖來產生影像。圖 3.2.2
是這款解碼器的模型。

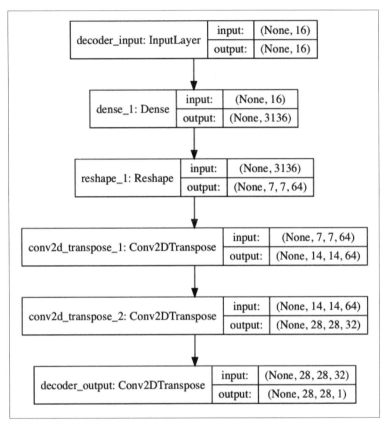

圖 3.2.2:這款解碼器模型是由 Dense(16)-Conv2DTranspose(64) -Conv2DTranspose(32)-
Conv2DTranspose(1) 所組成。輸入是潛在向量,經解碼之後用來回復原始輸入。

把編碼器與解碼器組合起來之後,就可以建置自動編碼器。圖 3.2.3 是自動編碼器
的模型方塊圖。編碼器的輸出 tensor 也就是解碼器的輸入,用於產生自動編碼器的
輸出結果。本範例將使用 MSE 損失函數與 Adam 最佳器。在訓練過程中,輸入等
於輸出 x_train。請注意在本範例中,只需要少少幾層就足以在一個世代中讓驗
證損失降到 0.01。但對於更複雜的資料集,由於訓練會需要更多回合,所以會用到
更深層的編碼器、解碼器。

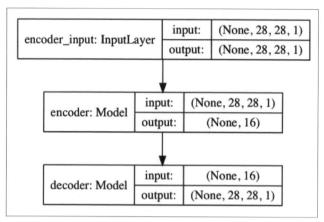

圖 3.2.3：這款自動編碼器模型結合了編碼器模型與解碼器模型。
這款自動編碼器共有 178k 個參數。

自動編碼器在訓練一個世代後，即可讓驗證損失降到 0.01，讓它去編碼並解碼之前
未見過的 MNIST 資料是一個驗證的好方法。圖 3.2.4 是八組來自測試資料的樣本
與對應的解碼後影像。除了稍微模糊之外，應該很容易看出自動編碼器已足以回復
輸入到相當不錯的品質了。

如果提高回合次數，結果也會愈來愈好。

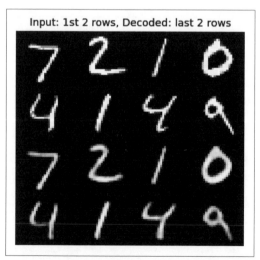

圖 3.2.4：自動編碼器根據測試資料所做的預測。
上兩列為原始的輸入測試資料，下兩列則是預測資料。

這時候，你可能會好奇如何在空間中來視覺化呈現這個潛在向量。一個簡單的視覺化方法是透過長度為 2 的潛在向量來迫使自動編碼器學會 MNIST 數字的特徵。由此就可以把這個潛在向量映射到一個 2D 平面空間，來看看 MNIST 編碼的分配情形。設定 autoencoder-mnist-3.2.1.py 範例中的 latent_dim = 2，再用 plot_results() 語法將 MNIST 數字做為 2 維潛在向量的函數來繪製，圖 3.2.5 與圖 3.2.6 是把 MNIST 數字做為潛在編碼函數的繪製結果，這些圖是在訓練 20 回合之後產生的。為了方便起見，程式存檔為 autoencoder-2dim-mnist-3.2.2.py，部分內容如範例 3.2.2。

以下是範例 3.2.2，autoencoder-2dim-mnist-3.2.2.py 的內容，說明了透過長度為 2 的潛在編碼來視覺化呈現 MNIST 數字的函數內容。其他部分與範例 3.2.1 相當類似，故此省略。

```python
def plot_results(models,
                 data,
                 batch_size=32,
                 model_name="autoencoder_2dim"):
    """ 以彩色漸層繪製長度2的潛在值
        接著將MNIST數字以長度2潛在向量的函數來繪製

    引數：
        models (list)：編碼器與解碼器模型
        data (list)：測試資料與標籤
        batch_size (int)：預測的批大小
        model_name (string)：使用本函數的模型名稱
    """

    encoder, decoder = models
    x_test, y_test = data
    os.makedirs(model_name, exist_ok=True)

    filename = os.path.join(model_name, "latent_2dim.png")
    # 在潛在空間中顯示某個數字分類的2D繪製結果
    z = encoder.predict(x_test,
                        batch_size=batch_size)
    plt.figure(figsize=(12, 10))
    plt.scatter(z[:, 0], z[:, 1], c=y_test)
    plt.colorbar()
    plt.xlabel("z[0]")
    plt.ylabel("z[1]")
```

```
plt.savefig(filename)
plt.show()

filename = os.path.join(model_name, "digits_over_latent.png")
# 顯示各個數字的 30×30 2D表格
n = 30
digit_size = 28
figure = np.zeros((digit_size * n, digit_size * n))
# 線性配置座標對應於潛在空間中的數字類別2D繪製結果
grid_x = np.linspace(-4, 4, n)
grid_y = np.linspace(-4, 4, n)[::-1]

for i, yi in enumerate(grid_y):
    for j, xi in enumerate(grid_x):
        z = np.array([[xi, yi]])
        x_decoded = decoder.predict(z)
        digit = x_decoded[0].reshape(digit_size, digit_size)
        figure[i * digit_size: (i + 1) * digit_size,
               j * digit_size: (j + 1) * digit_size] = digit

plt.figure(figsize=(10, 10))
start_range = digit_size // 2
end_range = n * digit_size + start_range + 1
pixel_range = np.arange(start_range, end_range, digit_size)
sample_range_x = np.round(grid_x, 1)
sample_range_y = np.round(grid_y, 1)
plt.xticks(pixel_range, sample_range_x)
plt.yticks(pixel_range, sample_range_y)
plt.xlabel("z[0]")
plt.ylabel("z[1]")
plt.imshow(figure, cmap='Greys_r')
plt.savefig(filename)
plt.show()
```

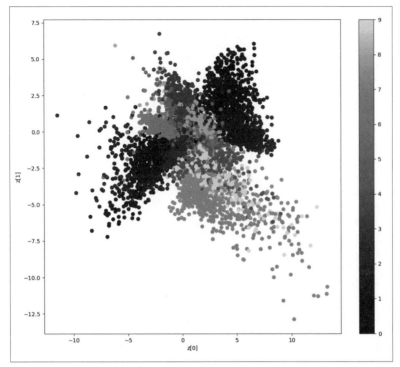

圖 3.2.5：MNIST 數字分配作為潛在編碼維度 $z[0]$ 與 $z[1]$ 的函數。
原始彩色照片請由本書 GitHub 取得：https://github.com/PacktPublishing/Advanced-Deep-Learning-with-Keras/blob/master/chapter3-autoencoders/README.md。

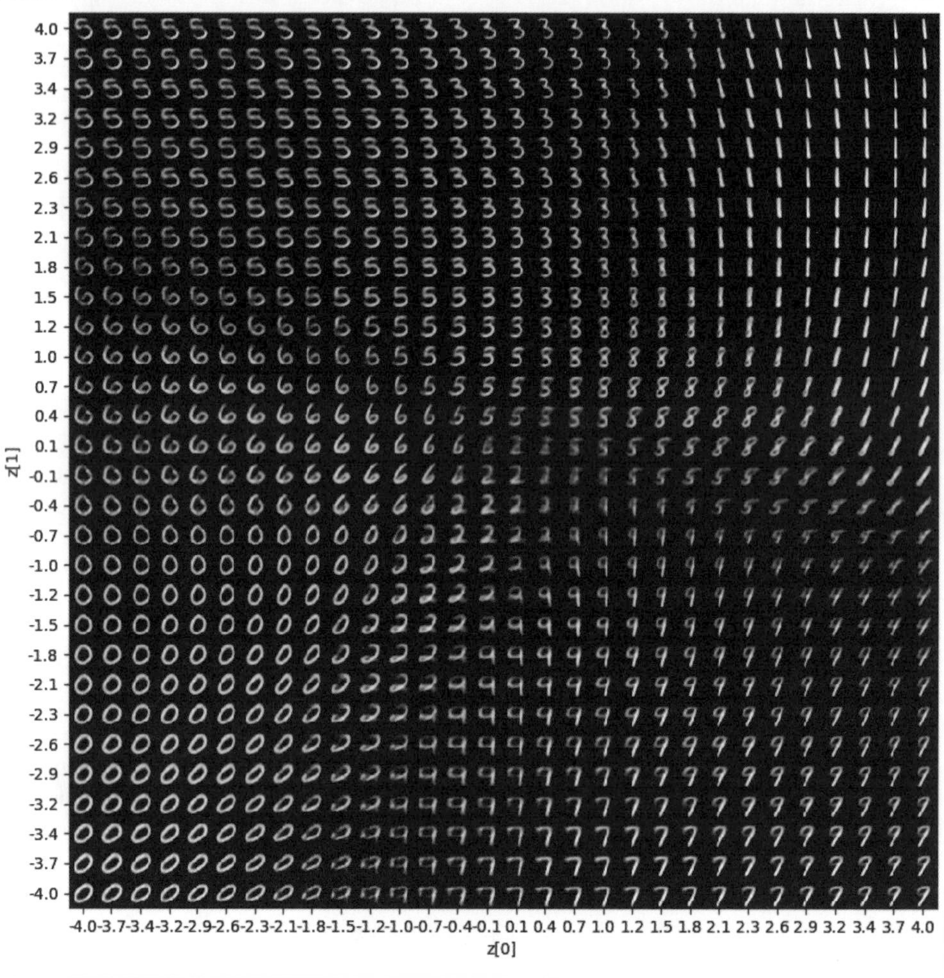

圖 3.2.6：由長度為 2 的潛在向量導覽後的生成數字。

在圖 *3.2.5* 中可以看到某個特定數字的潛在編碼都聚集在空間中的某一區。例如，數字 0 都是位在圖左下方那 1/4 圓區域中，而數字 1 則位於右上的 1/4 圓區域中。這樣的群聚關係在圖 *3.2.6* 是彼此鏡像的。事實上，同一張圖可以代表從潛在空間來導覽或生成新數字的結果，如圖 *3.2.5*。

例如，從正中央開始並修改 2 維潛在向量的值讓它朝左下 1/4 圓移動，可以看到數字由 2 變為 0。從圖 3.2.5 就能看出，數字 2 的編碼都聚集在靠近中央處，而數字 0 的編碼則聚集在左下方 1/4 圓處。圖 3.2.6 中只有探索了各潛在維度 -4.0 到 4.0 之間的區域。

如圖 3.2.5，潛在編碼分配並非連續且介於正負 4.0 之間。理想來說，它應該看起來像一個圓，其中被有效數值所填滿。正因為這個不連續性，有些區域的潛在向量被解碼之後就會產生難以辨識的數字。

# 降噪自動編碼器（DAE）

現在要用一個實用範例來建置自動編碼器。首先，畫一張圖，並想像這些 MNIST 數字被雜訊毀損了，使得我們人類難以判讀到底是什麼數字。我們可建置一個**降噪自動編碼器**（**Denoising Autoencoder, DAE**）來從這些影像中移除雜訊。圖 3.3.1 是三組 MNIST 數字，每個集合的第一列（例如，MNIST 數字 7、2、1、9、0、6、3、4、9）為原始影像。中間列為 DAE 的輸入，也就是經過雜訊毀損之後的原始影像。最後一列則是 DAE 的輸出結果：

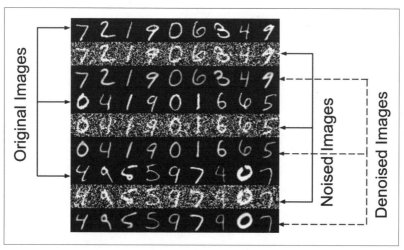

圖 3.3.1：原始 MNIST 數字（最上列）、毀損後的原始影像（中間列）
與降噪後的影像（最下列）。

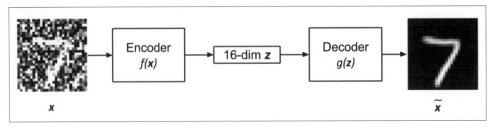

圖 3.3.2：降噪自動編碼器的輸入是一張毀損的影像，輸出則是乾淨或降噪後的影像。
潛在向量的維度假設為 16。

如圖 3.3.2，降噪自動編碼器的結構基本上與上一段用於 MNIST 自動編碼器的架構
是相同的。輸入定義如下：

$$x = x_{orig} + noise \quad \text{（方程式 3.3.1）}$$

在這個等式中，$x_{orig}$ 代表被雜訊毀損後的原始 MNIST 影像。

編碼器的目標是學會如何產生潛在向量 $z$，使得解碼器能夠透過最小化 MSE 這類的
相異性損失函數來回復 $x_{orig}$，如下所示：

$$\mathcal{L}\left(x_{orig}, \tilde{x}\right) = MSE = \frac{1}{m} \sum_{i=1}^{i=m} \left(x_{orig_i} - \tilde{x}_i\right)^2 \quad \text{（方程式 3.3.2）}$$

在本範例中，$m$ 代表輸出維度（例如在 MNIST 中，$m$ = 寬度 × 高度 × 通道數 =
$28 \times 28 \times 1 = 784$）。$x_{orig_i}$ 與 $\tilde{x}_i$ 則分別代表 $x_{orig}$ 與 $\tilde{x}$ 的元素。

為了實作 DAE，我們得把上一段用到的自動編碼器稍微修改一下。首先，訓練用
的輸入資料應該是毀損後的 MNIST 數字。訓練的輸出資料則是相同的原始清楚
MNIST 數字。這好比告訴自動編碼器哪些是修正後的影像，或要求它學會如何移
除毀損後影像中的雜訊。最後，還需要用毀損後的 MNIST 測試資料來驗證自動編
碼器。

圖 3.3.2 左側的 MNIST 數字 7 是毀損後的輸入影像，右側的則是訓練後降噪自動編碼器的乾淨影像輸出。

範例 3.3.1 中的降噪自動編碼器程式碼已被收錄在 Keras GitHub 中。使用相同的 MNIST 資料集，我們可透過加入隨機雜訊來模擬毀損影像。加入的雜訊是一個平均數 $\mu = 0.5$、標準差 $\sigma = 0.5$ 的高斯分配。由於加入隨機雜訊可能會把像素資料轉換成小於 0 或大於 1 的無效值，因此，這些像素值需要修剪到 [0.1,1.0] 範圍之間。

其他部分基本上都與上一段所介紹的自動編碼器相同。在此對自動編碼器一樣採用 MSE 損失函數與 Adam 最佳器。不過，訓練所需的回合數提高到了 10 次，這是為了足夠的參數最佳化。

圖 3.3.1 是毀損後與降噪後的測試 MNIST 數字之實際驗證資料。不難理解就算是人類也很難判讀這些毀損後的 MNIST 數字。圖 3.3.3 說明了 DAE 具有一定程度的強健性，當雜訊程度從 $\sigma = 0.5$、$\sigma = 0.75$ 到 $\sigma = 1.0$，當 $\sigma = 0.75$ 時，DAE 還有辦法回復原始影像。不過，當 $\sigma = 1.0$ 時，在第二與第三資料集中像是 4、5 這樣的數字就無法正確回復了。

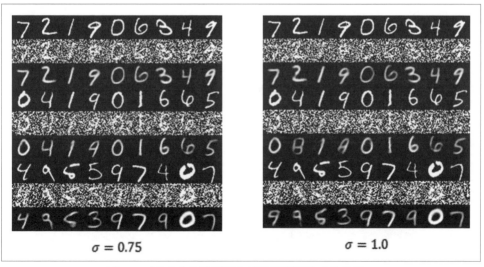

$\sigma = 0.75$ $\qquad\qquad\qquad$ $\sigma = 1.0$

圖 3.3.3 降噪自動編碼器在雜訊逐漸增強時的效果。

如範例3.3.1，denoising-autoencoder-mnist-3.3.1.py是這款降噪自動
編碼器的程式碼：

```python
from keras.layers import Dense, Input
from keras.layers import Conv2D, Flatten
from keras.layers import Reshape, Conv2DTranspose
from keras.models import Model
from keras import backend as K
from keras.datasets import mnist
import numpy as np
import matplotlib.pyplot as plt
from PIL import Image


np.random.seed(1337)

# 載入MNIST資料集
(x_train, _), (x_test, _) = mnist.load_data()

# 調整形狀為(28, 28, 1)並正規化輸入影像
image_size = x_train.shape[1]
x_train = np.reshape(x_train, [-1, image_size, image_size, 1])
x_test = np.reshape(x_test, [-1, image_size, image_size, 1])
x_train = x_train.astype('float32') / 255
x_test = x_test.astype('float32') / 255

# 使用常態分配並加入雜訊來產生毀損後的MNIST影像
# 常態分配平均值為0.5，std=0.5
noise = np.random.normal(loc=0.5, scale=0.5, size=x_train.shape)
x_train_noisy = x_train + noise
noise = np.random.normal(loc=0.5, scale=0.5, size=x_test.shape)
x_test_noisy = x_test + noise

# 加入雜訊可能會讓正規化後的像素值超過1.0或小於0.0
# 將>1.0的像素值修剪為1.0，<0.0的修剪為0.0
x_train_noisy = np.clip(x_train_noisy, 0., 1.)
x_test_noisy = np.clip(x_test_noisy, 0., 1.)

# 網路參數
input_shape = (image_size, image_size, 1)
batch_size = 32
kernel_size = 3
latent_dim = 16
# 各CNN層的編碼器/解碼器數量與每層的過濾器數量
layer_filters = [32, 64]
```

```python
# 建置自動編碼器模型
# 首先建置編碼器模型
inputs = Input(shape=input_shape, name='encoder_input')
x = inputs

# 堆疊Conv2D(32)-Conv2D(64)
for filters in layer_filters:
    x = Conv2D(filters=filters,
               kernel_size=kernel_size,
               strides=2,
               activation='relu',
               padding='same')(x)

# 建置解碼器模型所需的形狀資訊
# 所以不需要手動計算
# 解碼器第一個Conv2DTranspose的輸入形狀為(7 7 64)
# 接著透過解碼器轉換為(28 28 1)
shape = K.int_shape(x)

# 產生潛在向量
x = Flatten()(x)
latent = Dense(latent_dim, name='latent_vector')(x)

# 建立編碼器模型實例
encoder = Model(inputs, latent, name='encoder')
encoder.summary()


# 建置解碼器模型
latent_inputs = Input(shape=(latent_dim,), name='decoder_input')
# 使用先前儲存的(7,7,64)形狀
x = Dense(shape[1] * shape[2] * shape[3])(latent_inputs)
# 將向量轉換為適用於轉置conv的形狀
x = Reshape((shape[1], shape[2], shape[3]))(x)

# 堆疊Conv2DTranspose(64)-Conv2DTranspose(32)
for filters in layer_filters[::-1]:
    x = Conv2DTranspose(filters=filters,
                        kernel_size=kernel_size,
                        strides=2,
                        activation='relu',
                        padding='same')(x)

# 重構降噪輸入
```

```
outputs = Conv2DTranspose(filters=1,
                          kernel_size=kernel_size,
                          padding='same',
                          activation='sigmoid',
                          name='decoder_output')(x)

# 建立解碼器模型實例
decoder = Model(latent_inputs, outputs, name='decoder')
decoder.summary()

# 自動編碼器 = 編碼器 + 解碼器
# 建立自動編碼器模型實例
autoencoder = Model(inputs, decoder(encoder(inputs)), name='autoencoder')
autoencoder.summary()

# 均方差(MSE)損失函數、Adam最佳器
autoencoder.compile(loss='mse', optimizer='adam')

# 訓練自動編碼器
autoencoder.fit(x_train_noisy,
                x_train,
                validation_data=(x_test_noisy, x_test),
                epochs=10,
                batch_size=batch_size)

# 由毀損後的測試影像來預測自動編碼器的輸出
x_decoded = autoencoder.predict(x_test_noisy)

# 3組MNIST數字影像，各9張
# 第1列 - 原始影像
# 第2列 - 透過雜訊毀損的影像
# 第3列 - 降噪後影像
rows, cols = 3, 9
num = rows * cols
imgs = np.concatenate([x_test[:num], x_test_noisy[:num], x_
decoded[:num]])
imgs = imgs.reshape((rows * 3, cols, image_size, image_size))
imgs = np.vstack(np.split(imgs, rows, axis=1))
imgs = imgs.reshape((rows * 3, -1, image_size, image_size))
imgs = np.vstack([np.hstack(i) for i in imgs])
imgs = (imgs * 255).astype(np.uint8)
plt.figure()
plt.axis('off')
plt.title('Original images: top rows,'
          'Corrupted Input: middle rows,'
          'Denoised Input:  third rows')
```

```
plt.imshow(imgs, interpolation='none', cmap='gray')
Image.fromarray(imgs).save('corrupted_and_denoised.png')
plt.show()
```

# 自動上色自動編碼器

現在要來看看自動編碼器的另外一個應用。本範例要打造一個可自動幫灰階相片上色的工具。我們所要再現的是人類對於顏色辨識的能力，例如海與天是藍色的、草地與樹是綠色，而雲則是白色等等。

如圖 *3.4.1*，這張灰階圖片的前景是一片稻田，背景是一座火山，上方則是一藍天，我們已經加上了適當的顏色了。

圖 3.4.1：幫 Mayon 火山的灰階照片上色。上色網路應該能達到人類對於灰階照片的上色能力。左側為灰階照片，右側則是彩色照片。原始彩色照片請由本書 GitHub 取得：https://github.com/PacktPublishing/Advanced-Deep-Learning-with-Keras/blob/master/chapter3-autoencoders/README.md。

簡易的自動上色演算法看起來很適合用自動編碼器來處理。如果我們用足夠數量的灰階圖片作為輸入來訓練自動編碼器，並要求它輸出對應的彩色圖片，自動編碼器就有機會找出隱藏結構來做到正確的上色。簡單來說，這是降噪的反向流程。問題在於自動編碼器可以對原始灰階影像上色（優良的雜訊）嗎？

範例 *3.4.1* 是一款上色自動編碼器網路。具備上色功能的自動編碼器網路，是修改自先前用於 MNIST 資料集的降噪自動編碼器。首先需要的是灰階轉為彩色相片的資料集，CIFAR10 資料集有 50,000 張訓練用、與 10,000 張測試用的 $32 \times 32$ 可轉灰階的彩色照片，之前範例已經用過這個資料集。如以下範例所示，我們可透過 rgb2gray() 函數對 R、G 與 B 元件加上權重，好做到彩色轉灰階。

範例 3.4.1，colorization-autoencoder-cifar10-3.4.1.py，是一個運用 CIFAR10 資料集的上色自動編碼器：

```
from keras.layers import Dense, Input
from keras.layers import Conv2D, Flatten
from keras.layers import Reshape, Conv2DTranspose
from keras.models import Model
from keras.callbacks import ReduceLROnPlateau, ModelCheckpoint
from keras.datasets import cifar10
from keras.utils import plot_model
from keras import backend as K

import numpy as np
import matplotlib.pyplot as plt
import os


# 將彩色影像(RGB)轉為灰階
# source: opencv.org
# grayscale = 0.299*red + 0.587*green + 0.114*blue
def rgb2gray(rgb):
    return np.dot(rgb[...,:3], [0.299, 0.587, 0.114])


# 載入CIFAR10資料
(x_train, _), (x_test, _) = cifar10.load_data()

# 輸入影像維度
# 設定資料格式為"channels_last"
img_rows = x_train.shape[1]
img_cols = x_train.shape[2]
channels = x_train.shape[3]

# 建立saved_images資料夾
imgs_dir = 'saved_images'
save_dir = os.path.join(os.getcwd(), imgs_dir)
```

```
if not os.path.isdir(save_dir):
        os.makedirs(save_dir)

# 顯示前100筆輸入影像(彩色與灰階)
imgs = x_test[:100]
imgs = imgs.reshape((10, 10, img_rows, img_cols, channels))
imgs = np.vstack([np.hstack(i) for i in imgs])
plt.figure()
plt.axis('off')
plt.title('Test color images (Ground Truth)')
plt.imshow(imgs, interpolation='none')
plt.savefig('%s/test_color.png' % imgs_dir)
plt.show()

# 將彩色的訓練與測試影像轉為灰階
x_train_gray = rgb2gray(x_train)
x_test_gray = rgb2gray(x_test)

# 顯示測試影像的灰階版本
imgs = x_test_gray[:100]
imgs = imgs.reshape((10, 10, img_rows, img_cols))
imgs = np.vstack([np.hstack(i) for i in imgs])
plt.figure()
plt.axis('off')
plt.title('Test gray images (Input)')
plt.imshow(imgs, interpolation='none', cmap='gray')
plt.savefig('%s/test_gray.png' % imgs_dir)
plt.show()


# 正規化輸出的訓練與測試彩色影像
x_train = x_train.astype('float32') / 255
x_test = x_test.astype('float32') / 255

# 正規化輸入的訓練與測試灰階影像
x_train_gray = x_train_gray.astype('float32') / 255
x_test_gray = x_test_gray.astype('float32') / 255

# 調整影像尺寸為 row×col×channel 以用於CNN輸出/驗證
x_train = x_train.reshape(x_train.shape[0], img_rows, img_cols, channels)
x_test = x_test.reshape(x_test.shape[0], img_rows, img_cols, channels)

# 輸入調整影像尺寸為 row×col×channel 以用於CNN輸入
x_train_gray = x_train_gray.reshape(x_train_gray.shape[0], img_rows, img_
cols, 1)
```

```
x_test_gray = x_test_gray.reshape(x_test_gray.shape[0], img_rows, img_
cols, 1)

# 網路參數
input_shape = (img_rows, img_cols, 1)
batch_size = 32
kernel_size = 3
latent_dim = 256
# 各CNN層的編碼器/解碼器數量與每層的過濾器數量
layer_filters = [64, 128, 256]

# 建置自動編碼器模型
# 首先建置編碼器模型
inputs = Input(shape=input_shape, name='encoder_input')
x = inputs
# Conv2D(64)-Conv2D(128)-Conv2D(256)堆疊
for filters in layer_filters:
    x = Conv2D(filters=filters,
               kernel_size=kernel_size,
               strides=2,
               activation='relu',
               padding='same')(x)

# 建置解碼器模型所需的形狀資訊
# 所以不需要手動計算
# 解碼器第一個Conv2DTranspose的輸入形狀為(4,4,256)
# 接著透過解碼器轉換為(32,32,3)
shape = K.int_shape(x)

# 產生一個潛在向量
x = Flatten()(x)
latent = Dense(latent_dim, name='latent_vector')(x)

# 產生編碼器模型實例
encoder = Model(inputs, latent, name='encoder')
encoder.summary()

# 建置解碼器模型
latent_inputs = Input(shape=(latent_dim,), name='decoder_input')
x = Dense(shape[1]*shape[2]*shape[3])(latent_inputs)
x = Reshape((shape[1], shape[2], shape[3]))(x)

# Conv2DTranspose(256)-Conv2DTranspose(128)- Conv2DTranspose(64)堆疊
for filters in layer_filters[::-1]:
    x = Conv2DTranspose(filters=filters,
```

```
                               kernel_size=kernel_size,
                               strides=2,
                               activation='relu',
                               padding='same')(x)

outputs = Conv2DTranspose(filters=channels,
                          kernel_size=kernel_size,
                          activation='sigmoid',
                          padding='same',
                          name='decoder_output')(x)

# 建立解碼器模型實例
decoder = Model(latent_inputs, outputs, name='decoder')
decoder.summary()

# 自動編碼器 = 編碼器 + 解碼器
# 建立自動編碼器模型實例
autoencoder = Model(inputs, decoder(encoder(inputs)), name='autoencoder')
autoencoder.summary()

# 準備儲存模型用的目錄
save_dir = os.path.join(os.getcwd(), 'saved_models')
model_name = 'colorized_ae_model.{epoch:03d}.h5'
if not os.path.isdir(save_dir):
        os.makedirs(save_dir)
filepath = os.path.join(save_dir, model_name)

# 如果損失在5個回合中沒有改善，學習率降低sqrt(0.1)
lr_reducer = ReduceLROnPlateau(factor=np.sqrt(0.1),
                               cooldown=0,
                               patience=5,
                               verbose=1,
                               min_lr=0.5e-6)

# 儲存權重以備後續使用（例如不經訓練就直接載入參數）
checkpoint = ModelCheckpoint(filepath=filepath,
                             monitor='val_loss',
                             verbose=1,
                             save_best_only=True)

# Mean Square Error (MSE)損失函數、Adam最佳器
autoencoder.compile(loss='mse', optimizer='adam')

# 每回合都呼叫
callbacks = clr_reducer, checkpoint]
```

```
# 訓練自動編碼器
autoencoder.fit(x_train_gray,
                x_train,
                validation_data=(x_test_gray, x_test),
                epochs=30,
                batch_size=batch_size,
                callbacks=callbacks)

# 由測試資料來預測自動編碼器的輸出
x_decoded = autoencoder.predict(x_test_gray)

# 顯示前100筆上色後的影像
imgs = x_decoded[:100]
imgs = imgs.reshape((10, 10, img_rows, img_cols, channels))
imgs = np.vstack([np.hstack(i) for i in imgs])
plt.figure()
plt.axis('off')
plt.title('Colorized test images (Predicted)')
plt.imshow(imgs, interpolation='none')
plt.savefig('%s/colorized.png' % imgs_dir)
plt.show()
```

我們藉由加入額外區塊來進行卷積與轉置卷積以增加自動編碼器的容量,另外每個 CNN 區塊的過濾器數量也變成了兩倍。潛在向量現在的長度為 256,好提升它可表示的顯著屬性數量,這在自動編碼器那一段討論過了。最後,輸出過濾器的大小增加為 3,也就是等於期待彩色輸出的 RGB 色彩通道數量。

這個上色自動編碼器現在可以接受灰階影像作為輸出,並輸出原本的 RGB 影像。現在這個訓練流程會需要更多世代,並在驗證損失無法改善時,運用學習率調降函式來調降學習率。這只要在 Keras 的 fit() 函式中指定 callbacks 引數來呼叫 lr_reducer() 函數即可。

圖 *3.4.2* 是 CIFAR10 測試資料集中灰階影像的上色結果,圖 *3.4.3* 是實際影像與上色自動編碼器預測結果的比較。自動編碼器的上色看來還不錯,大海與天空都成功預測為藍色、動物有著不同的棕色調,雲朵為白色等等。

有幾個相當明顯的錯誤預測，像是紅車變藍車、藍車變紅車、一些綠色區塊被誤認為藍天，以及暗色或金色的天空被錯誤上色為藍天等等。

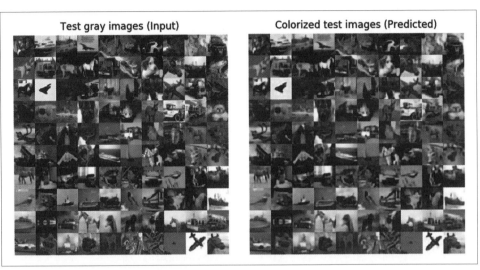

圖 3.4.2：使用自動編碼器自動把灰階影像轉為彩色的效果。左側為 CIFAR10 測試灰階輸入影像，右側則是預測的彩色影像。原始彩色照片請由本書 GitHub 取得：https://github.com/PacktPublishing/Advanced-Deep-Learning-with-Keras/blob/master/chapter3-autoencoders/README.md。

圖 3.4.3：實際影像與預測後上色影像之比較。原始彩色照片請由本書 GitHub 取得：https://github.com/PacktPublishing/Advanced-Deep-Learning-with-Keras/blob/master/chapter3-autoencoders/README.md。

# 總結

本章介紹了自動編碼器，事實上就是一個可以把輸入資料壓縮為低維度編碼的神經網路，藉此執行像是降噪與上色這樣的結構化轉換作業。我們打好了後續章節中關於 GAN 與 VAE 等進階主題的基礎，說明了自動編碼器在 Keras 中的運作方式。接著，示範了如何用兩種模型區塊來實作一個自動編碼器：編碼器與解碼器。另外還知道了如何取得輸入分配中的隱藏結構，這是 AI 領域中的常見任務之一。

一旦潛在編碼被解開之後，有多種可執行於原始輸入分配的結構化操作。為了更理解輸入分配，以潛在向量型態來呈現的隱藏結構可透過類似於本章所談過的低階嵌入或是 t-SNE 或 PCA 這類更複雜的降維技術來進行視覺化呈現。

除了降噪與上色之外，自動編碼器還可用於將輸入分配轉換為低維度潛在編碼，好進一步用於其他任務，例如分割、偵測、追蹤、重構與視覺理解等等。在「第 8 章｜變分自動編碼器」會談到 VAE，它與自動編碼器在結構上是一樣的，差別在於 VAE 具備了可解譯的潛在編碼來產生連續的潛在編碼映射。下一章會談到 AI 近年來最重要的一項突破：GAN 生成對抗網路，我們會學到 GAN 的核心強項，以及它們如何合成出栩栩如生的資料或訊號。

# 參考資料

1. Ian Goodfellow and others. *Deep learning*. Vol. 1. Cambridge: MIT press, 2016 (http://www.deeplearningbook.org/).

# 4

# GAN 生成對抗網路

本章要探討生成對抗網路（**Generative Adversarial Network, GAN**）[1]，這是本書所要介紹的三種人工智慧演算法中的第一種。GAN 屬於生成模型家族，但與自動編碼器不同，生成模型可以根據任意編碼產生全新且有意義的輸出。

本章會談到 GAN 的運作原理，也會介紹如何使用 Keas 來實作幾種早期的 GAN。本章後半會示範讓訓練穩定所需的技術。本章範圍涵蓋了兩款熱門的 GAN 實作：**深度卷積 GAN**（**Deep Convolutional GAN, DCGAN**）[2] 與**條件 GAN**（**Conditional GAN, CGAN**）[3]。

本章學習內容如下：

- GAN 的運作原理

- 使用 Keras 實作 DCGAN 與 CGAN 這類的 GAN

## GAN 總覽

在介紹 GAN 的進階觀念之前，先來看看什麼是 GAN 以及它的基本觀念。GAN 非常強大，由於它可透過潛在空間插補法來生成並非真人的明星臉，這句話已被證實。

GAN 的各種進階功能 [4] 可以參考這個 YouTube 影片：`https://youtu.be/G06dEcZ-QTg`。影片中示範如何使用 GAN 來產生栩栩如生的臉孔，這足以說明它的強大。這個主題比本書之前的範例都深多了。例如，上述影片的內容就很難用在「第 3 章｜自動編碼器」中的自動編碼器來做到。

藉由訓練兩個彼此競爭（也同時合作）網路，GAN 可以去學習如何對輸入分配建模，這兩個網路稱為**生成器**（**generator**）與**鑑別器**（**discriminator**），後者有時候也稱為**評價者**（**critic**）。生成器會持續去理解如何產生足以騙過鑑別器的假資料或訊號（包含聲音與影像）。同時，鑑別器則是被訓練去分辨這些真假訊號。訓練一直進行下去，鑑別器就再也無法辨別透過合成所生成的資料與真實資料之間的差異了。這時候就可以捨棄鑑別器，並使用生成器來產生之前從未看過的逼真訊號。

GAN 的基本觀念相當簡單。然而，我們會看到最富挑戰的地方在於如何做到生成器—鑑別器網路的穩定訓練？生成器與鑑別器之間必須是良性競爭，好讓這兩個網路得以同時學習。由於損失函數是由鑑別器的輸出計算而得，所以它的參數更新當然很快。當鑑別器收斂變快時，生成器的參數就不會再得到足夠的梯度更新，而導致無法收斂。除了難以訓練之外，GAN 還會碰到局部性或全面性的模式崩潰（modal collapse），也就是生成器針對不同的潛在編碼都產生幾乎一樣的輸出。

# GAN 的運作原理

如圖 *4.1.1*，GAN 可用偽鈔集團（生成器）– 警察（鑑別器）這個情境來比喻。警察在受訓過程中被教導如何去判斷鈔票的真假。會使用來自銀行的真鈔樣本以及來自偽鈔集團的假鈔樣本來訓練警察。然而，偽鈔集團會不斷去把他們所印製的偽鈔試著當作真鈔。警察一開始當然不會被騙到，並告訴偽鈔集團這張鈔票為何為假。請注意這個回饋，偽鈔集團會磨練自身的技術並再試著去製作假鈔。一如所料，警察還是可以分辨這是假鈔，並說明為什麼這是張假鈔。

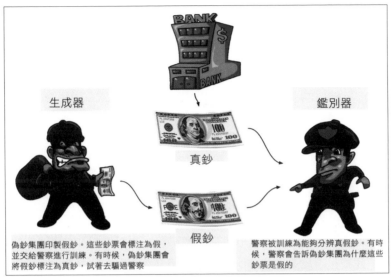

圖 4.1.1：GAN 的生成器與鑑別器可用偽鈔集團與警察來比喻。
偽鈔集團的目標是騙過警察，讓他們覺得假鈔是真鈔。

這樣的情境會一直持續下去，但總有一天偽鈔集團製作假鈔的技術會精進到與真鈔
幾乎完全相同。偽鈔集團就可無限印製鈔票而不會被警察逮到，因為他們做的事情
無法再被定義為做假鈔。

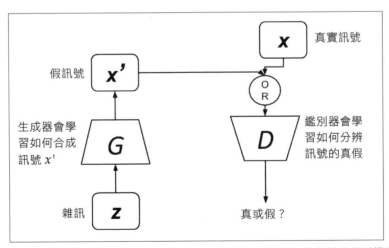

圖 4.1.2：GAN 是由生成器與鑑別器這兩個網路所組成。鑑別器會被訓練成足以辨別資訊號
或資料到底是真是假。生成器則會產生假訊號或資料，直到能騙過鑑別器為止。

如圖 *4.1.2*，GAN 是由兩個網路所組成：生成器與鑑別器。生成器的輸入就是雜訊，輸出則是合成訊號。同時，鑑別器的輸入可能是真實或合成訊號。真實訊號來自實際抽樣的資料，而假訊號則是來自生成器。有效的訊號會被標注為 1.0（代表真實的機率為 100%），而合成訊號則都會被標注為 0.0（代表真實的機率為 0%）。由於標注過程都是自動的，GAN 依舊被視為深度學習中的非監督式學習。

鑑別器的目標是根據所提供的資料集來學會如何分辨真假訊號。在這個 GAN 訓練過程中，只有鑑別器參數會被更新。與常見的二元分類器類似，鑑別器會被訓練以 0.0 到 1.0 的信心值來說明指定的輸入訊號與真實訊號的接近程度。不過，這樣只是一半而已。

在一般的區間，生成器會假裝其輸出為真實訊號，並要求 GAN 將這筆輸出標注為 1.0。當把假訊號呈現給鑑別器時，它自然會將其分類為假，並標注一個接近 0.0 的數字。最佳器會根據所呈現的標籤（在此為 1.0）來計算如何更新生成器的參數。在使用這個新資料來訓練時，它也會把自己的預測納入。換言之，鑑別器對於自己的預測是有點懷疑的，GAN 也將此納入考量。這時候，GAN 會讓梯度從鑑別器的最後一層反向傳播到生成器的第一層。不過，在多數案例中，鑑別器參數在這個訓練階段會被暫時凍結起來。生成器會運用這個梯度來更新其參數，並加強合成假訊號的能力。

流程整體來說就好比是兩個網路同時彼此競爭又合作。當 GAN 訓練收斂時，最終的結果就是一個可以合成逼真訊號的生成器。鑑別器會認為這些合成訊號為真實或其標注值接近 1.0，代表可以捨棄鑑別器了。生成器這時候則可根據任意雜訊輸入來產生有意義的輸出。

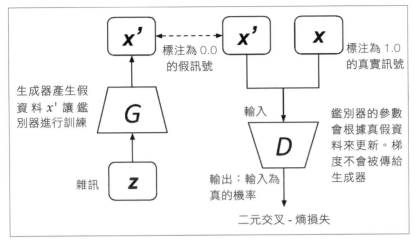

圖 4.1.3：鑑別器的訓練方式類似於使用二元交叉 - 熵損失來訓練二元分類器網路。
生成器會提供假資料，而真實資料則來自實際的樣本。

如上圖所示，鑑別器可透過損失函數最小化來訓練，如以下方程式：

$$\mathcal{L}^{(D)}\left(\theta^{(G)}, \theta^{(D)}\right) = -\mathbb{E}_{x \sim p_{data}} \log \mathcal{D}(x) - \mathbb{E}_z \log\left(1 - \mathcal{D}\left(\mathcal{G}(z)\right)\right)$$ （方程式4.1.1）

這個式子就是標準的二元交叉 - 熵成本函數。損失為正確辨識真實資料的期望值
$\mathcal{D}(x)$ 與 1 減去正確辨識合成資料的期望值 $1 - \mathcal{D}\left(\mathcal{G}(z)\right)$ 兩者之和的負值。取對數不
影響區域最小值的位置。訓練過程中會將兩小批資料提供給鑑別器：

1.  $x$，來自抽樣的真實資料 ($x \sim p_{data}$)，標注為 1.0

2.  $x' = \mathcal{G}(z)$，來自生成器的假資料，標注為 0.0

為了最小化損失函數，鑑別器參數 $\theta^{(D)}$ 會在反向傳播的過程中被更新，這是透過
辨別真實資料 $\mathcal{D}(x)$ 與合成資料 $1 - \mathcal{D}\left(\mathcal{G}(z)\right)$ 所達到的。正確辨別真實資料等於
$\mathcal{D}(x) \rightarrow 1.0$，而正確辨別假資料等於 $\mathcal{D}\left(\mathcal{G}(z)\right) \rightarrow 0.0$ 或 $\left(1 - \mathcal{D}\left(\mathcal{G}(z)\right)\right) \rightarrow 1.0$。在
本式中，$z$ 代表用來合成新訊號的任意編碼或雜訊向量的生成器，兩者都會讓損失
函數得以最小化。

為了訓練生成器，GAN 會將所有的鑑別器損失與生成器損失視為零和遊戲。生成器損失函數就是鑑別器損失函數取負號的結果：

$$\mathcal{L}^{(G)}\left(\theta^{(G)}, \theta^{(D)}\right) = -\mathcal{L}^{(D)}\left(\theta^{(G)}, \theta^{(D)}\right) \quad \text{（方程式4.1.2）}$$

也可以用價值函數來改寫：

$$\mathcal{V}^{(G)}\left(\theta^{(G)}, \theta^{(D)}\right) = -\mathcal{L}^{(D)}\left(\theta^{(G)}, \theta^{(D)}\right) \quad \text{（方程式4.1.3）}$$

就生成器的角度來說，**方程式 4.1.3** 需要被最小化。但從鑑別器來看，價值函數則須被最大化。因此，生成器的訓練標準可用一個最小化最大化問題改寫如下：

$$\theta^{(G)*} = arg \min_{\theta^{(G)}} \min_{\theta^{(D)}} \mathcal{V}^{(D)}\left(\theta^{(G)}, \theta^{(D)}\right) \quad \text{（方程式4.1.4）}$$

我們偶爾會把合成資料標注 1.0 來假裝它為真，看看可否騙過鑑別器。藉由最大化 $\theta^{(D)}$，最佳器會把梯度更新丟給鑑別器參數來將這筆合成資料視為真實。同時，藉由最小化 $\theta^{(G)}$，最佳器會訓練生成器的參數，好讓它可以騙過鑑別器。然而在實務上，鑑別器會對自身預測有一定的信心能將合成資料成功分類為假，因此，不會去更新參數。再者，梯度更新程度相當小並且會在傳播到生成器層時明顯減小，至終就會導致生成器無法收斂：

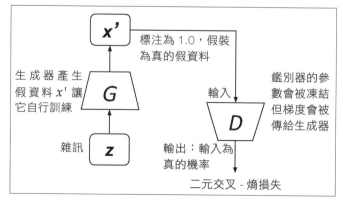

圖 4.1.4：生成器的訓練方式類似於使用二元交叉 - 熵損失函數來訓練網路。
來自生成器的假資料會被視為真實。

解決方法是把生成器的損失函數改寫如下:

$$\mathcal{L}^{(G)}\left(\theta^{(G)},\theta^{(D)}\right)=-\mathbb{E}_z \log \mathcal{D}\left(\mathcal{G}(z)\right)$$ （方程式4.1.5）

損失函數會藉由訓練生成器,將鑑別器把合成資料視為真實的機率最大化。新的構想不再是零和,而純粹是啟發導向。圖 *4.1.4* 是生成器的訓練過程。圖中可以看到只有當整體對抗網路訓練完成時,才會更新生成器的參數。這是因為梯度是由鑑別器向著生成器去傳遞的。然而在實務上,鑑別器權重只會在對抗訓練時被暫時凍結。

在深度學習中,生成器與鑑別器都可用合適的神經網路架構來實作。如果資料或訊號是影像,生成器與鑑別器都可是 CNN 網路。但對 NLP 這類的一維序列資料來說,兩種網路通常都是循環式的( RNN、LSTM 或 GRU )。

# 使用 Keras 實作 GAN

上一段,你了解了 GAN 的原理其實相當直觀,另外也知道如何用像是 CNN 與 RNN 等我們所熟悉的網路層來實作 GAN。GAN 與其他網路的差異在於它非常難訓練,有時候即便是某一層的小調整也會讓整體網路訓練變得不穩定。

本段要介紹一種較早期但相當成功的 GAN 實作,用到了深度 CNN。稱為 DCGAN [3]。

圖 *4.2.1* 是一個用於產生假 MNIST 影像的 DCGAN。DCGAN 在設計上有以下幾點原則:

- 採用 *strides* > 1 的卷積而非 MaxPooling2D 或 UpSampling2D。搭配 strides > 1,CNN 就能學會如何調整特徵圖的大小。

- 避免使用 Dense 層,每層都要使用 CNN。Dense 層只會用在生成器的第一層來接受 z 向量。Dense 層的輸出大小會被調整並作為其後 CNN 層的輸入。

- 使用**批標準化**（**Batch Normalization, BN**）將每一層的輸入標準化為 zero mean 與 unit，藉此來穩定學習。生成器的輸出層與鑑別器的輸入層則不使用 BN。本範例中的鑑別器不會用到批標準化。

- 生成器中除了輸出層之外的所有層都使用 **ReLU**，輸出層會採用 *tanh* 觸發。本範例中的生成器輸出會採用 *sigmoid* 而非 *tanh*，因為前者對用於訓練 MNIST 數字來說相當穩定。

- 鑑別器的所有層都使用 **Leaky ReLU**。與 ReLU 把所有小於零輸入的輸出都視為零的做法不同，Leaky ReLU 會產生數值較小的梯度，其值為 $alpha \times input$。在以下範例中，$alpha = 0.2$。

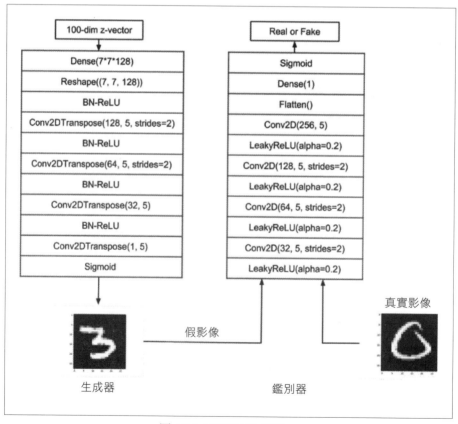

圖 4.2.1：DCGAN 模型。

生成器會由長度 100 的輸入向量（100 個由 [-1.0, 1.0] 範圍均勻分配隨機產生的雜訊）來學習如何產生假影像。鑑別器則會從多張假影像中去分類出真實影像，但同時也會在訓練對抗網路時，「順便」教會生成器如何產生真實影像。用於這個 DCGAN 實作的核心大小為 5，這讓它得以增加卷積的涵蓋率與呈現力。

生成器可接受長度 100 的 z- 向量，這是由介於 -1.0 到 1.0 之間的均勻分配所產生。生成器的第一層是一個 7×7 ×128 = 6,272 單元的 Dense 層。單元數量是根據輸出影像的預計最終尺寸（28×28×1，28 為 7 的倍數）計算而得，而第一個 Conv2DTranspose 的過濾器數量為 128。我們可以把轉置後的 CNN（Conv2DTranspose）視為反向處理的 CNN。簡單來說，如果 CNN 是把影像轉換為特徵圖，那麼轉置 CNN 就是根據特徵圖來產生影像。因此，轉置 CNN 會用在上一章的解碼器與本章的生成器中。

經過兩次 strides = 2 的 Conv2DTranspose 之後，特徵圖的大小為 28×28× **過濾器數量**。每個 Conv2DTranspose 之前都配置了批標準化與 ReLU。最後一層會使用 *sigmoid* 觸發來產生 28×28×1 的 假 MNIST 影像。每個會根據 [0, 255] 灰階程度被標準化為 [0.0, 1.0] 。以下程式碼是使用 Keras 的生成器網路實作，其中定義了一個函數來建置生成器模型。由於程式碼相當長，在此只列出要討論的程式碼。

完整程式碼請由此取得：

`https://github.com/PacktPublishing/Advanced-Deep-Learning-with-Keras`。

範例 4.2.1，`dcgan-mnist-4.2.1.py` 是用於 DCGAN 的生成器網路建置函數：

```
def build_generator(inputs, image_size):
    """建置生成器模型

    堆疊BN-ReLU-Conv2DTranpose來生成假影像
    由於sigmoid較易收斂，輸出觸發採用sigmoid 而非tanh[1]

    # 引數：
        inputs (Layer)：生成器(z-向量)的輸入層
```

image_size：一邊的目標尺寸 (假設影像為矩形)

```
# 回傳：
    Model：生成器模型
"""

image_resize = image_size // 4
# 網路參數
kernel_size = 5
layer_filters = [128, 64, 32, 1]

x = Dense(image_resize * image_resize * layer_filters[0])(inputs)
x = Reshape((image_resize, image_resize, layer_filters[0]))(x)

for filters in layer_filters:
    # 前兩個卷積層採用strides = 2
    # 後兩個則採用strides = 1
    if filters > layer_filters[-2]:
        strides = 2
    else:
        strides = 1
    x = BatchNormalization()(x)
    x = Activation('relu')(x)
    x = Conv2DTranspose(filters=filters,
                        kernel_size=kernel_size,
                        strides=strides,
                        padding='same')(x)

x = Activation('sigmoid')(x)
generator = Model(inputs, x, name='generator')
return generator
```

鑑別器很像是許多以 CNN 為基礎的分類器。輸入是 $28 \times 28 \times 1$ 的 MNIST 影像，會被分類為真（1.0）或假（0.0）。總共有四個 CNN 層。除了最後一個卷積，每個 Conv2D 都會以 strides = 2 將特徵圖的大小減半。每個 Conv2D 之前則是一個 Leaky ReLU 層。最後的過濾器大小為 256，而最初的過濾器為 32，每經過一次卷積層就會倍增。如果把過濾器最終大小設為 128 也是可以的，不過，我們發現當數值為 256 時所產生的影像是比較好的。最終的輸出層會被攤平，而單一 Dense 層在經過 sigmoid 觸發層調整之後，會產生數值在 0.0 到 1.0 之間的預測。輸出會以 Bernoulli 分配來建模，所以要用到二元交叉 - 熵損失函數。

生成器與鑑別器模型建置完成之後，就可以把生成器網路與鑑別器網路連接起來產生對抗模型。鑑別器與對抗網路都會採用 RMSprop 最佳器。鑑別器的學習率為 2e-4，而對抗網路的學習率為 1e-4。鑑別器的 RMSprop 衰減率為 6e-8，而對抗網路的則是 3e-8。將對抗網路的學習率設為鑑別器的一半可讓訓練更穩定。回顧圖 4.1.3 與 4.1.4，GAN 訓練有兩個部分：鑑別器訓練與生成器訓練，也就是對抗訓練。其中鑑別器權重會被凍結起來。

範例 4.2.2 使用了 Keras 來實作這個鑑別器，其中定義了一個函式來建置鑑別器模型。範例 4.2.3 會示範如何建置 GAN 模型。首先會建置鑑別器模型，接著，是產生生成器模型的實例。對抗模型就是把生成器與鑑別器組合起來而已。對諸多 GAN 來說，批大小設為 64 是最常見的作法。各個網路參數請參考範例 4.2.3。

如範例 4.2.1 與 4.2.2，DCGAN 模型相當直觀。它之所以很難建置是因為網路設計上的微幅修改很容易導致訓練無法收斂。例如，如果鑑別器中使用了批標準化，或者如果生成器中的 strides = 2 被傳送到下一個 CNN 層，DCGAN 將無法收斂。

範例 4.2.2，`dcgan-mnist-4.2.1.py` 是 DCGAN 的鑑別器網路建置函式：

```python
def build_discriminator(inputs):
    """建置鑑別器模型

    堆疊LeakyReLU-Conv2D來鑑別真假
    網路搭配BN不會收斂，因此，在此不採用，這與[1]或原始的論文不同

    # 引數
        inputs (Layer)：鑑別器(影像)的輸入層

    # 回傳
        Model：鑑別器模型
    """
    kernel_size = 5
    layer_filters = [32, 64, 128, 256]

    x = inputs
    for filters in layer_filters:
        # 前三個卷積層採用strides = 2
        # 最後一個則採用strides = 1
        if filters == layer_filters[-1]:
            strides = 1
        else:
```

```
                strides = 2
        x = LeakyReLU(alpha=0.2)(x)
        x = Conv2D(filters=filters,
                   kernel_size=kernel_size,
                   strides=strides,
                   padding='same')(x)

    x = Flatten()(x)
    x = Dense(1)(x)
    x = Activation('sigmoid')(x)
    discriminator = Model(inputs, x, name='discriminator')
    return discriminator
```

範例 4.2.3，`dcgan-mnist-4.2.1.py` 是用於建置 DCGAN 模型並呼叫訓練常式的函式：

```
def build_and_train_models():
    # 載入MNIST資料集
    (x_train, _), (_, _) = mnist.load_data()

    # 將資料調整為(28,28,1)以用於CNN 接著標準化
    image_size = x_train.shape[1]
    x_train = np.reshape(x_train, [-1, image_size, image_size, 1])
    x_train = x_train.astype('float32') / 255

    model_name = "dcgan_mnist"
    # 網路參數
    # 潛在或z向量的長度為100
    latent_size = 100
    batch_size = 64
    train_steps = 40000
    lr = 2e-4
    decay = 6e-8
    input_shape = (image_size, image_size, 1)

    # 建置鑑別器模型
    inputs = Input(shape=input_shape, name='discriminator_input')
    discriminator = build_discriminator(inputs)
    # [1]或原始論文中採用Adam，但RMSprop會讓鑑別器更容易收斂
    optimizer = RMSprop(lr=lr, decay=decay)
    discriminator.compile(loss='binary_crossentropy',
                          optimizer=optimizer,
                          metrics=['accuracy'])
    discriminator.summary()
```

```
# 建置生成器模型
input_shape = (latent_size, )
inputs = Input(shape=input_shape, name='z_input')
generator = build_generator(inputs, image_size)
generator.summary()

# 建置對抗模型
optimizer = RMSprop(lr=lr * 0.5, decay=decay * 0.5)
# 在對抗訓練過程中凍結鑑別器的權重
discriminator.trainable = False
# 對抗網路 = 生成器 + 鑑別器
adversarial = Model(inputs,
                    discriminator(generator(inputs)),
                    name=model_name)
adversarial.compile(loss='binary_crossentropy',
                    optimizer=optimizer,
                    metrics=['accuracy'])
adversarial.summary()

# 訓練鑑別器與對抗網路
models = (generator, discriminator, adversarial)
params = (batch_size, latent_size, train_steps, model_name)
train(models, x_train, params)
```

範例 4.2.4 是專門用於訓練鑑別器與對抗網路的函式。由於需要自訂訓練，就不會用到之前常用的 fit() 函式，而改呼叫 train_on_batch() 來針對指定小批資料以執行單次梯度更新。生成器接著會經由對抗網路來訓練。訓練首先會隨機從資料集中挑選一小批真實影像，並標注為真實（1.0）。接著，生成器會產生一批假影像，並標注為假（0.0）。這兩批影像會被結合在一起，再用來訓練鑑別器。

上述步驟完成後，生成器會產生新的一批假影像並標注為真實（1.0）。這一批假影像可用於訓練對抗網路。這兩個網路會輪流訓練大約 40,000 步。對一般區間來說，根據特定雜訊向量所生成的 MNIST 數字會被儲存在檔案系統中。網路會在最後一個訓練步驟中收斂完成。生成器模型會被存在一個檔案中，這樣未來要繼續生成 MNIST 數字時就能輕鬆重用這個訓練好的模型。不過，只有生成器模型會被儲存起來，因為這才是 GAN 用於生成新的 MNIST 數字有用的部分。例如可用以下語法來隨機產生新的 MNIST 數字：

```
python3 dcgan-mnist-4.2.1.py --generator=dcgan_mnist.h5
```

範例 4.2.4，`dcgan-mnist-4.2.1.py` 是用於訓練鑑別器與對抗網路的函式：

```python
def train(models, x_train, params):
    """訓練鑑別器與對抗網路

    輪流批次訓練鑑別器與對抗網路
    鑑別器首先以適當的真假影像來訓練
    接著使用假裝為真實影像的假影像來訓練對抗網路
    每 save_interval 就會生成樣本影像

    # 引數
        models (list)：生成器、鑑別器、對抗網路模型
        x_train (tensor)：訓練用影像
        params (list)：網路參數

    """
    # GAN模型
    generator, discriminator, adversarial = models
    # 網路參數
    batch_size, latent_size, train_steps, model_name = params
    # 每500步驟會儲存一次生成器影像
    save_interval = 500
    # 在訓練過程中檢視生成器輸出如何演進的雜訊向量
    # during training
    noise_input = np.random.uniform(-1.0, 1.0, size=[16, latent_size])
    # 訓練資料集中的元素數量
    train_size = x_train.shape[0]
    for i in range(train_steps):
        # 使用1批來訓練鑑別器
        # 1批真實影像(label=1.0)與假影像(label=0.0)
        # 從資料集中隨機挑選真實影像
        rand_indexes = np.random.randint(0, train_size, size=batch_size)
        real_images = x_train[rand_indexes]
        # 使用生成器根據雜訊來產生假影像
        # 使用均勻分配來產生雜訊
        noise = np.random.uniform(-1.0, 1.0, size=[batch_size, latent_size])
        # 生成假影像
        fake_images = generator.predict(noise)
        # 真實影像 + 假影像 = 1批訓練資料
        x = np.concatenate((real_images, fake_images))
        # 標注真實影像與假影像
        # 真實影像標注為1.0
        y = np.ones([2 * batch_size, 1])
        # 假影像標注為0.0
```

```
y[batch_size:, :] = 0.0
# 訓練鑑別器網路、記錄損失與準確度
loss, acc = discriminator.train_on_batch(x, y)
log = "%d: [discriminator loss: %f, acc: %f]" % (i, loss, acc)


# 使用1批來訓練對抗網路
# 1批假影像 label=1.0
# 由於對抗網路中的鑑別器權重已被凍結，因此只會訓練生成器
# 使用均勻分配來產生雜訊
noise = np.random.uniform(-1.0 1.0 size=[batch_size latent_size])
# 將假影像標注為真實或1.0
y = np.ones([batch_size, 1])
# 訓練對抗網路
# 請注意與鑑別器訓練不同，在此不會把假影像存於變數之中
# 假影像會變成對抗網路的鑑別器輸入，用於後續分類
# 記錄損失與準確度
loss, acc = adversarial.train_on_batch(noise, y)
log = "%s [adversarial loss: %f, acc: %f]" % (log, loss, acc)
print(log)
if (i + 1) % save_interval == 0:
    if (i + 1) == train_steps:
        show = True
    else:
        show = False

    # 定期繪製生成器影像
    plot_images(generator,
                noise_input=noise_input,
                show=show,
                step=(i + 1),
                model_name=model_name)

# 生成器訓練完畢之後儲存模型
# 訓練好的生成器可再次載入，用於後續的MNIST數字生成
generator.save(model_name + ".h5")
```

圖 *4.2.1* 是這些由生成器所產生的假影像，在不同訓練步驟時的演進狀況。在 5,000
步時，生成器已可產生足以辨識的影像了。這很類似於要求代理去理解如何畫出一
個數字。值得一提的是有些數字從原本明顯可變的形狀（例如最後一列第二行的 8）
變成了另一個數字（例如 0）。當訓練收斂時，當對抗損失接近 1.0 時，鑑別器的損
失會接近 0.5，如下所示：

```
39997: [discriminator loss: 0.423329, acc: 0.796875] [adversarial loss:
0.819355, acc: 0.484375]

39998: [discriminator loss: 0.471747, acc: 0.773438] [adversarial loss:
1.570030, acc: 0.203125]

39999: [discriminator loss: 0.532917, acc: 0.742188] [adversarial loss:
0.824350, acc: 0.453125]
```

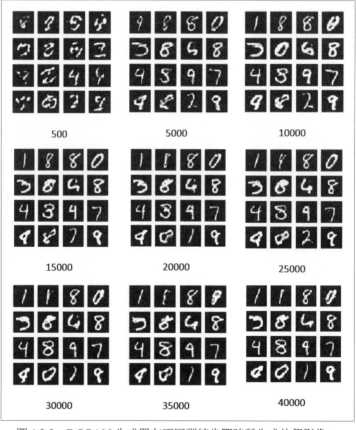

圖 4.2.2：DCGAN 生成器在不同訓練步驟時所生成的假影像。

# 條件 GAN

上一段中，DCGAN 所生成的假影像都是隨機的，無法控制生成器去產生某個特定的數字，也沒有任何機制來做到這件事。不過，這個問題由一款 GAN 的變形所解決了，稱為**條件 GAN（Conditional GAN, CGAN）**[4]。

使用同一個 GAN，但對於生成器與鑑別器輸入加上了一個條件。在此的條件是一個特定數字的 one-hot 向量版本。這與要被生成（生成器）的影像，或是要被判斷真 / 假（鑑別器）的影像有關。CGAN 模型如圖 *4.3.1*。

除了這個額外的 one-hot 向量輸入之外，CGAN 與 DCGAN 相當類似。對於生成器來說，這個 one-hot 標籤會在進入 Dense 層之前與潛在向量結合起來。而對於鑑別器來說會加一個新的 Dense 層。這個新的層會用來處理 one-hot 向量，並調整其形狀使其可與後續 CNN 層的其他輸入組合在一起：

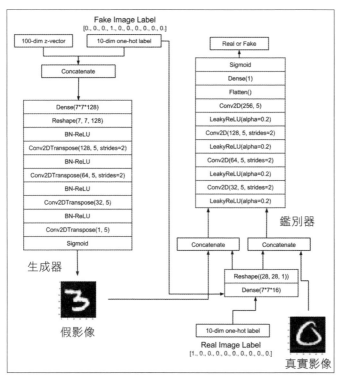

圖 4.3.1：除了用來對生成器與鑑別器輸出加上條件之外，CGAN 模型很類似於 DCGAN。

生成器會根據一個長度為 100 的輸入向量與一個指定數字來學習如何生成假影像。鑑別器則根據真假影像與對應的標籤來分辨真假影像。

除了鑑別器與生成器兩者的輸入會被加上 one-hot 標籤 $y$ 的條件之外，CGAN 的原理基本上與原始的 GAN 是相同的。將本條件加入**方程式** *4.1.1* 與 *4.1.5*，鑑別器生成器的損失函數如**方程式** *4.3.1* 與 *4.3.2*。

如**圖** *4.3.2*，損失函數可改寫如下：

$$\mathcal{L}^{(D)}\left(\theta^{(G)},\theta^{(D)}\right) = -\mathbb{E}_{x \sim p_{data}} \log \mathcal{D}(x \mid y) - \mathbb{E}_z \log\left(1 - \mathcal{D}\left(\mathcal{G}(z \mid y') \mid y'\right)\right)$$

與

$$\mathcal{L}^{(G)}\left(\theta^{(G)},\theta^{(D)}\right) = -\mathbb{E}_z \log \mathcal{D}\left(\mathcal{G}(z \mid y') \mid y'\right)$$

$$\mathcal{L}^{(D)}\left(\theta^{(G)},\theta^{(D)}\right) = -\mathbb{E}_{x \sim p_{data}} \log \mathcal{D}(x \mid y) - \mathbb{E}_z \log\left(1 - \mathcal{D}\left(\mathcal{G}(z \mid y')\right)\right) \quad \text{（方程式4.3.1）}$$

$$\mathcal{L}^{(G)}\left(\theta^{(G)},\theta^{(D)}\right) = -\mathbb{E}_z \log D\left(\mathcal{G}(z \mid y')\right) \quad \text{（方程式4.3.2）}$$

鑑別器新的損失函數是將來自資料集的真實影像與來自生成器的假影像（皆指定了各自的 one-hot 標籤）兩者間的誤差最小化。**圖** *4.3.2* 是鑑別器的訓練過程。

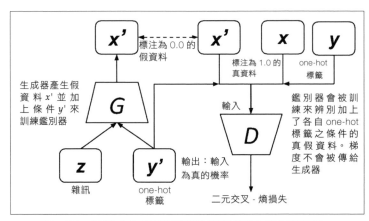

圖 4.3.2：訓練 CGAN 鑑別器類似於訓練 GAN 鑑別器，
唯一差別在於生成的假影像與來自資料集的真實影像都根據各自的one-hot標籤來加上條件。

生成器新的損失函數是最小化鑑別器對於假影像的正確預測，而假影像則是加上了 one-hot 標籤的條件。生成器會根據這個可以騙過鑑別器的 one-hot 向量來學習如何生成特定的 MNIST 數字。下圖是訓練生成器的過程：

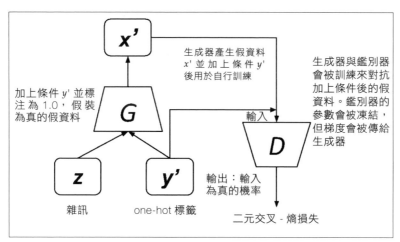

圖 4.3.3：透過對抗網路來訓練生成器的過程類似於訓練 GAN 生成器。
唯一的差別在於所生成的假影像會以 one-hot 標籤來加上條件。

以下範例以粗體強調了鑑別器模型中所做的修改。程式碼使用了一個 Dense 層來處理 one-hot 向量，並將其與影像輸入結合。Model 實例已針對影像與 one-hot 向量輸入做了修改。

範例 4.3.1，cgan-mnist-4.3.1.py 是這個 CGAN 鑑別器，粗體是 DCGAN 中的修改之處：

```
def build_discriminator(inputs, y_labels, image_size):
    """建置鑑別器模型

    經過Dense層之後，輸入會被組合起來
    堆疊 LeakyReLU-Conv2D 來鑑別真假影像
    與DCGAN論文不同，本網路如使用BN則不會收斂，所以在此不使用

    # 引數
        inputs (Layer)：鑑別器的輸入層(影像)
        y_labels (Layer)：用於對輸入加上條件的one-hot向量輸入層
        image_size：一邊的目標尺寸(假設影像為矩形)
```

```
    # 回傳
        Model：鑑別器模型
    """
    kernel_size = 5
    layer_filters = [32, 64, 128, 256]

    x = inputs

    y = Dense(image_size * image_size)(y_labels)
    y = Reshape((image_size, image_size, 1))(y)
    x = concatenate([x, y])

    for filters in layer_filters:
        # 前三個卷積層採用strides = 2
        # 最後一個則採用strides = 1
        if filters == layer_filters[-1]:
            strides = 1
        else:
            strides = 2
        x = LeakyReLU(alpha=0.2)(x)
        x = Conv2D(filters=filters,
                    kernel_size=kernel_size,
                    strides=strides,
                    padding='same')(x)

    x = Flatten()(x)
    x = Dense(1)(x)
    x = Activation('sigmoid')(x)
    # 透過 y_labels對輸入加上條件
    discriminator = Model([inputs, y_labels],
                            x,
                            name='discriminator')
    return discriminator
```

以下範例中的粗體代表在生成器建置器函式中所加入的 one-hot 標籤條件。Model 實例已針對 z- 向量與 one-hot 向量輸入做了修改。

範例 4.3.2，`cgan-mnist-4.3.1.py` 是這個 CGAN 生成器，粗體是 DCGAN 中的修改之處：

```
def build_generator(inputs, y_labels, image_size):
    """建置生成器模型

    輸入會在Dense層之前被組合起來
    堆疊 BN-ReLU-Conv2DTranpose 來生成假影像
```

由於sigmoid較易收斂，在此輸出觸發採用sigmoid而非原始DCGAN論文中的tanh

```
# 引數
    inputs (Layer)：生成器的輸入層(z-向量)
    y_labels (Layer)：用於對輸入加上條件的one-hot向量輸入層
    image_size：一邊的目標尺寸(假設影像為矩形)

# 回傳
    Model：生成器模型
"""
image_resize = image_size // 4
# 網路參數
kernel_size = 5
layer_filters = [128, 64, 32, 1]

x = concatenate([inputs, y_labels], axis=1)
x = Dense(image_resize * image_resize * layer_filters[0])(x)
x = Reshape((image_resize, image_resize, layer_filters[0]))(x)

for filters in layer_filters:
    # 前兩個卷積層採用strides = 2
    # 後兩個採用strides = 1
    if filters > layer_filters[-2]:
        strides = 2
    else:
        strides = 1
    x = BatchNormalization()(x)
    x = Activation('relu')(x)
    x = Conv2DTranspose(filters=filters,
                        kernel_size=kernel_size,
                        strides=strides,
                        padding='same')(x)

x = Activation('sigmoid')(x)
# 透過y_labels對輸入加上條件
generator = Model([inputs, y_labels], x, name='generator')
return generator
```

範例 4.3.3 中的粗體代表 train() 函式中所做的修改，這樣才能對應到鑑別器與生成器的條件 one-hot 向量。CGAN 鑑別器首先會用一批根據各自的 one-hot 標籤加上條件後的真假資料來進行訓練。接著，讓加上 one-hot 標籤條件後的假資料假裝為真實資料來訓練對抗網路，藉此更新生成器的參數。類似於 DCGAN，鑑別器權重在對抗網路訓練過程中是凍結的。

範例 4.3.3，`cgan-mnist-4.3.1.py` 是 CGAN 的訓練過程，粗體是 DCGAN 中的修改之處：

```python
def train(models, data, params):
    """訓練鑑別器與對抗網路

    選擇性批次訓練鑑別器與對抗網路
    首先使用已標記的真假影像來訓練鑑別器
    接著使用假裝為真實影像的假影像來訓練對抗網路
    鑑別器輸入會透過真實影像的訓練標籤與假影像的隨機標籤來加上條件
    每 save_interval 生成樣本影像

    # 引數
        models (list)：生成器、鑑別器、對抗模型
        data(list)：x_train、y_train資料
        params (list)：網路參數

    """
    # GAN模型
    generator, discriminator, adversarial = models
    # 影像與標籤
    x_train, y_train = data
    # 網路參數
    batch_size, latent_size, train_steps, num_labels, model_name = params
    # 每500步驟儲存一次生成器影像
    save_interval = 500
    # 在訓練過程中檢視生成器輸出如何演進的雜訊向量
    noise_input = np.random.uniform(-1.0, 1.0, size=[16, latent_size])
    # 用於雜訊條件之one-hot標籤
    noise_class = np.eye(num_labels)[np.arange(0, 16) % num_labels]
    # 訓練資料集中的元素數量
    train_size = x_train.shape[0]

    print(model_name,
          "Labels for generated images: ",
          np.argmax(noise_class, axis=1))

    for i in range(train_steps):
        # 使用1批來訓練鑑別器
        # 1批真實影像(label=1.0)與假影像(label=0.0)
        # 從資料集中隨機挑選真實影像
        rand_indexes = np.random.randint(0, train_size, size=batch_size)
        real_images = x_train[rand_indexes]
        # 真實影像所對應的one-hot標籤
        real_labels = y_train[rand_indexes]
        # 使用生成器根據雜訊來產生假影像
```

```
# 使用均勻分配來產生雜訊
noise = np.random.uniform(-1.0, 1.0, size=[batch_size,
                                            latent_size])
# 隨機指定one-hot標籤
fake_labels = np.eye(num_labels)[np.random.choice(num_labels,
                                                   batch_size)]

# 根據假標籤條件來生成假影像
fake_images = generator.predict([noise, fake_labels])
# 真實影像 + 假影像 = 1批訓練資料
x = np.concatenate((real_images, fake_images))
# 真 + 假one-hot標籤 = 1批訓練用的one-hot標籤
y_labels = np.concatenate((real_labels, fake_labels))

# 標注真實影像與假影像
# 真實影像標注為1.0
y = np.ones([2 * batch_size, 1])
# 假影像標注為0.0
y[batch_size:, :] = 0.0
# 訓練鑑別器網路、記錄損失與準確度
loss, acc = discriminator.train_on_batch([x, y_labels], y)
log = "%d: [discriminator loss: %f, acc: %f]" % (i, loss, acc)

# 使用1批來訓練對抗網路
# 1批以假的one-hot標籤 label=1.0 來加上條件的假影像
# 由於對抗網路中的鑑別器權重已被凍結，因此，只會訓練生成器
# 使用均勻分配來產生雜訊
noise = np.random.uniform(-1.0, 1.0, size=[batch_size,
                                            latent_size])
# 隨機指定one-hot標籤
fake_labels = np.eye(num_labels)[np.random.choice
(num_labels,batch_size)]
# 將假影像標注為真實或1.0
y = np.ones([batch_size, 1])
# 訓練對抗網路
# 請注意與鑑別器訓練不同，在此不會把假影像存於變數之中
# 假影像會變成對抗網路的鑑別器輸入，用於後續分類
# 記錄損失與準確度
loss, acc = adversarial.train_on_batch([noise, fake_labels], y)
log = "%s [adversarial loss: %f, acc: %f]" % (log, loss, acc)
print(log)
if (i + 1) % save_interval == 0:
    if (i + 1) == train_steps:
        show = True
    else:
        show = False
```

```
# 定期繪製生成器影像
plot_images(generator,
            noise_input=noise_input,
            noise_class=noise_class,
            show=show,
            step=(i + 1),
            model_name=model_name)

# 生成器訓練完畢之後儲存模型
# 訓練好的生成器可再次載入，用於後續的MNIST數字生成
generator.save(model_name + ".h5")
```

圖 *4.3.4* 是當生成器加上條件來生成以下標籤所指定之數字時，MNIST 數字生成的
演進過程：

[0 1 2 3
4 5 6 7
8 9 0 1
2 3 4 5]

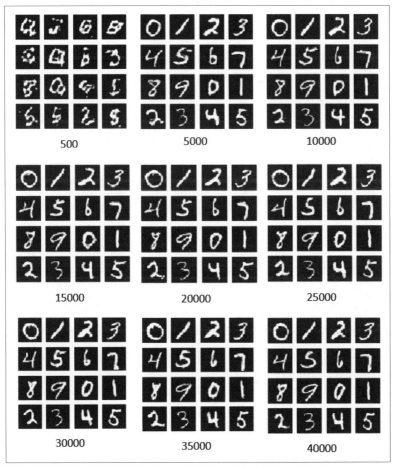

圖 4.3.4：CGAN 在不同訓練步驟所生成的假影像，條件為標籤 [0 1 2 3 4 5 6 7 8 9 0 1 2 3 4 5]。

鼓勵你實際執行看看訓練好的生成器模型，來看看新合成的 MNIST 數字影像：

```
python3 cgan-mnist-4.3.1.py --generator=cgan_mnist.h5
```

或者，也可以產生某一個特定的數字（例如 8）：

```
cgan-mnist-4.3.1.py --generator=cgan_mnist.h5 --digit=8
```

CGAN 好比是一個代理，我們可要求它畫出任意人類手寫風格的數字。CGAN 勝過 DCGAN 的主要關鍵在於可以指定代理去繪製任何想要的數字。

# 總結

本章介紹了 GAN 的基本原理，讓對於後續要進入的進階主題打下一定的基礎，包括改良版 GAN、抽離語意 GAN 與跨域 GAN。本章首先談到了 GAN 是由兩個網路所組成，分別是生成器與鑑別器。鑑別器的角色是分辨真假訊號，生成器的目標則是要去騙過鑑別器。一般來說，生成器會結合鑑別器來形成一個對抗網路。透過訓練對抗網路，生成器就能學會如何產生假訊號來騙過鑑別器。

另外，我們也知道 GAN 雖然易於建置，但麻煩的地方在於訓練。在此用 Keras 的兩個實作範例來說明。DCGAN 證明了運用深度 CNN 訓練 GAN 來產生假影像，是可以做到的，這些假影像是指各個 MNIST 數字。不過，DCGAN 生成器無法控制要生成的數字。CGAN 藉由對生成器加上條件來繪製特定數字，這樣就解決這個問題了。這些條件在格式上就是一個 one-hot 標籤。當我們希望代理有能力生成特定類別的資料時，CGAN 是非常有用的。

下一章會介紹對於 DCGAN 與 CGAN 的改良。特別聚焦在如何讓 DCGAN 的訓練更穩定，還有如何提升 CGAN 的輸出品質。這是透過採用新的損失函數與微調模型架構來完成的。

# 參考資料

1. Ian Goodfellow. *NIPS 2016 Tutorial: Generative Adversarial Networks.* arXiv preprint arXiv:1701.00160, 2016 (https://arxiv.org/pdf/1701.00160.pdf).

2. Alec Radford, Luke Metz, and Soumith Chintala. *Unsupervised Representation Learning with Deep Convolutional Generative Adversarial Networks.* arXiv preprint arXiv:1511.06434, 2015 (https://arxiv.org/pdf/1511.06434.pdf).

3. Mehdi Mirza and Simon Osindero. *Conditional Generative Adversarial Nets*. arXiv preprint arXiv:1411.1784, 2014 (`https://arxiv.org/pdf/1411.1784.pdf`).

4. Tero Karras and others. *Progressive Growing of GANs for Improved Quality, Stability, and Variation*. ICLR, 2018 (`https://arxiv.org/pdf/1710.10196.pdf`).

# 5
# 各種改良版 GAN

自從生成對抗網路（**GAN**）在 2004 年誕生之後 [1] 就日漸受到重視。GAN 已被證明是一種可用於合成出栩栩如生的新資料的實用生成模型。日後陸陸續續有許多深度學習研究論文提出各種方法，來解決原本 GAN 所面臨的困難與限制。

如先前章節所述，GAN 因為難以訓練且容易造成模式崩潰而惡名在外。模式崩潰（Mode collapse）是指即便損失函數已被最佳化，生成器只能產生看起來一樣的輸出結果。以 MNIST 數字來說如果發生模式崩潰，生成器可能只會產生數字 4 與 9，因為這兩個數字長得很像。**Wasserstein GAN（WGAN）**[2] 解決了這個問題，因為它認為可把 GAN 損失函數換為 Wasserstein 1 或**推土機距離（Earth-Mover distance, EMD）**來避免穩定訓練與模式崩潰這兩個問題。

不過，GAN 的問題不是只有穩定性而已，對於提升所產生影像的品質的要求也愈來愈高。**最小平方 GAN（LSGAN）**[3] 便是為了解決這兩個問題而生。基本前提在於 sigmoid 交叉熵損失會在訓練過程中導致梯度消失，進而造成影像品質低落。最小平方誤差（least squares loss）不會造成梯度消失。相較於其他 GAN，這樣做可讓生成影像的品質更好。

上一章中，CGAN 引入了一種可以設定生成器輸出條件的方法。例如想要產生數字 8，就可以在生成器的輸入中納入條件標籤（conditioning label）。受到 CGAN 所啟發，**輔助分類器 GAN（Auxiliary Classifier GAN, ACGAN）**[4] 提出了一個修改後的條件演算法，可提升影像品質並讓輸出更豐富多元。

簡言之，本章目標是介紹這些改良版的 GAN 與以下內容：

- WGAN 的理論基礎

- 理解 LSGAN 的運作原理

- 理解 ACGAN 的運作原理

- 理解如何使用 Keras 實作各種改良版的 GAN – WGAN、LSGAN 與 ACGAN

# Wasserstein GAN

如前所述，GAN 因為難以訓練而惡名昭彰。鑑別器與生成器這兩個彼此對立的網路很容易造成訓練不穩定。鑑別器會試著正確分出真假資料。同時，生成器則會竭盡所能去騙過鑑別器。如果鑑別器學得比生成器來得快，生成器參數就無法最佳化。另一方面，如果鑑別器學得比較慢，則梯度可能會在抵達生成器之前就消失了。最糟的狀況是當鑑別器無法收斂時，生成器也無法取得任何有用的回饋。

## 距離函數

GAN 的訓練穩定度可理解為去驗證其損失函數。為了讓你更理解 GAN 損失函數，我們需要檢視兩個機率分配之間的共同距離，或稱發散函數。我們所關心的是真實資料分配 $p_{data}$ 與生成器資料分配 $p_g$ 之間的距離。GAN 的目標是 $p_g \rightarrow p_{data}$。**表 5.1.1** 列出了各種發散函數。

在多數機率最大化的任務中，會對損失函數採用 **Kullback-Leibler**（**KL**）發散（$D_{KL}$）來評估我們的神經網路模型預測與真實分配函數之間的距離。由**方程式 5.1.1** 可知，由於 $D_{KL}\left(p_{data} \parallel p_g\right) \neq D_{KL}\left(p_g \parallel p_{data}\right)$，因此，$D_{KL}$ 並非對稱。

**Jensen-Shannon**（**JS**）或 $D_{JS}$ 是以 $D_{KL}$ 為基礎的發散。但與 $D_{KL}$ 不同之處在於，$D_{JS}$ 是對稱且有限的。本段會說明為什麼最佳化 $D_{JS}$ 等於最佳化 GAN 損失函數。

| 發散函數 | 表達式 |
|---|---|
| Kullback-Leibler (KL) 5.1.1 | $D_{KL}\left(p_{data} \| p_g\right) = E_{x \sim pdata} \log \dfrac{p_{data}(x)}{p_g(x)}$ $\neq D_{KL}\left(p_g \| p_{data}\right) = \mathbb{E}_{x \sim p_g} \log \dfrac{p_{data}(x)}{p_g(x)}$ |
| Jensen-Shannon (JS) 5.1.2 | $D_{JS}\left(p_{data} \| p_g\right) = \dfrac{1}{2}\mathbb{E}_{x \sim pdata} \log \dfrac{p_{data}(x)}{\dfrac{p_{data}(x)+p_g(x)}{2}} + \dfrac{1}{2}\mathbb{E}_{x \sim p_g} \log \dfrac{p_g(x)}{\dfrac{p_{data}(x)+p_g(x)}{2}} = D_{JS}\left(p_g \| p_{data}\right)$ |
| Earth-Mover Distance (EMD) 或Wasserstein 1 5.1.3 | $W\left(p_{data}, p_g\right) = \inf\limits_{\gamma \in \Pi\left(p_{data}, p_g\right)} \mathbb{E}_{(x,y) \sim \gamma}\left[\|x - y\|\right]$ 其中 $\Pi\left(p_{data}, p_g\right)$ 代表所有聯合分配 $y(x,y)$ 的集合，其邊際分配為 $p_{data}$ 與 $p_g$。 |

表 5.1.1：兩個機率分配函數 $p_{data}$ 與 $p_g$ 之間的發散函數

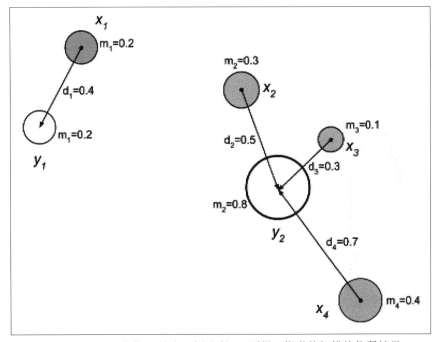

圖 5.1.1：EMD 是指為了符合目標分配 $y$，要從 x 搬動的加權後物質總量。

EMD 的概念用於說明:為了符合機率分配 $p_g$,機率分配 $p_{data}$ 需運用 $d = ||x - y||$ 來搬運多少物質 $\gamma(x, y)$。$\gamma(x, y)$ 是所有可能的聯合分配 $\prod(p_{data}, p_g)$ 所在空間中的聯合分配。$\gamma(x, y)$ 就代表如何運送物質來符合這兩個機率分配的運輸計畫。指定兩個機率分配之下,有多種可用的運輸計畫。簡單來說,*inf* 代表成本最低的運輸計畫。

例如,圖 *5.1.1* 中有兩個簡易離散分配,$x$ 與 $y$。對於 i = 1 到 4 的地點 $x_i$,$x$ 的質量為 $m_i$,i = 1 到 4。同時對於 i = 1、2 的地點 $y_i$,$y$ 的質量為 $m_i$。為了能符合分配 $y$,箭頭代表透過 $d_i$ 來搬運物質 $x_i$ 的最小運輸計畫。EMD 計算方式如下:

$$EMD = \sum_{i=1}^{4} x_i d_i = 0.2(0.4) + 0.3(0.5) + 0.1(0.3) + 0.4(0.7) = 0.54 \quad \text{(方程式 5.1.4)}$$

在圖 *5.1.1* 中,EMD 可解釋為要移動土堆 $x$ 來填滿 $y$ 所需做的最小功。同時在本範例中,可由圖 *5.1.1* 得到以下結論,在多數狀況尤其是連續分配下,*inf* 非常有可能會需要搜尋過、耗費掉所有可能的運輸計畫才能找到最佳解。本章後續會繼續討論這個問題,同時還要來談談何謂 GAN 損失函數,這事實上就是最小化 **Jensen-Shannon(JS)**發散。

## GAN 中的距離函數

現在要介紹如何根據任意生成器來求出最佳鑑別器,這是透過上一章所提到的損失函數來做到的。回顧一下這個方程式:

$$\mathcal{L}^{(D)} = -\mathbb{E}_{x \sim p_{data}} \log \mathcal{D}(x) - \mathbb{E}_z \log\left(1 - \mathcal{D}\left(\mathcal{G}(z)\right)\right) \quad \text{(方程式 4.1.1)}$$

在此不再對雜訊分配進行抽樣,上述方程式也可用生成器分配抽樣來表示:

$$\mathcal{L}^{(D)} = -\mathbb{E}_{x \sim p_{data}} \log \mathcal{D}(x) - \mathbb{E}_{x \sim p_g} \log\left(1 - \mathcal{D}(x)\right) \quad \text{(方程式 5.1.5)}$$

可用以下方程式來求出最小值 $\mathcal{L}^{(D)}$：

$$\mathcal{L}^{(D)} = -\int_x p_{data}(x) \log \mathcal{D}(x) dx - \int_x p_g(x) \log(1 - \mathcal{D}(x)) dx \quad \text{(方程式 5.1.6)}$$

$$\mathcal{L}^{(D)} = -\int_x \left( p_{data}(x) \log \mathcal{D}(x) + p_g(x) \log(1 - D(x)) \right) dx \quad \text{(方程式 5.1.7)}$$

積分符號中的內容為 $y \to a \log y + b \log(1 - y)$，已知對於 $y \in [0,1]$ 來說，對於任何 $a, b \in \mathbb{R}^2$ 但不包括 {0,0}，其最大值為 $\frac{a}{a+b}$。由於積分不會改變本式中的最小值位置（或 $\mathcal{L}^{(D)}$ 的最小值），最佳鑑別器可如下表示：

$$\mathcal{D}^*(x) = \frac{p_{data}}{p_{data} + p_g} \quad \text{(方程式 5.1.8)}$$

函數指定最佳鑑別器：

$$\mathcal{L}^{(D^*)} = -\mathbb{E}_{x \sim pdata} \log \frac{p_{data}}{p_{data} + p_g} - E_{x \sim p_g} \log \left( 1 - \frac{p_{data}}{p_{data} + p_g} \right) \quad \text{(方程式 5.1.9)}$$

$$\mathcal{L}^{(D^*)} = -\mathbb{E}_{x \sim pdata} \log \frac{p_{data}}{p_{data} + p_g} - \mathbb{E}_{x \sim p_g} \log \left( \frac{p_g}{p_{data} + p_g} \right) \quad \text{(方程式 5.1.10)}$$

$$\mathcal{L}^{(D^*)} = 2 \log 2 - D_{KL} \left( p_{data} \left\| \frac{p_{data} + p_g}{2} \right. \right) - D_{KL} \left( p_g \left\| \frac{p_{data} + p_g}{2} \right. \right) \quad \text{(方程式 5.1.11)}$$

$$\mathcal{L}^{(D^*)} = 2 \log 2 - 2 D_{JS} \left( p_{data} \left\| p_g \right. \right) \quad \text{(方程式 5.1.12)}$$

由方程式 *5.1.12* 可知，最佳鑑別器損失函數為一常數減去兩倍之真實分配 *pdata*，與任何生成器分配 $p_g$ 之間的 Jensen-Shannon 發散。最小化 $\mathcal{L}^{(D^*)}$ 代表將 $D_{JS}\left(p_{data}\middle\| p_g\right)$ 最大化，或指鑑別器可以正確分辨真假資料。同時，當生成器分配等於真實資料分配時，最佳生成器可以如下表示：

$$\mathcal{G}*(x) \to p_g = p_{data} \qquad \text{（方程式 5.1.13）}$$

由於生成器的目標是藉由學習真實資料分配來騙過鑑別器，因此，以上敘述是合理的。我們可藉由最小化 $D_{JS}$ 或讓 $p_g \to p_{data}$ 來得到最佳生成器。給定最佳生成器之後，最佳鑑別器就等於 $\mathcal{D}*(x)=\dfrac{1}{2}$，而 $\mathcal{L}^{(D^*)} = 2\log 2 = 0.60$。

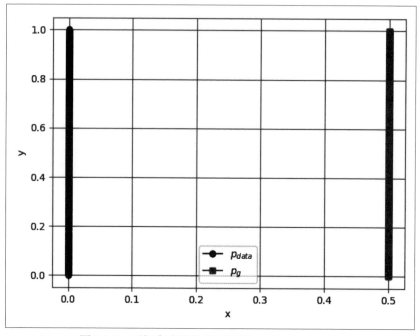

圖 5.1.2：兩個未重疊的分配範例。$p_g$ 的 $\theta = 0.5$。

問題在於如果兩個分配完全不重疊，就無法找到有助於封閉兩者之間差距的平滑函數，這樣一來使用梯度下降來訓練 GAN 就無法收斂。例如，假設：

$$p_{data} = (x, y) \text{ where } x = 0, y \sim U(0,1) \quad \text{（方程式 5.1.14）}$$

$$p_g = (x, y) \text{ where } x = \theta, y \sim U(0,1) \quad \text{（方程式 5.1.15）}$$

如圖 5.1.2，$U(0,1)$ 代表均勻分配，而各距離函數的發散可這樣表示：

- $D_{KL}\left(p_g \| p_{data}\right) = \mathbb{E}_{x=\theta, y \sim U(0,1)} \log \dfrac{p_g(x,y)}{p_{data}(x,y)} = \sum 1 \log \dfrac{1}{0} = +\infty$

- $D_{KL}\left(p_g \| p_{data}\right) = \mathbb{E}_{x=\theta, y \sim U(0,1)} \log \dfrac{p_g(x,y)}{p_{data}(x,y)} = \sum 1 \log \dfrac{1}{0} = +\infty$

- $D_{JS}\left(p_{data} \| p_g\right) = \dfrac{1}{2} \mathbb{E}_{x=0, y \sim U(0,1)} \log \dfrac{p_{data}(x,y)}{\frac{p_{data}(x,y)+p_g(x,y)}{2}} + \dfrac{1}{2} \mathbb{E}_{x=\theta, y \sim U(0,1)} \log \dfrac{p_g}{\frac{p_{data}(x,y)+p_g(x,y)}{2}} = \dfrac{1}{2} \sum 1 \log \dfrac{1}{\frac{1}{2}} + \dfrac{1}{2} \sum 1 \log \dfrac{1}{\frac{1}{2}} = \log 2$

- $W\left(p_{data}, p_g\right) = |\theta|$

由於 $D_{JS}$ 為常數，GAN 無法取得足夠的梯度讓 $p_g \rightarrow p_{data}$。另外我們也發現 $D_{KL}$ 或反向 $D_{KL}$ 的用處也不大。但改用 $W(p_{data}, p_g)$ 就能取得一個平滑函數，透過梯度下降讓 $p_g \rightarrow p_{data}$。由於 $D_{JS}$ 無法處理兩個分配的重疊極小或根本不重疊的狀況，EMD 或 Wasserstein 1 看起來是用於最佳化 GAN 比較合理的損失函數。

想要進一步了解請參考這個關於距離函數的優質好文：`https://lilianweng.github.io/lil-log/2017/08/20/from-GAN-to-WGAN.html`。

## Wasserstein 損失的用途

在實際運用 EMD 或 Wasserstein 1 時還有一個要克服的問題：很有可能要把整個 $\Pi\left(p_{data}, p_g\right)$ 的空間搜尋過一遍，才能找出 $\gamma \in \Pi^{\inf}\left(p_{data}, p_g\right)$。在此提出的方案是運用其自身的 Kantorovich-Rubinstein 對偶性（duality）：

$$W\left(p_{data}, p_g\right) = \dfrac{1}{K} \sup_{\|f\|_L \leq K} \mathbb{E}_{x \sim p_{data}}\left[f(x)\right] - \mathbb{E}_{x \sim p_g}\left[f(x)\right] \quad \text{（方程式 5.1.16）}$$

同樣地，EMD，$\sup\limits_{\|f\|_{L\leq 1}}$，就是 *K*-Lipschitz 函數整體的最小上界（supremum，簡單來說就是最大值）：$f : x \to \mathbb{R}$。*K*-Lipschitz 函數可滿足以下限制：

$$\left| f(x_1) - f(x_2) \right| \leq K \left| x_1 - x_2 \right| \qquad \text{（方程式 5.1.17）}$$

對於所有 $x_1, x_2 \in \mathbb{R}$，*K*-Lipschitz 函數具有有界導數，並且幾乎全部為連續可微分（例如，$f(x) = |x|$ 就是有界導數並為連續，但在 $x = 0$ 處不可微分）。

**方程式 5.1.16** 可藉由求出 *K*-Lipschitz 的函數家族 $\{f_w\}_{w\in\mathcal{W}}$ 來解：

$$W(p_{data}, p_g) = \max_{w\in\mathcal{W}} \mathbb{E}_{x\sim p_{data}}\left[ f_w(x) \right] - \mathbb{E}_{x\sim p_g}\left[ f_w(x) \right] \qquad \text{（方程式 5.1.18）}$$

對於 GAN 來說，**方程式 5.1.18** 可用 z 雜訊分配抽樣並用鑑別器函數 $D_w$ 取代 $f_w$ 來改寫：

$$W(p_{data}, p_g) = \max_{w\in\mathcal{W}} \mathbb{E}_{x\sim p_{data}}\left[ \mathcal{D}_w(x) \right] - \mathbb{E}_z\left[ \mathcal{D}_w(\mathcal{G}(z)) \right] \qquad \text{（方程式 5.1.19）}$$

在此使用粗體來強調多維度樣本的一般性。最後一個問題是如何找出函數家族 $w \in \mathcal{W}$。在此所提出的解法是在每次梯度更新時，鑑別器的權重 $w$ 都會被修剪到介於上界與下界之間，例如，-0.01 與 0.01：

$$w \leftarrow clip(w, -0.01, 0.01) \qquad \text{（方程式 5.1.20）}$$

$w$ 的數值很小，藉此將鑑別器限制在一個較小的參數空間中，藉此確保 Lipschitz 的連續性。

新的 GAN 損失函數可用 **方程式 5.1.19** 為基礎。EMD 或 Wasserstein 1 是生成器要進行最小化的損失函數，也是鑑別器要最大化的成本函數（等同於最小化 $W(p_{data}, p_g)$）：

$$\mathcal{L}^{(D)} = -\mathbb{E}_{x \sim p_{data}} \mathcal{D}_w(x) + \mathbb{E}_z \mathcal{D}_w\big(\mathcal{G}(z)\big) \qquad （方程式 5.1.21）$$

$$\mathcal{L}^{(G)} = -\mathbb{E}_z \mathcal{D}_w\big(\mathcal{G}(z)\big) \qquad （方程式 5.1.22）$$

在生成器損失函數中，由於它並非直接對真實資料進行最佳化，所以原本的第一項刪除了。

下表說明了 GAN 與 WGAN 兩者損失函數的差異。為了簡潔起見，我們簡化了 $\mathcal{L}^{(D)}$ 與 $\mathcal{L}^{(G)}$ 的標記方式。這些損失函數是用來訓練 WGAN，如演算法 5.1.1。由圖 5.1.3 可知，除了真假資料的標籤與損失函數之外，WGAN 模型與 DCGAN 模型基本上是相同的：

| 網路 | 損失函數 | 方程式 |
|------|---------|--------|
| GAN | $\mathcal{L}^{(D)} = -\mathbb{E}_{x \sim p_{data}} \log \mathcal{D}(x) - \mathbb{E}_z \log\big(1 - \mathcal{D}\big(\mathcal{G}(z)\big)\big)$ | 4.1.1 |
| | $\mathcal{L}^{(G)} = -\mathbb{E}_z \log \mathcal{D}\big(\mathcal{G}(z)\big)$ | 4.1.5 |
| WGAN | $\mathcal{L}^{(D)} = -\mathbb{E}_{x \sim p_{data}} \mathcal{D}_w(x) + \mathbb{E}_z \mathcal{D}_w\big(\mathcal{G}(z)\big)$ | 5.1.21 |
| | $\mathcal{L}^{(G)} = -\mathbb{E}_z \mathcal{D}_w\big(\mathcal{G}(z)\big)$ | 5.1.22 |
| | $w \leftarrow clip\big(w, -0.01, 0.01\big)$ | 5.1.20 |

表 5.1.2：GAN 與 WGAN 的損失函數比較

## 演算法 5.1.1 WGAN

參數值：$\alpha = 0.00005$，$c = 0.01$、$m = 64$，$n_{critic} = 5$。

需求：$a$，學習率。$c$，修剪參數。$m$，批大小。$n_{critic}$，每次生成器遞迴的 critic（鑑別器）遞迴次數。

需求：$w_0$，初始（鑑別器）參數。$\theta_0$，初始生成器參數。

1. while $\theta$ 未收斂，do

2.    for t = 1，...，$n_{critic}$ do

3.      從真實資料抽樣一小批 $\left\{x^{(i)}\right\}_{i=1}^{m} \sim p_{data}$

4.      從均勻雜訊分配抽樣一小批 $\left\{z^{(i)}\right\}_{i=1}^{m} \sim p(z)$

5.      $g_w \leftarrow \nabla_w \left[ -\frac{1}{m}\sum_{i=1}^{m} \mathcal{D}_w\left(x^{(i)}\right) + \frac{1}{m}\sum_{i=1}^{m} \mathcal{D}_w\left(\mathcal{G}_\theta\left(z^{(i)}\right)\right) \right]$，計算鑑別器梯度

6.      $w \leftarrow w - \alpha \times RMSProp\left(w, g_w\right)$，更新鑑別器參數

7.      $w \leftarrow clip\left(w, -c, c\right)$，修剪鑑別器權重

8.    end for

9.    從均勻雜訊分配抽樣一小批 $\left\{z^{(i)}\right\}_{i=1}^{m} \sim p(z)$

10.    $g_\theta \leftarrow -\nabla_\theta \frac{1}{m}\sum_{i=1}^{m} \mathcal{D}_w\left(\mathcal{G}_\theta\left(z^{(i)}\right)\right)$，更新生成器參數

11.    $\theta \leftarrow \theta - \alpha \times RMSProp\left(\theta, \mathcal{G}_\theta\right)$，更新生成器參數

12. end while

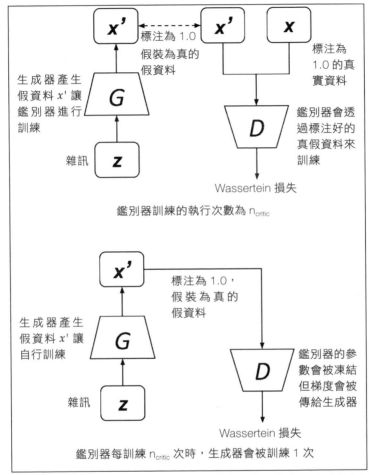

圖 5.1.3 上半：訓練 WGAN 鑑別器需要來自生成器的假資料，與來自真實分配的真實資料。
下半：訓練 WGAN 生成器需要生成器的假資料並將其假裝為真實。

類似於 GAN，WGAN 會選擇性地訓練鑑別器與生成器（透過對抗）。不過，在
WGAN 中，在生成器訓練 1 次遞迴（程式碼 9 到 11 行）之前，鑑別器（也稱為
critic）會先訓練 $n_{critic}$ 次遞迴（程式碼 2 到 8 行）。這與 GAN 的不同之處在於，
GAN 中鑑別器與生成器的訓練遞迴次數是相等的。訓練鑑別器代表去學習鑑別器
的各個數（權重與偏差值）。這需要抽樣一小批真資料（程式碼第 3 行）與抽樣一
小批假資料（程式碼第 4 行），並在把抽樣資料送入鑑別器網路之後計算鑑別器參

數梯度（程式碼第 5 行）。鑑別器參數是透過 RMSProp 來最佳化（程式碼第 6 行）。程式碼第 5 與 6 行是*方程式 5.1.21* 的最佳化。Adam 最佳器已被證實在 WGAN 中是不穩定的。

最後，運用了 EMD 最佳化中的 Lipschitz 限制來修剪鑑別器參數（第 7 行）。程式碼第 7 行是*方程式 5.1.20* 的實作。在鑑別器訓練的 $n_{critic}$ 次遞迴之後，鑑別器參數會被凍結。生成器訓練是從抽樣一小批假資料（程式碼第 9 行）開始。所抽樣的資料會被標注為真實 (1.0) 來試著騙過鑑別器網路。程式碼 10 是計算生成器梯度，而在程式碼 11 中使用 RMSProp 進行最佳化。程式碼第 10 與 11 行執行了梯度更新來最佳化方程式 5.1.22。

訓練好生成器之後，鑑別器參數會被解凍，並開始另一個 $n_{critic}$ 鑑別器訓練遞迴。請注意，由於生成器只在生成資料時有作用，因此，訓練鑑別器時不需要凍結生成器參數。類似於 GAN，鑑別器可視為獨立網路來訓練。不過，由於損失是由生成器網路的輸出計算而得，透過對抗網路來訓練生成器時永遠需要用到鑑別器。

與 GAN 不同，WGAN 中的真資料會被標注為 1.0，而假資料則是在計算梯度時（程式碼第 5 行）被標注為 -1.0。第 5、6 與第 10、11 行分別執行了梯度更新來最佳化*方程式 5.1.21* 與 *5.1.22*。第 5 與第 10 行內容可建模為：

$$\mathcal{L} = -y_{label} \frac{1}{m} \sum_{i=1}^{m} y_{prediction}$$

（方程式 5.1.23）

其中 $y_{label}$ = 1.0 對應於真實資料，而 $y_{label}$ = -1.0 則對應於假資料。為了標記簡潔，在此移除了上標 i。對鑑別器來說，在使用真實資料進行訓練時，WGAN 會拉高 $y_{prediction} = \mathcal{D}_w(x)$ 來最小化損失函數。在使用假資料進行訓練時，WGAN 會降低 $y_{prediction} = \mathcal{D}_w(\mathcal{G}(z))$ 來最小化損失函數。對生成器來說，當訓練時將假資料標注為真時，WGAN 會拉高 $y_{prediction} = \mathcal{D}_w(\mathcal{G}(z))$ 來最小化損失函數。請注意，$y_{label}$ 除了正負號之外，對於損失函數無直接貢獻。使用 Keras 實作*方程式 5.1.23* 如下：

```
def wasserstein_loss(y_label, y_pred):
    return -K.mean(y_label * y_pred)
```

# 使用 Keras 實作 WGAN

為了使用 Keras 來實作 WGAN，可以再次利用上一章介紹過的 DCGAN 實作。DCGAN 建置器與各個 utility 函數是以模組的形式實作於 lib 資料夾下的 gan.py。

這些函式包括：

- generator()：生成器模型建置器

- discriminator()：鑑別器模型建置器

- train()：DCGAN 訓練器

- plot_images()：繪製生成器輸出結果

- test_generator()：測試生成器輸出結果

如*範例 5.1.1*，只要呼叫以下語法就可以建置鑑別器：

```
discriminator = gan.discriminator(inputs, activation='linear')
```

WGAN 採用線性輸出觸發。我們可對生成器執行：

```
generator = gan.generator(inputs, image_size)
```

Keras 中的本網路模型整體來說與圖 *4.2.1* 中的 DCGAN 相當類似。

*範例 5.1.1* 中以粗體顯示 RMSprop 最佳器與 Wasserstein 損失函數。*演算法 5.1.1* 中的各個超參數是在訓練過程中使用。*範例 5.1.2* 是根據*演算法*所實作的訓練函式。不過，鑑別器的訓練需要一些小調整。在此不再使用一批混合後的真假資料來訓練權重，我們會先用一小批真資料來訓練，接著，換一批假資料繼續訓練。由於真假資料的正負號以及修剪後的權重強度變得很小，這麼做可以避免梯度消失。

完整程式碼請由此取得：

`https://github.com/PacktPublishing/Advanced-Deep-`
`Learning-with-Keras`。

圖 *5.1.4* 可以看到 WGAN 輸出對於 MNIST 資料集的演進過程。

範例 5.1.1，`wgan-mnist-5.1.2.py`，說明了如何建立 WGAN 模型實例與訓練。鑑別器與生成器都採用 Wasserstein 1 損失，`wasserstein_loss()`：

```
def build_and_train_models():
    # 載入MNIST資料集
    (x_train, _), (_, _) = mnist.load_data()

    # 調整形狀為(28,28,1)以用於CNN標準化
    image_size = x_train.shape[1]
    x_train = np.reshape(x_train, [-1, image_size, image_size, 1])
    x_train = x_train.astype('float32') / 255

    model_name = "wgan_mnist"
    # 網路參數
    # 潛在向量或z向量長度為100
    latent_size = 100
    # 使用WGAN論文 [2]的超參數
    n_critic = 5
    clip_value = 0.01
    batch_size = 64
    lr = 5e-5
    train_steps = 40000
    input_shape = (image_size, image_size, 1)

    # 建置鑑別器模型
    inputs = Input(shape=input_shape, name='discriminator_input')
    # WGAN在原本論文中 [2]採用線性觸發
    discriminator = gan.discriminator(inputs, activation='linear')
    optimizer = RMSprop(lr=lr)
    # WGAN鑑別器採用wassertein損失
    discriminator.compile(loss=wasserstein_loss,
                          optimizer=optimizer,
                          metrics=['accuracy'])
    discriminator.summary()

    # 建置生成器模型
```

```
input_shape = (latent_size, )
inputs = Input(shape=input_shape, name='z_input')
generator = gan.generator(inputs, image_size)
generator.summary()

# 建置對抗模型 = 生成器 + 鑑別器
# 在對抗訓練時，凍結鑑別器權重
discriminator.trainable = False
adversarial = Model(inputs,
                    discriminator(generator(inputs)),
                    name=model_name)
adversarial.compile(loss=wasserstein_loss,
                    optimizer=optimizer,
                    metrics=['accuracy'])
adversarial.summary()

# 訓練鑑別器與對抗網路
models = (generator, discriminator, adversarial)
params = (batch_size,
          latent_size,
          n_critic,
          clip_value,
          train_steps,
          model_name)
train(models, x_train, params)
```

範例 5.1.2，wgan-mnist-5.1.2.py，是根據演算法 5.1.1 所實作的 WGAN 訓練流程。每一次訓練遞迴中，鑑別器都會被訓練 $n_{critic}$ 次遞迴：

```
def train(models, x_train, params):
    """訓練鑑別器與對抗網路

    輪流批次訓練鑑別器與對抗網路
    鑑別器首先以適當的真假影像來訓練n_critic次
    由於Lipschitz限制的要求，鑑別器權重需要進行修剪
    接著使用假裝為真實影像的假影像來訓練生成器(透過對抗網路)
    每 save_interval 次會生成樣本影像

    # 引數
        models (list)：生成器、鑑別器與對抗網路模型
        x_train (tensor)：訓練影像
        params (list)：網路參數

    """
```

```
# GAN模型
generator, discriminator, adversarial = models
# 網路參數
(batch_size, latent_size, n_critic,
        clip_value, train_steps, model_name) = params
# 每500步驟會儲存一次生成器影像
save_interval = 500
# 在訓練過程中檢視生成器輸出如何演進的雜訊向量
noise_input = np.random.uniform(-1.0, 1.0, size=[16,
                                    latent_size])
# 訓練資料集中的元素數量
train_size = x_train.shape[0]
# 真實資料的標籤
real_labels = np.ones((batch_size, 1))
for i in range(train_steps):
    # 訓練鑑別器 n_critic 次
    loss = 0
    acc = 0
    for _ in range(n_critic):
        # 以一批資料來訓練鑑別器
        # 一批真實影像(label=1.0)與假影像(label=-1.0)
        # 由資料集隨機挑選真實影像
        rand_indexes = np.random.randint(0,
                                        train_size,
                                        size=batch_size)
        real_images = x_train[rand_indexes]
        # 使用生成器根據雜訊來產生假影像
        # 使用均勻分配來產生雜訊
        noise = np.random.uniform(-1.0,
                                1.0,
                                size=[batch_size,
                                latent_size])
        fake_images = generator.predict(noise)

        # 訓練鑑別器網路
        # 真資料label=1；假資料label=-1
        # 不再使用一批混合後的真假影像
        # 改回先用一批真實資料進行訓練，再換一批假影像
        # 由於真假資料的正負號(+1與-1)以及修剪後的權重強度變得很小
        # 這麼做可以避免梯度消失
        real_loss, real_acc =
                    discriminator.train_on_batch(real_images,
                                                real_labels)
        fake_loss, fake_acc =
                    discriminator.train_on_batch(fake_images,
                                                real_labels)
```

```
    # 累積平均損失與準確度
    loss += 0.5 * (real_loss + fake_loss)
    acc += 0.5 * (real_acc + fake_acc)

    # 修剪鑑別器權重以滿足Lipschitz限制
    for layer in discriminator.layers:
        weights = layer.get_weights()
        weights = [np.clip(weight,
                           -clip_value,
                           clip_value) for weight in weights]
        layer.set_weights(weights)

# 每 n_critic 次訓練遞迴的平均損失與準確度
loss /= n_critic
acc /= n_critic
log = "%d: [discriminator loss: %f, acc: %f]" % (i, loss, acc)

# 以一批資料來訓練對抗網路
# 1批label=1.0的假影像
# 由於鑑別器的權重在對抗網路中是被凍結的，在此只會訓練生成器
# 使用均勻分配來產生雜訊
noise = np.random.uniform(-1.0, 1.0,
                          size=[batch_size, latent_size])
# 訓練對抗網路
# 請注意與鑑別器訓練不同，假影像不會被存在變數中
# 假影像會作為分類用途對抗網路中的鑑別器輸入
# 假影像會被標記為真實
# 記錄損失與準確度
loss, acc = adversarial.train_on_batch(noise, real_labels)
log = "%s [adversarial loss: %f, acc: %f]" % (log, loss, acc)
print(log)
if (i + 1) % save_interval == 0:
    if (i + 1) == train_steps:
        show = True
    else:
        show = False

    # 定期繪製生成器影像
    gan.plot_images(generator,
                    noise_input=noise_input,
                    show=show,
                    step=(i + 1),
                    model_name=model_name)

# 生成器訓練完畢之後儲存模型
```

```
# 訓練好的生成器可再次載入，用於後續的 MNIST 數字生成
generator.save(model_name + ".h5")
```

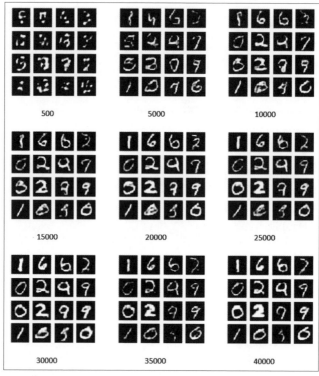

圖 5.1.4：不同訓練步驟次數下的 WGAN 輸出樣本。
在所有的訓練與測試過程中，WGAN 的輸出都不會發生模式崩潰

就算網路設定發生變化，WGAN 依然可保持穩定。眾所皆知，如果在鑑別器網路中的 ReLU 之前先進行批標準化，DCGAN 會變得不穩定。相同的設定換作是 WGAN 還是相對穩定。

下圖是 DCGAN 與 WGAN 的輸出，對於鑑別器網路使用了批標準化：

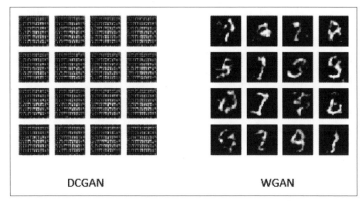

圖 5.1.5：當鑑別器網路的 ReLU 觸發之前加入了批標準化時，
DCGAN（左側）與 WGAN（右側）的輸出比較。

類似於上一章介紹的 GAN 訓練過程，訓練好的模型會在 40,000 個訓練步驟後被存於檔案中。建議你執行訓練後的生成器模型來看看新合成出的 MNIST 數字影像：

```
python3 wgan-mnist-5.1.2.py --generator=wgan_mnist.h5
```

# Least-squares GAN（LSGAN）

如上一段所述，原始的 GAN 是非常難以訓練的。原因在於當 GAN 在最佳化自身的損失函數時；實際上它就是在最佳化 *Jensen-Shannon* 發散，$D_{JS}$。當兩個分配函數之間的重疊很少或根本不重疊時，$D_{JS}$ 就很難最佳化。

WGAN 透過使用 EMD 或 Wasserstein 1 損失函數來解決這個問題，因為當兩個分配函數之間的重疊很少或根本不重疊時，還能保有足夠平滑的可微分函數。不過，WGAN 不在乎生成影像的品質。除了穩定性問題之外，對於原始 GAN 的品質還有相當大的改良空間。LSGAN 理論上認為這個雙胞胎問題可以同時被解決。

LSGAN 提出了最小平方損失。圖 *5.2.1* 說明了為什麼在 GAN 中使用 sigmoid 交叉熵損失會導致生成資料品質的低落。理想來說，假樣本分配應該盡量接近真實的樣本分配。然而對於 GAN 來說，一旦假樣本已落在決策邊界的正確一側，梯度就會消失。

這會使得生成器不再有足夠的動機去改善所生成假資料的品質。遠離決策邊界的假樣本就不會再靠近真實樣本分配。使用最小平方損失函數,只要假樣本分配與真實樣本分配彼此足夠遠,梯度就不會消失。生成器會試著去改善它對真實密度分配的估計,即便假樣本已落在決策邊界的正確一側:

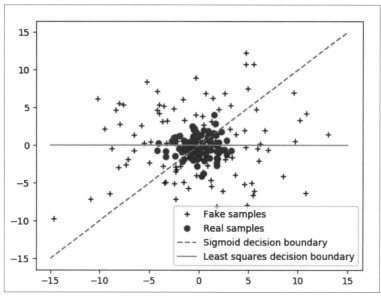

圖 5.2.1:由各自的決策邊界所分隔的真假樣本分配:Sigmoid 與最小平方。

| 網路 | 損失函數 | 方程式 |
|------|----------|--------|
| GAN | $\mathcal{L}^{(D)} = -\mathbb{E}_{x \sim p_{data}} \log \mathcal{D}(x) - \mathbb{E}_z \log\left(1 - \mathcal{D}\left(\mathcal{G}(z)\right)\right)$ | 4.1.1 |
| | $\mathcal{L}^{(G)} = -\mathbb{E}_z \log \mathcal{D}\left(\mathcal{G}(z)\right)$ | 4.1.5 |
| LSGAN | $\mathcal{L}^{(D)} = \mathbb{E}_{x \sim p_{data}} \left(\mathcal{D}(x) - 1\right)^2 + \mathbb{E}_z \mathcal{D}\left(\mathcal{G}(z)\right)^2$ | 5.2.1 |
| | $\mathcal{L}^{(G)} = \mathbb{E}_z \left(\mathcal{D}\left(\mathcal{G}(z)\right) - 1\right)^2$ | 5.2.2 |

表 5.2.1:GAN 與 LSGAN 兩者之損失函數比較

上表比較了 GAN 與 LSGAN 兩者的損失函數。最小化**方程式** *5.2.1* 或鑑別器損失函數代表真資料分類與真標籤 1.0 之間的 MSE 應該接近於零。另外，假資料分類與真實標籤 0.0 之間的 MSE 應該趨近於零。

類似於 GAN，LSGAN 鑑別器是被訓練從假資料樣本中分類出真的資料。最小化**方程式** *5.2.2* 代表要騙過鑑別器，讓它覺得所生成的假樣本資料為真實並標注為 1.0。

使用上一章的 DCGAN 程式碼來實作 LSGAN 只需要稍微修改即可。如**範例** *5.2.1*，鑑別器 sigmoid 觸發已刪除。並呼叫以下語法來建置鑑別器：

```
discriminator = gan.discriminator(inputs, activation=None)
```

生成器與原始的 DCGAN 類似：

```
generator = gan.generator(inputs, image_size)
```

鑑別器與對抗網路的損失函數都已改為 mse，其餘所有網路參數皆與 DCGAN 相同。Keras 中的 LSGAN 網路模型類似於**圖** *4.2.1*，唯一差別在於沒有線性或輸出觸發。訓練過程類似於 DCGAN，並已經有現成的工具函式以供使用：

```
gan.train(models, x_train, params)
```

**範例** 5.2.1，lsgan-mnist-5.2.1.py 說明除了鑑別器輸出觸發與採用 MSE 損失函數之外，DCGAN 中的鑑別器與生成器是相同的：

```
def build_and_train_models():
    # MNIST資料集
    (x_train, _), (_, _) = mnist.load_data()

    # 將資料調整為 (28, 28, 1) 以用於CNN，接著標準化
    image_size = x_train.shape[1]
    x_train = np.reshape(x_train, [-1, image_size, image_size, 1])
    x_train = x_train.astype('float32') / 255

    model_name = "lsgan_mnist"
    # 網路參數
    # 潛在或z向量長度為100
    latent_size = 100
    input_shape = (image_size, image_size, 1)
    batch_size = 64
```

```
lr = 2e-4
decay = 6e-8
train_steps = 40000

# 建置鑑別器模型
inputs = Input(shape=input_shape, name='discriminator_input')
discriminator = gan.discriminator(inputs, activation=None)
# 論文[1]使用了Adam，但RMSprop會讓鑑別器更快收斂
optimizer = RMSprop(lr=lr, decay=decay)
# LSGAN採用MSE損失[2]
discriminator.compile(loss='mse',
                      optimizer=optimizer,
                      metrics=['accuracy'])
discriminator.summary()

# 建置生成器模型
input_shape = (latent_size, )
inputs = Input(shape=input_shape, name='z_input')
generator = gan.generator(inputs, image_size)
generator.summary()

# 建置對抗網路模型 = 生成器 + 鑑別器
optimizer = RMSprop(lr=lr*0.5, decay=decay*0.5)
# 訓練對抗網路過程時，凍結鑑別器權重
discriminator.trainable = False
adversarial = Model(inputs,
                    discriminator(generator(inputs)),
                    name=model_name)
# LSGAN採用MSE損失[2]
adversarial.compile(loss='mse',
                    optimizer=optimizer,
                    metrics=['accuracy'])
adversarial.summary()

# 訓練鑑別器與對抗網路
models = (generator, discriminator, adversarial)
params = (batch_size, latent_size, train_steps, model_name)
gan.train(models, x_train, params)
```

下圖是使用 MNIST 資料集經過訓練 40,000 步之後，LSGAN 的生成影像樣本。相較於圖 *4.2.1* 中的 DCGAN，在此的輸出影像品質好了很多：

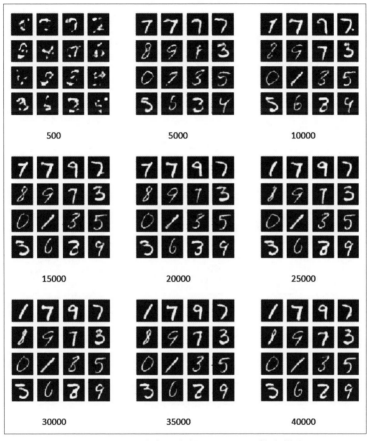

圖 5.2.2：不同訓練步驟次數下 LSGAN 輸出樣本。

建議你執行訓練後的生成器模型來看看新合成出的 MNIST 數字影像：

```
python3 lsgan-mnist-5.2.1.py --generator=lsgan_mnist.h5
```

# 輔助分類器 GAN（ACGAN）

輔助分類器 GAN（Auxiliary Classifier GAN, ACGAN）的運作原理類似於上一章所介紹的 **Conditional GAN（CGAN）**。現在要來比較一下這兩者。CGAN 與 ACGAN 的生成器輸入都是雜訊與對應的標籤，生成器輸出則是對應於輸入類別標籤的假影像。對 CGAN 來說，鑑別器的輸入是一張影像（可能為真或假）與其標籤，輸出則是該影像為真實的機率值。對 ACGAN 來說，鑑別器的輸入是一張影像，輸出該影像為真實的機率值與其類別標籤。下圖可以看到 CGAN 與 ACGAN 在生成器訓練過程上的差異：

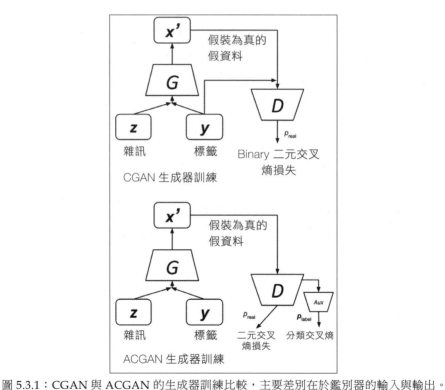

圖 5.3.1：CGAN 與 ACGAN 的生成器訓練比較，主要差別在於鑑別器的輸入與輸出。

基本上在 CGAN 中，我們提供給網路的資料是旁側資訊（side information，也是一種標籤）。但 ACGAN 會透過輔助類別編碼器網路來試著重新建構旁側資訊。ACGAN 主張如果強迫網路去做一些額外任務，有助於提升對原本任務的成效。以本範例來說，額外任務是影像分類，而原本的任務是生成假影像。

| 網路 | 損失函數 | 方程式 |
|---|---|---|
| CGAN | $\mathcal{L}^{(D)} = -\mathbb{E}_{x \sim p_{data}} \log \mathcal{D}(x \mid y) - \mathbb{E}_z \log \left(1 - \mathcal{D}\left(\mathcal{D}(z \mid y)\right)\right)$ | 4.3.1 |
|  | $\mathcal{L}^{(G)} = -\mathbb{E}_z \log \mathcal{D}\left(\mathcal{G}(z \mid y)\right)$ | 4.3.2 |
| ACGAN | $\mathcal{L}^{(D)} = -\mathbb{E}_{x \sim p_{data}} \log \mathcal{D}(x) - \mathbb{E}_z \log \left(1 - \mathcal{D}\left(\mathcal{G}(z \mid y)\right)\right) - \mathbb{E}_{x \sim p_{data}} \log \mathcal{P}(c \mid x) - \mathbb{E}_z \log \mathcal{P}\left(c \mid \mathcal{G}(z \mid y)\right)$ | 5.3.1 |
|  | $\mathcal{L}^{(G)} = -\mathbb{E}_z \log \mathcal{D}\left(\mathcal{G}(z \mid y)\right) - \mathbb{E}_z \log \mathcal{P}\left(c \mid \mathcal{G}(z \mid y)\right)$ | 5.3.2 |

表 5.3.1：CGAN 與 ACGAN 的損失函數比較

上表是 ACGAN 與 CGAN 的損失函數比較。ACGAN 的損失函數除了多了一個分類器損失函數之外，其餘皆與 CGAN 相同。除了假影像中辨識出真實影像的原本任務之外（ $-\mathbb{E}_{x \sim p_{data}} \log \mathcal{D}(x \mid y) - \mathbb{E}_z \log \left(1 - \mathcal{D}\left(\mathcal{G}(z \mid y)\right)\right)$ ），鑑別器（**方程式 5.3.1**）還有一個額外任務就是要正確分類真假影像（ $-\mathbb{E}_{x \sim p_{data}} \log \mathcal{P}(c \mid x) - \mathbb{E}_z \log \mathcal{P}\left(c \mid \mathcal{G}(z \mid y)\right)$ ）。

**方程式 5.3.2** 中的生成器不只要用假影像（ $-\mathbb{E}_z \log \mathcal{D}\left(\mathcal{G}(z \mid y)\right)$ ）來騙過鑑別器，它還會要求鑑別器去正確分類這些假影像（ $-\mathbb{E}_z \log \mathcal{P}\left(c \mid \mathcal{G}(z \mid y)\right)$ ）。

從 CGAN 程式碼開始看起，實作 ACGAN 只需要修改鑑別器與訓練函式即可。鑑別器與生成器建置函式請參考 gan.py。來看看鑑別器改了哪些地方，以下範例說明了建置器函式，其中有一個用來執行影像分類的輔助編碼器網路，兩個輸出部分也以粗體來強調。

範例 5.3.1，gan.py，說明了鑑別器模型建置器與 DCGAN 用來預測影像是否為真（首項輸出）的做法相同。加入了一個輔助編碼器網路來進行影像分類，並接著產生第二個輸出：

```
def discriminator(inputs,
                  activation='sigmoid',
                  num_labels=None,
                  num_codes=None):
    """建置鑑別器模型
```

堆疊 `LeakyReLU-Conv2D` 來從假影像中辨別出真實影像

網路如搭配BN不會收斂，在此不採用，這與原始論文[1]不同

```
# 引數
    inputs (Layer)：鑑別器的輸入層 (影像)
    activation (string)：輸出觸發層的名稱
    num_labels (int)：ACGAN與InfoGAN的one-hot標籤長度
    num_codes (int)：如果為StackedGAN 輸出是 num_codes 個Q網路
                     如果是InfoGAN 輸出是 2 個Q網路


# 回傳
    Model：鑑別器模型
"""
kernel_size = 5
layer_filters = [32, 64, 128, 256]

x = inputs
for filters in layer_filters:
    # 前三個卷積層採用strides = 2
    # 最後一個則採用strides = 1
    if filters == layer_filters[-1]:
        strides = 1
    else:
        strides = 2
    x = LeakyReLU(alpha=0.2)(x)
    x = Conv2D(filters=filters,
               kernel_size=kernel_size,
               strides=strides,
               padding='same')(x)

x = Flatten()(x)
# 預設輸出影像為真實的機率
outputs = Dense(1)(x)
if activation is not None:
    print(activation)
    outputs = Activation(activation)(outputs)

if num_labels:
    # ACGAN與InfoGAN有第二筆輸出
    # 第二筆輸出是代表標籤的長度10 one-hot向量
    layer = Dense(layer_filters[-2])(x)
    labels = Dense(num_labels)(layer)
    labels = Activation('softmax', name='label')(labels)
    if num_codes is None:
```

```
        outputs = [outputs, labels]
    else:
        # InfoGAN還有第三與第四筆輸出
        # 第三筆輸出是第一個c的長度1連續Q網路，指定x
        code1 = Dense(1)(layer)
        code1 = Activation('sigmoid', name='code1')(code1)

        # 第四筆輸出是第二個c的長度1連續Q網路，指定x
        code2 = Dense(1)(layer)
        code2 = Activation('sigmoid', name='code2')(code2)

        outputs = [outputs, labels, code1, code2]
elif num_codes is not None:
    # z0_recon是z0常態分配的重構
    z0_recon =  Dense(num_codes)(x)
    z0_recon = Activation('tanh', name='z0')(z0_recon)
    outputs = [outputs, z0_recon]

return Model(inputs, outputs, name='discriminator')
```

呼叫以下語法來建置鑑別器：

```
discriminator = gan.discriminator(inputs, num_labels=num_labels)
```

在此的生成器與 ACGAN 中的相同。方便你回顧，生成器建置器如以下範例所示。請注意範例 *5.3.1* 與 *5.3.2* 是同一款可用於 WGAN 與 LSGAN 的建置器函式，之前已經介紹過了。

範例 5.3.2，`gan.py`，可以看到生成器模型建置器與 CGAN 相同：

```
def generator(inputs,
              image_size,
              activation='sigmoid',
              labels=None,
              codes=None):
    """建置生成器模型

    堆疊BN-ReLU-Conv2DTranpose來生成假影像
    由於sigmoid較易收斂，輸出觸發採用sigmoid 而非tanh[1]

    # 引數
        inputs (Layer): 生成器的輸入層(z-向量)
        image_size (int): 一邊的目標尺寸(假設影像為矩形)
        activation (string): 輸出觸發層的名稱
```

```
        labels (tensor)：輸入標籤
        codes (list)：用於InfoGAN的長度2抽離語意編碼

# 回傳
        Model：生成器模型
"""
image_resize = image_size // 4
# 網路參數
kernel_size = 5
layer_filters = [128, 64, 32, 1]

if labels is not None:
    if codes is None:
        # ACGAN標籤
        # 組合z雜訊向量與one-hot標籤
        inputs = [inputs, labels]
    else:
        # infoGAN編碼
        # 把z雜訊向量 one-hot標籤與編碼1 & 2連起來
        inputs = [inputs, labels] + codes
    x = concatenate(inputs, axis=1)
elif codes is not None:
    # StackedGAN的生成器0
    inputs = [inputs, codes]
    x = concatenate(inputs, axis=1)
else:
    # 預設輸入為長度100的雜訊(z-code)
    x = inputs

x = Dense(image_resize * image_resize * layer_filters[0])(x)
x = Reshape((image_resize, image_resize, layer_filters[0]))(x)

for filters in layer_filters:
    # 前兩個卷積層採用strides = 2
    # 最後兩個則採用strides = 1
    if filters > layer_filters[-2]:
        strides = 2
    else:
        strides = 1
    x = BatchNormalization()(x)
    x = Activation('relu')(x)
    x = Conv2DTranspose(filters=filters,
                        kernel_size=kernel_size,
                        strides=strides,
                        padding='same')(x)
```

```
if activation is not None:
    x = Activation(activation)(x)

# 生成器輸出為合成影像x
return Model(inputs, x, name='generator')
```

ACGAN 的生成器實例產生方式如下：

```
generator = gan.generator(inputs, image_size, labels=labels)
```

下圖是使用 Keras 實作的 ACGAN 網路模型：

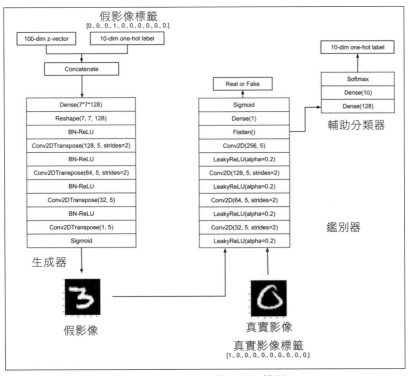

圖 5.3.2：ACGAN 的 Keras 模型。

如範例 5.3.3，鑑別器與對抗網路模型都經過了修改來對應先前鑑別器網路的修改之處。現在有兩個損失函數了，第一個是原本的二元交叉熵，透過估計輸入影像為真的機率來訓練鑑別器。第二個則是用來預測類別標籤的影像分類器。輸出是一個長度 10 的 one-hot 向量。

請參考範例 5.3.3，`acgan-mnist-5.3.1.py`，粗體處代表鑑別器與對抗網路模型的修改之處，這樣才能對應鑑別器網路的影像分類器。兩個損失函數分別對應到鑑別器的兩個輸出：

```
def build_and_train_models():
    # 載入MNIST資料集
    (x_train, y_train), (_, _) = mnist.load_data()

    # 將資料調整為(28,28,1)以用於CNN，接著標準化
    image_size = x_train.shape[1]
    x_train = np.reshape(x_train, [-1, image_size, image_size, 1])
    x_train = x_train.astype('float32') / 255

    # 訓練標籤
    num_labels = len(np.unique(y_train))
    y_train = to_categorical(y_train)

    model_name = "acgan_mnist"
    # 網路參數
    latent_size = 100
    batch_size = 64
    train_steps = 40000
    lr = 2e-4
    decay = 6e-8
    input_shape = (image_size, image_size, 1)
    label_shape = (num_labels, )

    # 建置鑑別器模型
    inputs = Input(shape=input_shape, name='discriminator_input')
    # 用2筆輸入來呼叫鑑別器建置器 source 與 labels
    discriminator = gan.discriminator(inputs, num_labels=num_labels)
    # 論文[1]採用Adam 但鑑別器使用RMSprop會更容易收斂
    optimizer = RMSprop(lr=lr, decay=decay)
    # 兩個損失函數：1) 影像為真的機率，2) 影像的類別標籤
    loss = ['binary_crossentropy', 'categorical_crossentropy']
    discriminator.compile(loss=loss,
                          optimizer=optimizer,
                          metrics=['accuracy'])
    discriminator.summary()

    # 建置生成器模型
    input_shape = (latent_size, )
    inputs = Input(shape=input_shape, name='z_input')
    labels = Input(shape=label_shape, name='labels')
```

```
# 使用輸入標籤來呼叫生成器建置器
generator = gan.generator(inputs, image_size, labels=labels)
generator.summary()

# 建置對抗網路模型 = 生成器 + 鑑別器
optimizer = RMSprop(lr=lr*0.5, decay=decay*0.5)
# 在對抗訓練時，凍結鑑別器權重
discriminator.trainable = False
adversarial = Model([inputs, labels],
                    discriminator(generator([inputs, labels])),
                    name=model_name)
# 同樣有兩個損失函數：1) 影像為真的機率，2) 影像的類別標籤
adversarial.compile(loss=loss,
                    optimizer=optimizer,
                    metrics=['accuracy'])
adversarial.summary()

# 訓練鑑別器與對抗網路
models = (generator, discriminator, adversarial)
data = (x_train, y_train)
params = (batch_size, latent_size, train_steps, num_labels, model_
name)
    train(models, data, params)
```

範例 5.3.4 把訓練常式中的修改之處標為粗體。相較於 CGAN 的主要差異在於訓練鑑別器與對抗網路時，一定要提供輸出標籤。

如範例 5.3.4，`acgan-mnist-5.3.1.py`，訓練函式中的修改之處標為粗體：

```
def train(models, data, params):
    """訓練鑑別器與對抗網路

    輪流批次訓練鑑別器與對抗網路
    鑑別器首先會以真假影像與對應之one-hot標籤進行訓練
    接著使用假裝為真實影像的假影像與對應的one-hot標籤，來訓練對抗網路
    每 save_interval 就會生成樣本影像

    # 引數
        models (list)：生成器、鑑別器與對抗網路模型
        data (list)：x_train、y_train資料
        params (list)：網路參數

    """
    # GAN模型
```

```
generator, discriminator, adversarial = models
# 影像與各自的one-hot標籤
x_train, y_train = data
# 網路參數
batch_size, latent_size, train_steps, num_labels, model_name = params
# 每500步儲存一次生成器影像
save_interval = 500
# 用於在訓練過程中檢視生成器輸出演進的雜訊向量
noise_input = np.random.uniform(-1.0,
                                1.0,
                                size=[16, latent_size])
# 類別標籤為0、1、2、3、4、5、6、7、8、9、0、1、2、3、4、5
# 生成器必須正確生成這些MNIST數字
noise_label = np.eye(num_labels)[np.arange(0, 16) % num_labels]
# 訓練資料集中的元素數量
train_size = x_train.shape[0]
print(model_name,
      "Labels for generated images: ",
      np.argmax(noise_label, axis=1))


for i in range(train_steps):
    # 以1批來訓練鑑別器
    # 1批真實影像(label=1.0)與假影像(label=0.0)
    # 由資料集中隨機挑出真實影像與對應標籤
    rand_indexes = np.random.randint(0,
                                     train_size,
                                     size=batch_size)
    real_images = x_train[rand_indexes]
    real_labels = y_train[rand_indexes]
    # 使用生成器來從雜訊生成假影像
    # 使用均勻分配來產生雜訊
    noise = np.random.uniform(-1.0,
                              1.0,
                              size=[batch_size, latent_size])
    # 隨機選取one-hot標籤
    fake_labels = np.eye(num_labels)[np.random.choice(num_labels,
                                                      batch_size)]
    # 產生假影像
    fake_images = generator.predict([noise, fake_labels])
    # 真實影像 + 假影像 = 1批訓練資料
    x = np.concatenate((real_images, fake_images))
    # 真實影像 + 假標籤 = 1 批訓練資料標籤
    labels = np.concatenate((real_labels, fake_labels))
```

```
# 標注真假影像
# 真實資料標注為1.0
y = np.ones([2 * batch_size, 1])
# 假影像標注為0.0
y[batch_size:, :] = 0
# 訓練鑑別器網路、記錄損失與準確度
# ['loss', 'activation_1_loss', 'label_loss',
# 'activation_1_acc', 'label_acc']
metrics  = discriminator.train_on_batch(x, [y, labels])
fmt = "%d: [disc loss: %f, srcloss: %f,
            lblloss: %f, srcacc: %f, lblacc: %f]"
log = fmt % (i, metrics[0], metrics[1], metrics[2],
            metrics[3], metrics[4])


# 以1批來訓練對抗網路
# 1批label=1.0的假影像與
# 對應的one-hot標籤或類別
# 由於對抗網路中的鑑別器權重會被凍結
# 因此只會訓練生成器透過均勻分配去生成雜訊
noise = np.random.uniform(-1.0,
                          1.0,
                          size=[batch_size, latent_size])
# 隨機挑出one-hot標籤
fake_labels = np.eye(num_labels)[np.random.choice(num_labels,
                                                  batch_size)]
# 將假影像標注為真
y = np.ones([batch_size, 1])
# 訓練對抗網路
# 請注意有別於訓練鑑別器
# 在此不會將假影像存於變數之中
# 假影像會變成對抗網路中的鑑別器輸入來進行分類
# 記錄損失與準確度
metrics  = adversarial.train_on_batch([noise, fake_labels],
                                      [y, fake_labels])
fmt = "%s [advr loss: %f, srcloss: %f, lblloss: %f, srcacc: %f,
lblacc: %f]"
log = fmt % (log, metrics[0], metrics[1], metrics[2], metrics[3],
metrics[4])
print(log)
if (i + 1) % save_interval == 0:
    if (i + 1) == train_steps:
        show = True
    else:
        show = False

    # 定期繪製生成器影像
```

```
gan.plot_images(generator,
                noise_input=noise_input,
                noise_label=noise_label,
                show=show,
                step=(i + 1),
                model_name=model_name)

# 訓練生成器完成之後儲存模型
# 訓練好的生成器後續可再次載入來生成MNIST數字
generator.save(model_name + ".h5")
```

由結果可看出在這些額外任務上，ACGAN 的效能提升相較於其他所有先前介紹過的 GAN 來說非常顯著。圖 *5.3.3* 針對 ACGAN 的輸出抽樣以下標籤，可看出 ACGAN 的訓練相當穩定：

```
[0 1 2 3
 4 5 6 7
 8 9 0 1
 2 3 4 5]
```

與 CGAN 不同，樣本輸出的外觀在訓練過程時的變化不大。MNIST 數字影像的 perceptive 品質也比較好。圖 *5.3.4* 是 CGAN 與 ACGAN 所產生的 MNIST 數字比較。ACGAN 所產生的數字 2-6 比 CGAN 來得更好。

建議你執行這個訓練好的生成器模型來看看新合成的 MNIST 數字影像：

**python3 acgan-mnist-5.3.1.py --generator=acgan_mnist.h5**

或者也可以產生某一個特定的數字（例如 3）：

**python3 acgan-mnist-5.3.1.py --generator=acgan_mnist.h5 --digit=3**

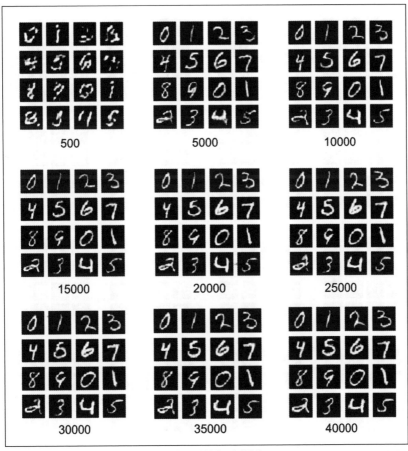

圖 5.3.3：ACGAN 的抽樣輸出與訓練步驟關係，標籤為 [0 1 2 3 4 5 6 7 8 9 0 1 2 3 4 5]。

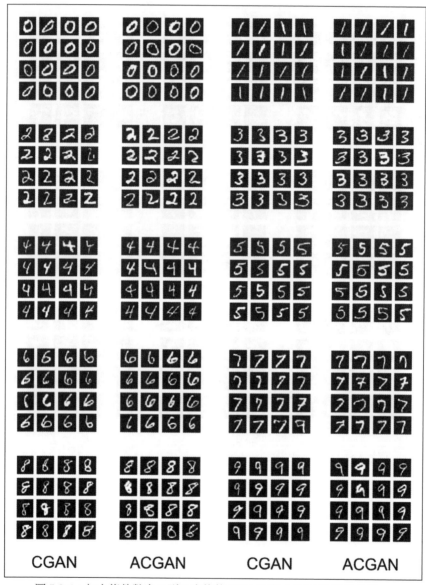

CGAN　　　ACGAN　　　CGAN　　　ACGAN

圖 5.3.4：加上條件數字 0 到 9 之後的 CGAN 與 ACGAN 輸出比較。

# 總結

本章說明了對於 GAN 原本演算法的多種改良，這在上一章談過了。WGAN 提出了一種演算法，藉由使用 EMD 或 Wassertein 1 損失來改善訓練穩定性。LSGAN 主張原始的 GAN 交叉熵函數容易導致梯度消失，這與最小平方損失不同。LSGAN 提出的演算法來達到穩定訓練與高品質的輸出。ACGAN 透過要求鑑別器在最上端執行一個分辨輸入影像是真是假的分類任務，藉此大幅提升 MNIST 數字的條件生成。

下一章要研究如何控制生成器輸出的各種屬性。既然 CGAN 與 ACGAN 已經可以指定希望生成的數字；我們就沒有深入介紹其他可以指定輸出屬性的 GAN 了。但我們可能想要進一步控制 MNIST 數字的書寫風格，例如圓角、傾斜角度與粗細等。因此，下一章的目標就是要介紹幾款可對各種特徵進行語意抽離的 GAN，藉此控制生成器輸出的指定屬性。

# 參考資料

1. Ian Goodfellow and others. *Generative Adversarial Nets.* Advances in neural information processing systems, 2014(http://papers.nips.cc/paper/5423-generative-adversarial-nets.pdf).

2. Martin Arjovsky, Soumith Chintala, and Léon Bottou, *Wasserstein GAN.* arXiv preprint, 2017(https://arxiv.org/pdf/1701.07875.pdf).

3. Xudong Mao and others. *Least Squares Generative Adversarial Networks.* 2017 IEEE International Conference on Computer Vision (ICCV). IEEE 2017(http://openaccess.thecvf.com/content_ICCV_2017/papers/Mao_ Least_Squares_Generative_ICCV_2017_paper.pdf).

4. Augustus Odena, Christopher Olah, and Jonathon Shlens. *Conditional Image Synthesis with Auxiliary Classifier GANs.* ICML, 2017(http://proceedings. mlr.press/v70/odena17a/odena17a.pdf).

# 6

# 抽離語意特徵 GAN

如先前章節所述，GAN 可藉由學習資料分配來產生有意義的輸出。不過，它無法控制輸出的屬性。因此，某些改良後的 GAN，例如上一章介紹過的**條件 GAN**（**CGAN**）與**輔助分類器 GAN**（**ACGAN**）所訓練的生成器就可加上條件來合成特定的輸出。例如，CGAN 與 ACGAN 可以要求生成器來產生指定的 MNIST 數字。透過長度為 100 的雜訊編碼與對應的 one- hot 標籤作為輸入來達到這個目標。不過，除了 one-hot 標籤之外，就沒有其他方式來控制所產生輸出的屬性了。

關於 CGAN 與 ACGAN，請回顧「第 4 章｜ *GAN 生成對抗網路*」與「第 5 章｜*各種改良版 GAN*」。

本章將介紹可用來修改生成器輸出的各種改良版 GAN。以 MNIST 資料集來說，除了能決定要產生的數字之外，我們可能還會想要控制書寫風格。這就會牽涉到指定數字的傾斜或寬度。換言之，GAN 還能學會抽離後的潛在編碼或特徵（representation），這可用來改變生成器輸出的各種屬性。抽離（抽離語意）編碼或抽離特徵，是指一個可改變輸出資料的指定特徵或屬性的 tensor，而且不會影響到其他屬性。

本章第一段會介紹 **InfoGAN**：*Interpretable Representation Learning by Information Maximizing Generative Adversarial Nets* [1]，這 是 一 款 改 良 版 的 GAN。

InfoGAN 可透過非監督式學習方式來學會抽離特徵，做法是以最大化輸入編碼與輸出觀察值之間的共通資訊來做到的。對 MNIST 資料集來說，InfoGAN 會從數字資料集中把書寫風格抽離出來。

本章後續會介紹另一款延伸版的 GAN：**Stacked Generative Adversarial 網路**或簡稱 **StackedGAN**[2]。StackedGAN 使用預先訓練好的編碼器（或分類器）來對潛在編碼進行語意抽離。StackedGAN 可視為多個模型的堆疊，每個都是由一個編碼器與一個 GAN 所組成的。每個 GAN 都是以對抗的概念來訓練，會用到對應編碼器的輸入與輸出。

本章學習內容如下：

· 抽離語意特徵的概念

· InfoGAN 與 StackedGAN 的運作原理

· 使用 Keras 來實作 InfoGAN 與 StackedGAN

## 抽離語意特徵

原始的 GAN 已經足以產生有意義的輸出，但缺點在於無法控制。例如訓練 GAN 去學會眾多明星臉的分配，生成器會產生新的明星臉。不過，沒有辦法影響生成器對於我們所希望看到的特定臉部屬性。例如，我們無法要求生成器產生一個黑長髮、白皮膚、棕色眼睛以及表情是微笑的女性明星臉。根本原因在於那個用來混成生成器輸出的所有顯著屬性的長度 100 雜訊。回想一下，先前在 Keras 中是藉由對均勻雜訊分配進行隨機取樣來產生這個長度 100 的編碼：

```
# 從64×長度100的均勻雜訊生成64個假影像
noise = np.random.uniform(-1.0, 1.0, size=[64, 100])
fake_images = generator.predict(noise)
```

如果有辦法修改原本的 GAN，例如把編碼或特徵區分為未抽離語意以及與抽離語意後的可解譯潛在編碼，那麼就能告訴生成器到底要合成哪些資料。

下圖是一個搭配未抽離語意編碼的 GAN，以及未抽離語意以及與抽離語意後特徵混合編碼的改良版。以產生明星臉來說，運用抽離語意編碼就能指定想要產生的性別、髮型、臉部表情、膚色與眼珠顏色了。不過，還是需要長度 n 的未抽離語意編碼來代表其他未被抽離語意的臉部屬性，例如臉型、鬍子與眼鏡是三個常見的案例。抽離以及未抽離語意的編碼彼此序連起來就是生成器的新輸入。序連後的編碼總長度不一定要是 100：

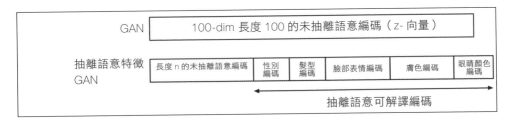

圖 6.1.1：搭配未抽離語意編碼的 GAN，以及未抽離語意與抽離語意後編碼的改良版。本範例是以產生明星臉來做說明。

請看上圖，不難看出搭配抽離語意特徵的 GAN 也可透過與一般 GAN 相同的方式來進行最佳化。這是因為生成器輸出可如下表示：

$$\mathcal{G}(z,c) = \mathcal{G}(\mathbf{z}) \quad \text{（方程式6.1.1）}$$

編碼 $\mathbf{z} = (z,c)$ 包含了兩個元素：

1. 不可壓縮且未抽離語意的雜訊編碼，類似於 GAN 的 z 向量或雜訊向量。

2. 潛在編碼 $c_1$、$c_2$、$\cdots c_L$，代表資料分配中的可解譯抽離語意編碼。所有的潛在編碼都可用 $c$ 來表示。

為了簡潔，所有潛在編碼都假設為獨立：

$$p(c_1, c_2, ..., c_L) = \prod_{i=1}^{L} p(c_i) \quad \text{（方程式6.1.2）}$$

生成器函數 $x = \mathcal{G}(z,c) = \mathcal{G}(\mathbf{z})$ 需要用到不可壓縮雜訊編碼與潛在編碼。就生成器的角度而言，最佳化 $\mathbf{z} = (z,c)$ 就等於最佳化 $z$。生成器網路在已經得到解決方案時，會忽略抽離語意編碼所加諸的限制。生成器會去學習 $p_g(x|c) = p_g(x)$ 這個分配。如此一來就等於打亂了抽離語意特徵的目標。

# InfoGAN

為了加強編碼的語意抽離特性，InfoGAN 在原本的損失函數再加入一個正規器，用來最大化潛在編碼 $c$ 與 $\mathcal{G}(z,c)$ 之間的共通資訊：

$$I\big(c;\mathcal{G}(z,c)\big) = I\big(c;\mathcal{G}(\mathbf{z})\big) \qquad \text{（方程式6.1.3）}$$

正規器會在用於合成假影像的函式中，要求生成器將潛在編碼納入考量。在資訊理論中，潛在編碼 $c$ 與 $\mathcal{G}(z,c)$ 之間的共通資訊可定義為：

$$I\big(c;\mathcal{G}(z,c)\big) = H(c) - H\big(c|\mathcal{G}(z,c)\big) \qquad \text{（方程式6.1.4）}$$

其中，$H(c)$ 是潛在編碼 $c$ 的熵，$H\big(c|\mathcal{G}(z,c)\big)$ 是在觀察生成器 $\mathcal{G}(z,c)$ 輸出之後的條件熵 $c$。熵是指一個隨機變數或事件的不確定性程度。例如，「**太陽從東邊升起**」這類資訊的熵就很低。而「**中樂透頭獎**」的熵就非常高。

在**方程式 6.1.4** 中，共通資訊最大化代表 $H\big(c|\mathcal{G}(z,c)\big)$ 最小化或降低潛在編碼在產生輸出時的不確定性。這麼做是有道理的，例以 MNIST 資料集來說，如果 GAN 知道它所看到的數字是 8，則生成器在合成數字 8 時就會更有信心。

不過，$H\big(c|\mathcal{G}(z,c)\big)$ 是很難去估計的，因為它需要事後機率 $P\big(c|\mathcal{G}(z,c)\big) = P(c|x)$，但這是我們無法得知的。折衷方案是藉由估計輔助分配 $Q(c|x)$ 的事後機率，藉此來估計共通資訊的下界。InfoGAN 估計共通資訊的下界公式如下：

$$I\big(c;\mathcal{G}(z,c)\big) \geq L_I\big(\mathcal{G},Q\big) = E_{c\sim P(c), x\sim\mathcal{G}(z,c)}\Big[\log Q(c|x)\Big] + H(c) \qquad \text{（方程式6.1.5）}$$

InfoGAN 會假設 $H(c)$ 為一常數。這樣一來共通資訊最大化就變成了期望值最大化。生成器對於它所生成的特定屬性之輸出結果必須具備一定程度的信心才行。請注意在此的最大期望值為 0。因此，共通資訊下界的最大值就等於 $H(c)$。在 InfoGAN 中，用於離散潛在編碼的 $Q(c|x)$ 可用 *softmax* 非線性來表示。期望值如用 Keras 來實作，就是 categorical_crossentropy 損失的負值。

對單一維度的連續型編碼來說，期望值為對 $c$ 與 $x$ 的雙重積分，這是因為期望值分別抽樣自抽離語意編碼分配與生成器分配的緣故。估計期望值的方法之一是假設樣本為連續資料的良好量度。因此，損失可估計為 $c \log Q(c|x)$。

要完成 InfoGAN 網路，就需要實作 $Q(c|x)$。為了簡潔起見，$Q$ 網路是接在鑑別器第二道最後一層的輔助網路。因此，它對於原本 GAN 訓練上的影響就可以降到最低。下圖是 InfoGAN 網路示意圖：

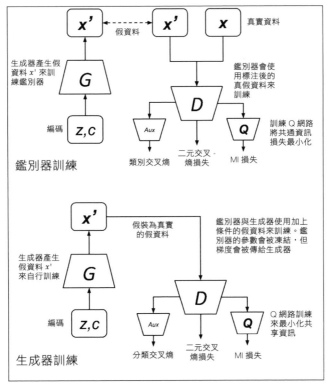

圖 6.1.2：說明 InfoGAN 的鑑別器與生成器訓練流程的網路示意圖。

下表是 InfoGAN 與一般 GAN 的損失函數比較。InfoGAN 的損失函數與一般 GAN 的不同之處在於多了：$-\lambda I\big(c;\mathcal{G}(z,c)\big)$，$\lambda$ 為一數值較小的常數。將 InfoGAN 的損失函數最小化相當於一般 GAN 的損失最小化，以及共通資訊最大化 $I\big(c;\mathcal{G}(z,c)\big)$。

| 網路 | 損失函數 | 方程式 |
|---|---|---|
| GAN | $\mathcal{L}^{(D)} = -\mathbb{E}_{x\sim p_{data}} \log \mathcal{D}(\boldsymbol{x}) - \mathbb{E}_z \log\big(1-\mathcal{D}(\mathcal{G}(\mathbf{z}))\big)$ | 4.1.1 |
| | $\mathcal{L}^{(G)} = -\mathbb{E}_z \log \mathcal{D}\big(\mathcal{G}(\mathbf{z})\big)$ | 4.1.5 |
| InfoGAN | $\mathcal{L}^{(D)} = -\mathbb{E}_{x\sim p_{data}} \log \mathcal{D}(\boldsymbol{x}) - \mathbb{E}_{z,c} \log\big(1-\mathcal{D}(\mathcal{G}(z,c))\big) - \lambda I\big(c;\mathcal{G}(z,c)\big)$ | 6.1.1 |
| | $\mathcal{L}^{(G)} = -\mathbb{E}_{z,c} \log \mathcal{D}\big(\mathcal{G}(z,c)\big) - \lambda I\big(c;\mathcal{G}(z,c)\big)$ | 6.1.2 |
| | 如為連續編碼，InfoGAN建議使用 $\lambda < 1$。本範例設定 $\lambda = 0.5$。而如果是離散編碼，InfoGAN建議使用 $\lambda = 1$。 | |

表 6.1.1：GAN 與 InfoGAN 的損失函數比較

以 MNIST 資料集來說，InfoGAN 可以學會抽離語意後的離散與連續編碼，藉此做到修改生成器輸出屬性。類似於 CGAN 與 ACGAN，型態為長度 10 之 one-hot 標籤的離散編碼就可以用來指定所要生成的數字。不過，我們還可以加入兩個連續編碼，一個用來控制書寫風格的角度，另一個則用來控制筆畫粗細。下圖是 InfoGAN 的 MNIST 數字編碼。我們保留了長度較短的未抽離語意編碼來代表其他所有的屬性：

圖 6.1.3：GAN 與 InfoGAN 之編碼比較，用於 MNIST 資料集。

# 使用 Kera 實作 InfoGAN

為了實作可用於 MNIST 資料集的 InfoGAN，ACGAN 的程式碼需要稍作修改才行。如以下範例中的粗體部分，生成器會把未抽離語意（z 雜訊編碼）與抽離語意編碼（one-hot 標籤與連續編碼）序連起來作為輸入。生成器與鑑別器的建置器函數實作如 lib 資料夾下的 gan.py。

完整程式碼請參考本書 GitHub：
https://github.com/PacktPublishing/Advanced-Deep-Learning-with-Keras。

範例 6.1.1，infogan-mnist-6.1.1.py，說明 InfoGAN 生成器如何將未抽離以及抽離語意後的編碼序連起來作為輸入：

```
def generator(inputs,
              image_size,
              activation='sigmoid',
              labels=None,
              codes=None):
    """建置生成器模型

    堆疊 BN-ReLU-Conv2DTranpose 來生成假影像
    由於sigmoid較易收斂，在此輸出觸發採用sigmoid，而非原始論文[1]中的tanh

    # 引數
        inputs(Layer)：生成器的輸入層(z-向量)
        image_size(int)：一邊的目標尺寸(假設影像為矩形)
        activation(string)：輸出觸發層的名稱
        labels(tensor)：輸入標籤
        codes(list)：InfoGAN的長度2抽離語意編碼

    # 回傳
        Model：生成器模型
    """
    image_resize = image_size // 4
    # 網路參數
    kernel_size = 5
    layer_filters = [128, 64, 32, 1]

    if labels is not None:
```

```
        if codes is None:
            # ACGAN標籤是由z雜訊向量與one-hot標籤序連而成
            inputs = [inputs, labels]
        else:
            # infoGAN編碼是由z雜訊向量、one-hot標籤
            # 與編碼1 & 2序連而成
            inputs = [inputs, labels] + codes
        x = concatenate(inputs, axis=1)
    elif codes is not None:
        # StackedGAN的生成器0
        inputs = [inputs, codes]
        x = concatenate(inputs, axis=1)
    else:
        # 預設輸入為長度100的雜訊(z-編碼)
        x = inputs

    x = Dense(image_resize * image_resize * layer_filters[0])(x)
    x = Reshape((image_resize, image_resize, layer_filters[0]))(x)

    for filters in layer_filters:
        # 前兩個卷積層採用strides = 2
        # 最後兩個則採用strides = 1
        if filters > layer_filters[-2]:
            strides = 2
        else:
            strides = 1
        x = BatchNormalization()(x)
        x = Activation('relu')(x)
        x = Conv2DTranspose(filters=filters,
                            kernel_size=kernel_size,
                            strides=strides,
                            padding='same')(x)

    if activation is not None:
        x = Activation(activation)(x)

    # 生成器輸出為合成影像x
    return Model(inputs, x, name='generator')
```

上述範例是搭配原本預設 GAN 輸出的鑑別器與 Q- 網路。粗體部分為三個輔助輸出，代表在指定 MNIST 數字影像時，對應的離散編碼（one-hot 標籤）softmax 預測，以及指定輸入 MNIST 數字影像連續編碼的機率。

範例 6.1.2，`infogan-mnist-6.1.1.py`，說明 InfoGAN 鑑別器與 Q- 網路：

```python
def discriminator(inputs,
                  activation='sigmoid',
                  num_labels=None,
                  num_codes=None):
    """建置鑑別器模型

    堆疊 LeakyReLU-Conv2D 來從假影像中辨別出真實影像
    網路如搭配BN不會收斂，在此不採用，這與原始論文[1]不同

    # 引數
        inputs(Layer)：鑑別器的輸入層(影像)
        activation(string)：輸出觸發層的名稱
        num_labels(int)：ACGAN & InfoGAN的one-hot標籤尺寸
        num_codes(int)：如果為StackedGAN 輸出為長度num_codes的Q網路
                        如果為InfoGAN則為2個Q網路


    # 回傳
        Model：鑑別器模型
    """
    kernel_size = 5
    layer_filters = [32, 64, 128, 256]

    x = inputs
    for filters in layer_filters:
        # 前三個卷積層採用strides = 2
        # 最後一個則採用strides = 1
        if filters == layer_filters[-1]:
            strides = 1
        else:
            strides = 2
        x = LeakyReLU(alpha=0.2)(x)
        x = Conv2D(filters=filters,
                   kernel_size=kernel_size,
                   strides=strides,
                   padding='same')(x)

    x = Flatten()(x)
    # 預設輸出是影像為真實的機率
    outputs = Dense(1)(x)
    if activation is not None:
        print(activation)
        outputs = Activation(activation)(outputs)
```

```
if num_labels:
    # ACGAN與InfoGAN有第二項的輸出
    # 第二項輸出為長度10的one-hot標籤向量
    layer = Dense(layer_filters[-2])(x)
    labels = Dense(num_labels)(layer)
    labels = Activation('softmax', name='label')(labels)
    if num_codes is None:
        outputs = [outputs, labels]
    else:
        # InfoGAN還有第三個與第四個輸出
        # 第三個輸出為指定x之後，對於第一個c的長度1連續Q
        code1 = Dense(1)(layer)
        code1 = Activation('sigmoid', name='code1')(code1)

        # 第四個輸出為指定x之後，對於第二個c的長度1連續Q
        code2 = Dense(1)(layer)
        code2 = Activation('sigmoid', name='code2')(code2)

        outputs = [outputs, labels, code1, code2]
elif num_codes is not None:
    # StackedGAN Q0輸出
    # z0_recon是z0常態分配的重構
    z0_recon =  Dense(num_codes)(x)
    z0_recon = Activation('tanh', name='z0')(z0_recon)
    outputs = [outputs, z0_recon]

return Model(inputs, outputs, name='discriminator')
```

圖 *6.1.4* 是 Keras 中的 InfoGAN 模型。建置鑑別器與對抗網路模型需要對所採用的損失函數做一些修改。原本的鑑別器損失函數 `binary_crossentropy`，用於離散編碼的 `categorical_crossentropy`，以及用於各個連續編碼的 `mi_loss`，這三者組成了整體的損失函數。除了 `mi_loss` 函數因為連續編碼為 0.5 所以需設 $\lambda = 0.5$ 之外，每個損失函數的權重皆設為 1.0。

範例 *6.1.3* 中的粗體部分即為修改之處。不過，請注意在使用建置器函數時，鑑別器需用以下語法來產生實例：

```
# 呼叫具有4個輸出項目的鑑別器建置器：來源、標籤與2編碼
discriminator = gan.discriminator(inputs, num_labels=num_labels, with_codes=True)
```

生成器由以下語法建立：

```
# 使用輸入標籤與編碼作為總輸入來呼叫生成器，最後再存入生成器
generator = gan.generator(inputs, image_size, labels=labels,
codes=[code1, code2])
```

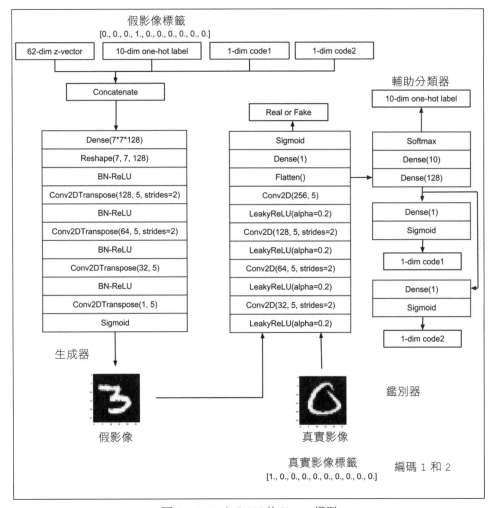

圖 6.1.4：InfoGAN 的 Keras 模型

範例 6.1.3，`infogan-mnist-6.1.1.py`，是在建置 InfoGAN 鑑別器與對抗網路所用到的共通資訊損失函數：

```python
def mi_loss(c, q_of_c_given_x):
    """ 共通資訊、方程式 5 in [2]、假設H(c)為常數"""
    # mi_loss = -c * log(Q(c|x))
    return K.mean(-K.sum(K.log(q_of_c_given_x + K.epsilon()) * c,
axis=1))


def build_and_train_models(latent_size=100):
    # 載入MNIST資料集
    (x_train, y_train), (_, _) = mnist.load_data()

    # 將資料調整為(28, 28, 1)以用於CNN，接著標準化
    image_size = x_train.shape[1]
    x_train = np.reshape(x_train, [-1, image_size, image_size, 1])
    x_train = x_train.astype('float32') / 255

    # 訓練標籤
    num_labels = len(np.unique(y_train))
    y_train = to_categorical(y_train)

    model_name = "infogan_mnist"
    # 網路參數
    batch_size = 64
    train_steps = 40000
    lr = 2e-4
    decay = 6e-8
    input_shape = (image_size, image_size, 1)
    label_shape = (num_labels, )
    code_shape = (1, )

    # 建置鑑別器模型
    inputs = Input(shape=input_shape, name='discriminator_input')
    # 使用4個輸出來呼叫鑑別器的建置器：來源、標籤與2組編碼
    discriminator = gan.discriminator(inputs,
                                      num_labels=num_labels,
                                      num_codes=2)
    # 論文[1]採用Adam，但鑑別器使用RMSprop較易收斂
    optimizer = RMSprop(lr=lr, decay=decay)
    # 損失函數：1) 影像為真實的機率(binary crossentropy)
    # 2) 類別交叉熵影像標籤
    # 3) 和 4) 共通資訊損失
```

```python
    loss = ['binary_crossentropy', 'categorical_crossentropy', mi_loss,
mi_loss]
    # lamda 或 mi_loss 權重為 0.5
    loss_weights = [1.0, 1.0, 0.5, 0.5]
    discriminator.compile(loss=loss,
                          loss_weights=loss_weights,
                          optimizer=optimizer,
                          metrics=['accuracy'])
    discriminator.summary()


    # 建置生成器模型
    input_shape = (latent_size, )
    inputs = Input(shape=input_shape, name='z_input')
    labels = Input(shape=label_shape, name='labels')
    code1 = Input(shape=code_shape, name="code1")
    code2 = Input(shape=code_shape, name="code2")
    # 使用輸入、標籤與編碼作為生成器的總輸入，藉此來呼叫生成器
    generator = gan.generator(inputs,
                              image_size,
                              labels=labels,
                              codes=[code1, code2])
    generator.summary()

    # 建置對抗網路模型 = 生成器 + 鑑別器
    optimizer = RMSprop(lr=lr*0.5, decay=decay*0.5)
    discriminator.trainable = False
    # 總輸入 = 雜訊編碼、標籤與編碼
    inputs = [inputs, labels, code1, code2]
    adversarial = Model(inputs,
                        discriminator(generator(inputs)),
                        name=model_name)
    # 損失函數同鑑別器
    adversarial.compile(loss=loss,
                        loss_weights=loss_weights,
                        optimizer=optimizer,
                        metrics=['accuracy'])
    adversarial.summary()

    # 訓練鑑別器與對抗網路
    models = (generator, discriminator, adversarial)
    data = (x_train, y_train)
    params = (batch_size, latent_size, train_steps,
              num_labels, model_name)
    train(models, data, params)
```

以訓練來說，可以看到 InfoGAN 除了要提供 *c* 做為連續編碼之外，其餘都與 ACGAN 類似。*c* 是取樣自標準差為 0.5、平均數為 0.0 的常態分配。我們會隨機抽樣標籤作為假資料，並隨機抽樣資料集的類別標籤作為真實資料，藉此來代表離散潛在編碼。以下範例粗體部分是對於訓練函式的修改之處。類似於先前介紹過的所有 GAN，鑑別器與生成器（透過對抗）是輪流訓練的。鑑別器權重在對抗訓練過程中是被凍結的。每經過 500 個步驟，生成器所輸出的影像會透過 gan.py 裡的 plot_images() 函式來儲存。

範例 6.1.4，infogan-mnist-6.1.1.py，說明 InfoGAN 的訓練函式確實類似於 ACGAN，唯一差別在於需要提供抽樣自常態分配的連續編碼：

```
def train(models, data, params):
    """訓練鑑別器與對抗網路

    輪流批次訓練鑑別器與對抗網路
    鑑別器首先會以真假影像與對應之one-hot標籤進行訓練
    接著使用假裝為真實影像的假影像與對應的one-hot標籤，來訓練對抗網路
    每 save_interval 就會生成樣本影像

    # 引數
        models (Models)：生成器、鑑別器、對抗網路模型
        data (tuple)：x_train, y_train 資料
        params (tuple)：網路參數
    """
    # GAN模型
    generator, discriminator, adversarial = models
    # 影像與其one-hot標籤
    x_train, y_train = data
    # 網路參數
    batch_size, latent_size, train_steps, num_labels, model_name = params
    # 每500步驟會儲存一次生成器影像
    save_interval = 500
    # 在訓練過程中檢視生成器輸出如何演進的雜訊向量
    noise_input = np.random.uniform(-1.0, 1.0, size=[16, latent_size])
    # 隨機類別標籤與編碼
    noise_label = np.eye(num_labels)[np.arange(0, 16) % num_labels]
    noise_code1 = np.random.normal(scale=0.5, size=[16, 1])
    noise_code2 = np.random.normal(scale=0.5, size=[16, 1])
    # 資料集中的元素數量
    train_size = x_train.shape[0]
    print(model_name,
```

```
          "Labels for generated images: ",
          np.argmax(noise_label, axis=1))

for i in range(train_steps):
    # 以一批資料來訓練鑑別器
    # 一批真實影像 (label=1.0) 與假影像 (label=-1.0)
    # 由資料集隨機挑選真實影像與對應標籤
    rand_indexes = np.random.randint(0, train_size, size=batch_size)
    real_images = x_train[rand_indexes]
    real_labels = y_train[rand_indexes]
    # 真實影像的隨機編碼
    real_code1 = np.random.normal(scale=0.5, size=[batch_size, 1])
    real_code2 = np.random.normal(scale=0.5, size=[batch_size, 1])
    # 產生假影像、標籤與編碼
    noise = np.random.uniform(-1.0, 1.0, size=[batch_size, latent_
                                               size])
    fake_labels = np.eye(num_labels)[np.random.choice(num_labels,
                                                batch_size)]
    fake_code1 = np.random.normal(scale=0.5, size=[batch_size, 1])
    fake_code2 = np.random.normal(scale=0.5, size=[batch_size, 1])
    inputs = [noise, fake_labels, fake_code1, fake_code2]
    fake_images = generator.predict(inputs)

    # 真實影像 + 假影像 = 一批訓練資料
    x = np.concatenate((real_images, fake_images))
    labels = np.concatenate((real_labels, fake_labels))
    codes1 = np.concatenate((real_code1, fake_code1))
    codes2 = np.concatenate((real_code2, fake_code2))

    # 標注真實與假影像
    # 真實影像標籤為1.0
    y = np.ones([2 * batch_size, 1])
    # 假影像標籤為0.0
    y[batch_size:, :] = 0

    # 訓練鑑別器網路，記錄損失與標籤準確度
    outputs = [y, labels, codes1, codes2]
    # metrics = ['loss', 'activation_1_loss', 'label_loss',
    # 'code1_loss', 'code2_loss', 'activation_1_acc',
    # 'label_acc', 'code1_acc', 'code2_acc']
    # from discriminator.metrics_names
    metrics = discriminator.train_on_batch(x, 輸出)
    fmt = "%d: [discriminator loss: %f, label_acc: %f]"
    log = fmt % (i, metrics[0], metrics[6])
```

```
# 以一批資料來訓練對抗網路
# 1批label=1.0的假影像與對應的one-hot標籤或類別 + 隨機編碼
# 由於鑑別器的權重在對抗網路中是被凍結的，在此只會訓練生成器
# 使用均勻分配來產生雜訊
# 產生假影像、標籤與編碼
noise = np.random.uniform(-1.0, 1.0, size=[batch_size, latent_
size])
fake_labels = np.eye(num_labels)[np.random.choice(num_labels,
                                          batch_size)]
fake_code1 = np.random.normal(scale=0.5, size=[batch_size, 1])
fake_code2 = np.random.normal(scale=0.5, size=[batch_size, 1])
# 將假影像標注為真實
y = np.ones([batch_size, 1])

# 請注意與鑑別器訓練不同，假影像不會被存在變數中
# 假影像會作為分類用途對抗網路中的鑑別器輸入
# 假影像會被標記為真實
# 記錄損失與準確度
inputs = [noise, fake_labels, fake_code1, fake_code2]
outputs = [y, fake_labels, fake_code1, fake_code2]
metrics  = adversarial.train_on_batch(inputs, outputs)
fmt = "%s [adversarial loss: %f, label_acc: %f]"
log = fmt % (log, metrics[0], metrics[6])

print(log)
if (i + 1) % save_interval == 0:
    if (i + 1) == train_steps:
        show = True
    else:
        show = False

    # 定期繪製生成器影像
    gan.plot_images(generator,
                    noise_input=noise_input,
                    noise_label=noise_label,
                    noise_codes=[noise_code1, noise_code2],
                    show=show,
                    step=(i + 1),
                    model_name=model_name)

# 生成器訓練完畢之後儲存模型
# 訓練好的生成器可再次載入，用於後續的MNIST數字生成
generator.save(model_name + ".h5")
```

# InfoGAN 的生成器輸出

與先前所有介紹過的 GAN 類似，我們需要訓練 InfoGAN 達 40,000 個步驟。訓練結束之後就可執行 InfoGAN 生成器，運用儲存於 `infogan_mnist.h5` 檔案中的模型來產生新的輸出。可執行以下指令來驗證：

1. 運用離散標籤 0 到 9 來產生數字 0 到 9，兩個連續編碼都設為 0，結果如圖 *6.1.5*。可以看到 InfoGAN 離散編碼確實能控制生成器所產生的數字：

   ```
   python3 infogan-mnist-6.1.1.py --generator=infogan_mnist.h5
   --digit=0 --code1=0 --code2=0
   ```

   可修改數字 0 到 9

   ```
   python3 infogan-mnist-6.1.1.py --generator=infogan_mnist.h5
   --digit=9 --code1=0 --code2=0
   ```

2. 調整第一個連續編碼來檢視受影響的屬性。修改第一個連續編碼的範圍由 -2.0 到 2.0 來應用於數字 0 到 9。第二個連續編碼則設為 0。圖 *6.1.6* 可看出第一個連續編碼能確實控制數字的粗細：

   ```
   python3 infogan-mnist-6.1.1.py --generator=infogan_mnist.h5
   --digit=0 --code1=0 --code2=0 --p1
   ```

3. 類似上一步，但修改的是第二個連續編碼。圖 *6.1.7* 可以看到第二個連續編碼是用來控制書寫風格的旋轉角度（傾斜）：

   ```
   python3 infogan-mnist-6.1.1.py --generator=infogan_mnist.h5
   --digit=0 --code1=0 --code2=0 --p2
   ```

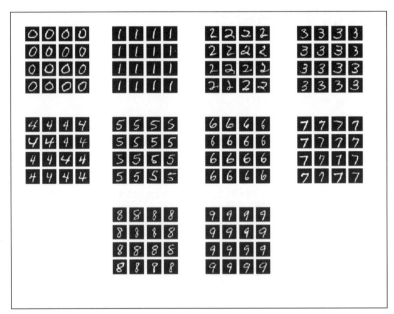

圖 6.1.5：InfoGAN 所產生的影像，離散編碼範圍由 0 到 9，兩個連續編碼皆設為 0。

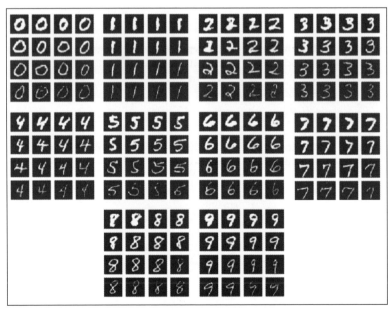

圖 6.1.6：InfoGAN 所產生的影像。針對數字 0 到 9，第一個連續編碼範圍為 -2.0 到 2.0。
第二個連續編碼設為 0。第一個連續編碼是用來控制數字的粗細。

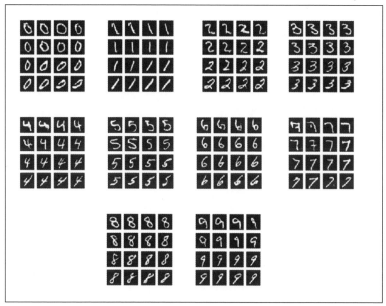

圖 6.1.7：InfoGAN 所產生的影像。針對數字 0 到 9，第二個連續編碼範圍為 -2.0 到 2.0。
第一個連續編碼設為 0。第二個連續編碼是用來控制書寫風格的旋轉角度（傾斜）。

由以上結果可知，除了可以產生 MNIST 風格的數字之外，InfoGAN 還具備了像是
CGAN 與 ACGAN 這類條件 GAN 的能力。網路可以自動學習兩種隨機編碼，藉
此就能控制生成器輸出的特定屬性。把連續編碼的值調到 2 以上來看看還有哪些屬
性會受影響，相當有趣喔！

# StackedGAN

與 InfoGAN 系出同門，StackedGAN 也提出一個對潛在特徵的抽離語意方
法，可對生成器的輸出加上條件。不過，StackedGAN 採用的是另一種方法。
StackedGAN 不再去學習如何對雜訊加上條件來產生期望的輸出，而是把原本的
GAN 拆成多個彼此堆疊的 GAN。每個 GAN 都是以一般的鑑別 - 對抗架構搭配各
自的潛在編碼來獨立訓練。

圖 6.2.1 說明 StackedGAN 針對產生虛擬明星臉的運作方式。假設 *Encoder* 網路會
被訓練為可分類不同的明星臉。

*Encoder* 網路由多個簡易編碼器 *Encoder*$_i$ 所堆疊而成，其中 $i = 0 \cdots n - 1$ 對應到所有的 $n$ 個特徵。各個編碼器都可以抽取某種特定的臉部特徵。例如，*Encoder*$_0$ 可能是負責髮型特徵 *Features*$_1$ 的編碼器。所有這些簡易編碼器就能構成一個大的 *Encoder* 來執行正確的預測了。

StackedGAN 的概念在於如果想要建置一個可以產生虛擬明星臉的 GAN，只需要反轉 *Encoder* 即可。StackedGAN 是由多個簡易的 *GAN*$_i$ 堆疊而成，其中 $i = 0 \cdots n - 1$ 是對應到 $n$ 個特徵。每個 GAN$_i$ 都會去學習如何反轉其對應編碼器 *Encoder*$_i$ 的流程。例如，*GAN*$_0$ 會根據假的髮型特徵來產生假的明星臉，這就是 *Encoder*$_0$ 的反向流程。

每個 *GAN*$_i$ 都會運用潛在編碼 $z_i$ 來對生成器輸出加上條件。例如，潛在編碼 $z_0$ 可以控制髮型從捲髮到波浪髮。GAN 堆疊也能視為一個整體來合成假的明星臉，這樣就能與整體 *Encoder* 的反向流程來彼此對抗。各個 *GAN*$_i$ 的潛在編碼 $z_i$ 可用於虛擬明星臉的特定屬性：

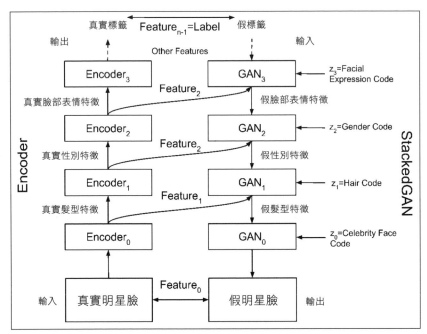

圖 6.2.1：用虛擬明星臉來說明 StackedGAN 的基本觀念。有一個假設性的深度編碼器網路用於分類明星臉，而 StackedGAN 只負責將編碼器的流程反向執行。

# 使用 Keras 實作 StackedGAN

StackedGAN 的詳細網路模型請參考下圖。為了簡潔起見，每個堆疊只列出了兩個 encoder-GAN。這張圖乍看之下相當複雜，但其實就是 encoder-GAN 重複出現而已。也就是說，如果知道了如何訓練一個 encoder-GAN，其餘也可運用相同概念來達成。下一段會介紹如何使用 StackedGAN 來產生 MNIST 數字：

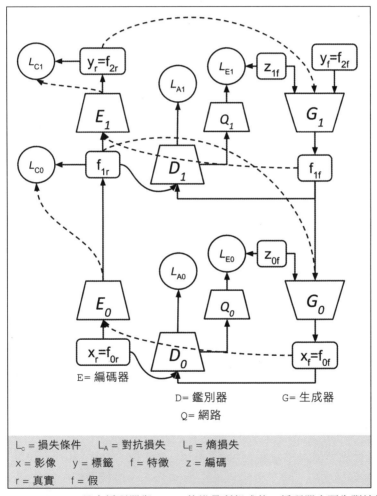

圖 6.2.2：StackedGAN 是由編碼器與 GAN 的堆疊所組成的。編碼器會預先訓練好來執行分類。$Generator_1$，$G_1$，會學習如何在假標籤 $y_f$ 與潛在編碼 $z_{1f}$ 來合成 $f_{1f}$ 特徵。$Generator_0$，$G_0$，則會運用假特徵 $f_{1f}$ 與潛在編碼 $z_{0f}$ 來產生假影像。

StackedGAN 會從*編碼器*開始執行，實際上是一個可預測正確標籤的已訓練分類器。中間特徵（intermediate feature）向量 $f_{1r}$，已被設定為可用於 GAN 訓練。以 MNIST 來說，我們可用「*第 1 章 ｜ 認識進階深度學習與 Keras*」所談過的 CNN 類型分類器。下圖是使用 Keras 來實作這個 *Encoder* 編碼器與其網路模型：

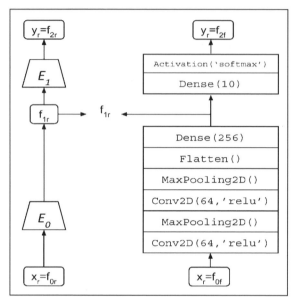

圖 6.2.3：StackedGAN 的編碼器就是簡易的 CNN 分類器。

*範例 6.2.1* 的 Keras 編碼是上圖的 Keras 實作，類似於「*第 1 章 ｜ 認識進階深度學習與 Keras*」中所介紹的 CNN 分類器，唯一差別在於使用了一個 Dense 層來取得長度為 256 的特徵。一共有兩個輸出模型：*Encoder*$_0$ 與 *Encoder*$_1$，都會用來訓練 StackedGAN。

*Encoder*$_0$ 的輸出 $f_{1r}$ 是一個長度為 256 的特徵向量，這就是我們希望 *Generator*$_1$ 所要學會生成的東西，它是以 *Encoder*$_0$、$E_0$ 的輔助輸出來提供的。整體來說，*Encoder* 會被訓練成足以分類 MNIST 數字，$x_r$。*Encoder*$_1$、$E_1$ 的預測結果就是正確標籤 $y_r$。過程當中，會學會特徵的中間集合 $f_{1r}$，並接續用於訓練 *Generator*$_0$。Subscript $r$ 是 GAN 在訓練這個編碼器時，用來強調與分辨真假資料。

範例 6.2.1，`stackedgan-mnist-6.2.1.py`，是這款編碼器的 Keras 實作：

```python
def build_encoder(inputs, num_labels=10, feature1_dim=256):
    """ 建置分類器（編碼器）模型子網路

    兩個子網路：
    1) Encoder0：影像至feature1（中間潛在特徵）
    2) Encoder1：feature1至標籤

    # 引數
        inputs (Layers)：x - images feature1 - feature1的層輸出
        num_labels (int)：類別標籤的數量
        feature1_dim (int)：特徵1的尺寸

    # 回傳
        enc0 enc1 (Models)：說明如下
    """
    kernel_size = 3
    filters = 64

    x, feature1 = inputs
    # Encoder0 或 enc0
    y = Conv2D(filters=filters,
               kernel_size=kernel_size,
               padding='same',
               activation='relu')(x)
    y = MaxPooling2D()(y)
    y = Conv2D(filters=filters,
               kernel_size=kernel_size,
               padding='same',
               activation='relu')(y)
    y = MaxPooling2D()(y)
    y = Flatten()(y)
    feature1_output = Dense(feature1_dim, activation='relu')(y)
    # Encoder0 或 enc0：影像至feature1
    enc0 = Model(inputs=x, outputs=feature1_output, name="encoder0")

    # Encoder1或enc1
    y = Dense(num_labels)(feature1)
    labels = Activation('softmax')(y)
    # Encoder1 或 enc1：feature1至類別標籤
    enc1 = Model(inputs=feature1, outputs=labels, name="encoder1")

    # 回傳 enc0 與 enc1
    return enc0, enc1
```

| 網路 | 損失函數 | 方程式 |
|---|---|---|
| GAN | $$\mathcal{L}^{(D)} = -\mathbb{E}_{x \sim p_{data}} \log \mathcal{D}(\boldsymbol{x}) - \mathbb{E}_z \log \left(1 - \mathcal{D}(\mathcal{G}(\mathbf{z}))\right)$$ | 4.1.1 |
| | $$\mathcal{L}^{(G)} = -\mathbb{E}_z \log \mathcal{D}(\mathcal{G}(z))$$ | 4.1.5 |
| StackedGAN | $$\mathcal{L}_i^{(D)} = -\mathbb{E}_{fi \sim p_{data}} \log \mathcal{D}(f_i) - \mathbb{E}_{fi+1 \sim p_{data}, z_i} \log \left(1 - \mathcal{D}(\mathcal{G}(f_{i+1}, z_i))\right)$$ | 6.2.1 |
| | $$\mathcal{L}_i^{(G)adv} = -\mathbb{E}_{f_{i+1} \sim p_{data}, z_i} \log \mathcal{D}(\mathcal{G}(f_{i+1}, z_i))$$ | 6.2.2 |
| | $$\mathcal{L}_i^{(G)cond} = \| \mathbb{E}_{f_{i+1} \sim p_{data}, z_i} \left( \mathcal{G}(f_{i+1}, z_i) \right), f_{i+1} \|_2$$ | 6.2.3 |
| | $$\mathcal{L}_i^{(G)ent} = \| \mathbb{E}_{f_{i+1}, z_i} \left( \mathcal{G}(f_{i+1}, z_i) \right), z_i \|_2$$ | 6.2.4 |
| | $$\mathcal{L}_i^{(G)} = \lambda_1 \mathcal{L}_i^{(G)adv} + \lambda_2 \mathcal{L}_i^{(G)cond} + \lambda_3 \mathcal{L}_i^{(G)ent}$$ 其中 $\lambda_1$、$\lambda_2$ 與 $\lambda_3$ 皆為權重，且 $i = Encoder$ 與 *GAN* 的 *id* | 6.2.5 |

表 6.2.1：GAN 與 StackedGAN 的損失函數比較。
~pdata 代表抽樣自對應的編碼器資料（輸入、特徵或輸出）。

指定 *Encoder* 輸入 $(x_r)$、中間特徵 $(f_{1r})$ 與標籤 $(y_r)$ 之後，每個 GAN 都是以一般的鑑別器 - 對抗架構來訓練的。損失函數請參考**表 6.2.1** 的**方程式 6.2.1** 到 *6.2.5*。**方程式 6.2.1** 與 *6.2.2* 是一般 GAN 常用的損失函數。StackedGAN 則有額外的兩個損失函數：**Conditional** 與 **Entropy**。

**方程式 6.2.3** 中的條件損失函數，$\mathcal{L}_i^{(G)cond}$ 是為了確保在從輸入雜訊編碼 $z_i$ 合成輸出 $f_i$ 時，生成器不會忽略掉輸入 $f_{i+1}$。$Encoder_i$ 編碼器必須有辦法藉由反向執行 $Generator_i$ 生成器的過程來成功回復生成器輸入。生成器輸入與編碼器所回復的輸入，此兩者的差異是藉由 *L2* 或**歐氏距離均方差**（**MSE**）來衡量的。**圖 6.2.4** 是計算 $\mathcal{L}_0^{(G)cond}$ 過程中所用到的網路元素：

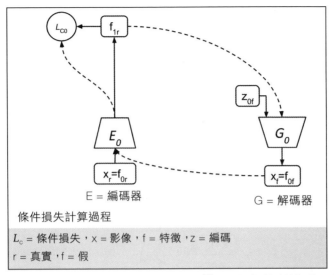

圖 6.2.4：圖 6.2.3 的簡易版，僅顯示計算 $\mathcal{L}_0^{(G)cond}$ 過程中所需的網路元素。

然而，條件損失函數卻帶來了新的問題。生成器忽略了輸入雜訊編碼，而只單純考量 $f_{i+1}$。方程式 6.2.4 中的 Entropy 損失函數 $\mathcal{L}_0^{(G)cond}$ 是用於確保生成器不會忽略雜訊編碼 $z_i$。Q- 網路可由生成器的輸出來回復原本的雜訊編碼。回復後的雜訊與輸入雜訊兩者之差同樣是藉由 $L2$ 或 MSE 來衡量。下圖是計算 $\mathcal{L}_0^{(G)ent}$ 過程中所用到的網路元素：

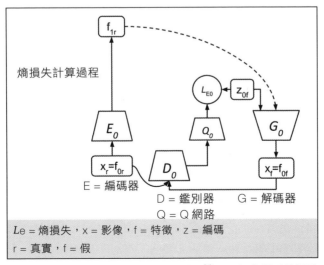

圖 6.2.5：圖 6.2.3 的簡易版，僅顯示計算 $\mathcal{L}_0^{(G)cond}$ 過程中所需的網路元素

最後的損失函數與常見的 GAN 損失函數相當類似,是由一個鑑別器損失 $\mathcal{L}_i^{(D)}$ 與生成器損失(透過對抗)$\mathcal{L}_i^{(G)_{adv}}$ 所組成的。下圖是計算 GAN 損失過程中所用到的網路元素:

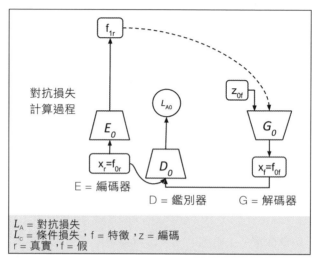

圖 6.2.6:圖 6.2.3 的簡易版,只顯示了計算 $\mathcal{L}_i^{(D)}$ 與 $\mathcal{L}_i^{(G)_{adv}}$ 過程中所需的網路元素。

由**方程式 6.2.5** 可知,三個生成器損失函數的加權後加總就是最終的生成器損失函數。在後續的 Keras 範例中,除了熵損失的權重設為 10.0 之外,其餘所有權重值都設為 1.0。從**方程式 6.2.1** 到**方程式 6.2.5**,$i$ 代表編碼器與 GAN 的群組編號或層級。原本的論文會先獨立訓練網路,接著再一起訓練。在獨立訓練過程中,則是先訓練編碼器。最後在聯合訓練時會同時用到真實與假的資料。

使用 Keras 實作 StackedGAN 的生成器與鑑別器需要一些修改,好加入輔助點來存取各種中間特徵。**圖 6.2.7** 是在 Keras 中來顯示這個生成器模型。**範例 6.2.2** 說明了如何建置這兩個生成器(gen0 與 gen1)的函式,對應到上述的 *Generator*$_0$ 與 *Generator*1。gen1 生成器是由三個 Dense 層所組成,並使用標籤與雜訊編碼 $z_{1f}$ 作為輸入,第三層會產生假的特徵 $f_{1f}$。gen0 與其他先前介紹過的 GAN 生成器類似,且在 gan.py 中可使用生成器建置器來產生實例:

```
# gen0: feature1 + z0 to feature0 (image)
gen0 = gan.generator(feature1, image_size, codes=z0)
```

gen0 的輸入是特徵 $f_1$ 與雜訊編碼 $z_0$，輸出則是所生成的假影像 $x_f$：

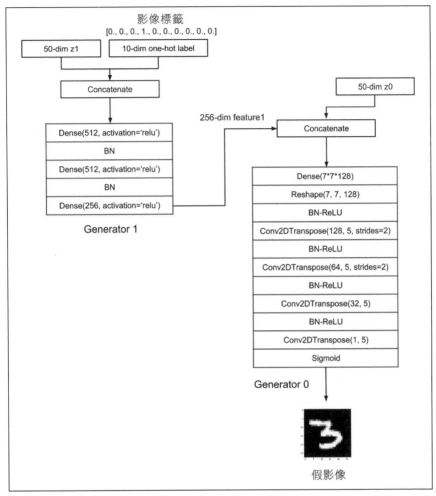

圖 6.2.7：Keras 中的 StackedGAN 生成器模型。

範例 6.2.2，stackedgan-mnist-6.2.1.py 是使用 Keras 來實作這款生成器：

```
def build_generator(latent_codes, image_size, feature1_dim=256):
    """建置生成器模型的子網路

    兩個子網路：1) 類別與雜訊至feature1（中間特徵）
    2) feature1至影像
```

```
# 引數
    latent_codes (Layers)：離散編碼（標籤）雜訊與feature1特徵
    image_size (int)：一邊的目標尺寸（假設影像為矩形）
    feature1_dim (int)：feature1的尺寸

# 回傳
    gen0, gen1 (Models)：說明如下
"""

# 潛在編碼與網路參數
labels, z0, z1, feature1 = latent_codes
# image_resize = image_size // 4
# kernel_size = 5
# layer_filters = [128, 64, 32, 1]

# gen1輸入
inputs = [labels, z1]        # 10 + 50 = 62-dim
x = concatenate(inputs, axis=1)
x = Dense(512, activation='relu')(x)
x = BatchNormalization()(x)
x = Dense(512, activation='relu')(x)
x = BatchNormalization()(x)
fake_feature1 = Dense(feature1_dim, activation='relu')(x)
# gen1：類別與雜訊 (feature2 + z1)至feature1
gen1 = Model(inputs, fake_feature1, name='gen1')

# gen0：feature1 + z0 至 feature0（影像）
gen0 = gan.generator(feature1, image_size, codes=z0)

return gen0, gen1
```

圖 *6.2.8* 是這款鑑別器的 Keras 模型。我們提供了用於建置 *Discriminator*$_0$ 與 *Discriminator*$_1$（dis0 與 dis1）這兩個鑑別器所需的函式。鑑別器 dis0 除了特徵向量輸入以及用於回復 $z_0$ 的輔助網路 $Q_0$ 之外，其他都與一般 GAN 鑑別器類似。gan.py 中的建置器函數是用來建立 dis0：

```
dis0 = gan.discriminator(inputs, num_codes=z_dim)
```

dis1 鑑別器是由一個三層 MLP 所構成，如範例 *6.2.3*。最後一層負責鑑別真實資料與假資料 $f_1$。$Q_1$ 網路會共用 dis1 的前兩層，它的第三層則負責回復 $z_1$：

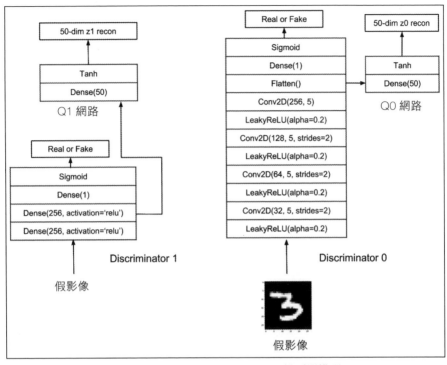

圖 6.2.8：Keras 中的 StackedGAN 鑑別器模型。

範例 6.2.3，`stackedgan-mnist-6.2.1.py`，是使用 Keras 來實作 *Discriminator₁* 鑑別器：

```
def build_discriminator(inputs, z_dim=50):
    """建置Discriminator1鑑別器模型

    可分辨feature1 特徵是真是假
    並可藉由最小化熵損失來回復輸入雜訊或潛在編碼

    # 引數
        inputs (Layer)：feature1
        z_dim (int)：雜訊尺寸

    # 回傳
        dis1 (Model)：feature1的真假，以及回復後的潛在編碼
    """

    # 輸入是長度256的feature1
```

```
x = Dense(256, activation='relu')(inputs)
x = Dense(256, activation='relu')(x)

# 第一個輸出是feature1為真的機率
f1_source = Dense(1)(x)
f1_source = Activation('sigmoid', name='feature1_source')
(f1_source)

# z1重構 Q1網路
z1_recon = Dense(z_dim)(x)
z1_recon = Activation('tanh', name='z1')(z1_recon)

discriminator_outputs = [f1_source, z1_recon]
dis1 = Model(inputs, discriminator_outputs, name='dis1')
return dis1
```

所有建置器函數都準備好了之後，StackedGAN 的實作如 **範 例 6.2.4**。在訓練 StackedGAN 之前，需要先把編碼器訓練好。請注意我們已經在對抗網路模型訓練中運用了三種生成器損失函數（對抗、條件與熵）。Q- 網路會與鑑別器模型共享某些層。因此，它的損失函數也會被納入鑑別器模型訓練中。

範例 6.2.4，`stackedgan-mnist-6.2.1.py`，是使用 Keras 來建置 StackedGAN：

```
def build_and_train_models():
    # 載入MNIST資料集
    (x_train, y_train), (x_test, y_test) = mnist.load_data()

    # 調整形狀與標準化影像
    image_size = x_train.shape[1]
    x_train = np.reshape(x_train, [-1, image_size, image_size, 1])
    x_train = x_train.astype('float32') / 255

    x_test = np.reshape(x_test, [-1, image_size, image_size, 1])
    x_test = x_test.astype('float32') / 255

    # 標籤數量
    num_labels = len(np.unique(y_train))
    # 轉換為one-hot向量
    y_train = to_categorical(y_train)
    y_test = to_categorical(y_test)

    model_name = "stackedgan_mnist"
    # 網路參數
```

```
batch_size = 64
train_steps = 40000
lr = 2e-4
decay = 6e-8
input_shape = (image_size, image_size, 1)
label_shape = (num_labels, )
z_dim = 50
z_shape = (z_dim, )
feature1_dim = 256
feature1_shape = (feature1_dim, )

# 建置鑑別器0與Q網路0的模型
inputs = Input(shape=input_shape, name='discriminator0_input')
dis0 = gan.discriminator(inputs, num_codes=z_dim)
# 論文[1]採用Adam，但本範例鑑別器使用RMSprop較容易收斂
optimizer = RMSprop(lr=lr, decay=decay)
# 損失函數：1) 影像為真實的機率(adversarial0 損失)
# 2) MSE z0 recon loss (Q0 網路損失或 entropy0 損失)
loss = ['binary_crossentropy', 'mse']
loss_weights = [1.0, 10.0]
dis0.compile(loss=loss,
             loss_weights=loss_weights,
             optimizer=optimizer,
             metrics=['accuracy'])
dis0.summary() # 影像鑑別器，z0估計量

# 建置鑑別器1與Q網路1的模型
input_shape = (feature1_dim, )
inputs = Input(shape=input_shape, name='discriminator1_input')
dis1 = build_discriminator(inputs, z_dim=z_dim )
# 損失函數：1) feature1為真實的機率(adversarial1損失)
# 2) MSE z1 recon loss (Q1網路損失或entropy1損失)
loss = ['binary_crossentropy', 'mse']
loss_weights = [1.0, 1.0]
dis1.compile(loss=loss,
             loss_weights=loss_weights,
             optimizer=optimizer,
             metrics=['accuracy'])
dis1.summary() # feature1鑑別器，z1估計量

# 建置生成器模型
feature1 = Input(shape=feature1_shape, name='feature1_input')
labels = Input(shape=label_shape, name='labels')
z1 = Input(shape=z_shape, name="z1_input")
z0 = Input(shape=z_shape, name="z0_input")
latent_codes = (labels, z0, z1, feature1)
```

```python
gen0, gen1 = build_generator(latent_codes, image_size)
gen0.summary() # 影像生成器
gen1.summary() # feature1生成器

# 建置編碼器模型
input_shape = (image_size, image_size, 1)
inputs = Input(shape=input_shape, name='encoder_input')
enc0, enc1 = build_encoder((inputs, feature1), num_labels)
enc0.summary() # 影像轉換為feature1的編碼器
enc1.summary() # feature1轉換為標籤的的編碼器（分類器）
encoder = Model(inputs, enc1(enc0(inputs)))
encoder.summary() # 影像轉換為標籤的的編碼器（分類器）

data = (x_train, y_train), (x_test, y_test)
train_encoder(encoder, data, model_name=model_name)

# 建置adversarial0模型 = generator0 + discriminator0 + encoder0
optimizer = RMSprop(lr=lr*0.5, decay=decay*0.5)
# encoder0權重凍結
enc0.trainable = False
# discriminator0權重凍結
dis0.trainable = False
gen0_inputs = [feature1, z0]
gen0_outputs = gen0(gen0_inputs)
adv0_outputs = dis0(gen0_outputs) + [enc0(gen0_outputs)]
adv0 = Model(gen0_inputs, adv0_outputs, name="adv0")
# 損失函數: 1) feature1為真實的機率(adversarial0損失)
# 2) Q網路0損失(entropy0損失)
# 3) conditional0損失
loss = ['binary_crossentropy', 'mse', 'mse']
loss_weights = [1.0, 10.0, 1.0]
adv0.compile(loss=loss,
             loss_weights=loss_weights,
             optimizer=optimizer,
             metrics=['accuracy'])
adv0.summary()

# 建置對抗網路模型 = generator1 + discriminator1 + encoder1
# encoder1權重凍結
enc1.trainable = False
# discriminator1權重凍結
dis1.trainable = False
gen1_inputs = [labels, z1]
gen1_outputs = gen1(gen1_inputs)
adv1_outputs = dis1(gen1_outputs) + [enc1(gen1_outputs)]
```

```
# 標籤 + 標籤為真的機率 + z1重構 + feature1重構
adv1 = Model(gen1_inputs, adv1_outputs, name="adv1")
# 損失函數：1) 標籤為真的機率(adversarial1損失)
# 2) Q網路1的損失(entropy1損失)
# 3) conditional1損失(分類器誤差)
loss_weights = [1.0, 1.0, 1.0]
loss = ['binary_crossentropy', 'mse', 'categorical_crossentropy']
adv1.compile(loss=loss,
             loss_weights=loss_weights,
             optimizer=optimizer,
             metrics=['accuracy'])
adv1.summary()

# 訓練鑑別器與對抗網路
models = (enc0, enc1, gen0, gen1, dis0, dis1, adv0, adv1)
params = (batch_size, train_steps, num_labels, z_dim, model_name)
train(models, data, params)
```

最後，除了一次只訓練一個 GAN 之外（也就是先訓練 $GAN_1$ 接著是 $GAN_0$），訓練函數與一般的 GAN 相當類似。程式碼如**範例 6.2.5**，訓練流程如下：

1. 最小化鑑別器與熵損失來訓練 $Discriminator_1$ 與 $Q_1$ 網路

2. 最小化鑑別器與熵損失來訓練 $Discriminator_0$ 與 $Q_0$ 網路

3. 最小化對抗、熵與條件損失來訓練 $Adversarial_1$ 網路

4. 最小化對抗、熵與條件損失來訓練 $Adversarial_0$ 網路

範例 6.2.5，`stackedgan-mnist-6.2.1.py`，是使用 Keras 來訓練 StackedGAN：

```
def train(models, data, params):
    """訓練鑑別器與對抗網路

    輪流批次訓練鑑別器與對抗網路
    鑑別器首先以適當的真假影像來訓練n_critic次
    由於Lipschitz限制的要求，鑑別器權重需要進行修剪
    接著，使用假裝為真實影像的假影像來訓練生成器(透過對抗網路)
    每執行save_interval次之後，會生成樣本影像
```

```
# 引數
    models (Models)：Encoder、Generator、Discriminator、Adversarial模型
    data (tuple)：x_train、y_train資料
    params (tuple)：網路參數


"""
# StackedGAN與編碼器模型
enc0, enc1, gen0, gen1, dis0, dis1, adv0, adv1 = models
# 網路參數
batch_size, train_steps, num_labels, z_dim, model_name = params
# 訓練資料集
(x_train, y_train), (_, _) = data
# 每500步驟會儲存一次生成器影像
save_interval = 500

# 用於測試生成器的標籤與雜訊編碼
z0 = np.random.normal(scale=0.5, size=[16, z_dim])
z1 = np.random.normal(scale=0.5, size=[16, z_dim])
noise_class = np.eye(num_labels)[np.arange(0, 16) % num_labels]
noise_params = [noise_class, z0, z1]
# 訓練資料集中的元素數量
train_size = x_train.shape[0]
print(model_name,
      "Labels for generated images: ",
      np.argmax(noise_class, axis=1))

for i in range(train_steps):
    # 以1批資料來訓練鑑別器1
    # 1批真實影像(label=1.0)與假影像(label=0.0)
    # 由資料集中隨機挑出真實影像
    rand_indexes = np.random.randint(0, train_size,
                                     size=batch_size)
    real_images = x_train[rand_indexes]
    # 來自encoder0輸出的真實feature1
    real_feature1 = enc0.predict(real_images)
    # 產生隨機的長度50潛在編碼
    real_z1 = np.random.normal(scale=0.5, size=[batch_size,
                                                z_dim])
    # 來自資料集的真實標籤
    real_labels = y_train[rand_indexes]

    # 使用生成器1透過真實標籤與
    # 長度50的z1潛在編碼來產生假feature1
    fake_z1 = np.random.normal(scale=0.5, size=[batch_size,
                                                z_dim])
```

```
fake_feature1 = gen1.predict([real_labels, fake_z1])

# 真實資料 + 假資料
feature1 = np.concatenate((real_feature1, fake_feature1))
z1 = np.concatenate((fake_z1, fake_z1))

# 標籤中有一半為真實，另一半為假
y = np.ones([2 * batch_size, 1])
y[batch_size:, :] = 0

# 訓練discriminator1來分類feature1的真假並回復潛在編碼(z1)
# real = from encoder1,
# fake = from genenerator1
# 使用鑑別器的advserial1損失與entropy1損失來聯合訓練
metrics = dis1.train_on_batch(feature1, [y, z1])
# 只記錄整體損失(fr dis1.metrics_names)
log = "%d: [dis1_loss: %f]" % (i, metrics[0])


# 以1批來訓練鑑別器
# 1批真實影像(label=1.0)與假影像(label=0.0)
# 隨機產生長度50的z0潛在編碼
fake_z0 = np.random.normal(scale=0.5, size=[batch_size,
                                            z_dim])
# 由真實feature1與假z0來產生假影像
fake_images = gen0.predict([real_feature1, fake_z0])

# 真實資料 + 假資料
x = np.concatenate((real_images, fake_images))
z0 = np.concatenate((fake_z0, fake_z0))

# 訓練discriminator0來分類影像的真假並回復潛在編碼(z0)
# 使用鑑別器的advserial0損失與entropy0損失來聯合訓練
metrics = dis0.train_on_batch(x, [y, z0])
# 只記錄整體損失(fr dis0.metrics_names)
log = "%s [dis0_loss: %f]" % (log, metrics[0])

# 對抗網路訓練
# 產生假的z1
fake_z1 = np.random.normal(scale=0.5, size=[batch_size,
                                            z_dim])
# 對生成器1的輸入是抽樣自fr真實標籤與長度50的z1潛在編碼
gen1_inputs = [real_labels, fake_z1]

# 把假的feature1標記為真實
y = np.ones([batch_size, 1])
```

```
# 透過欺騙鑑別器與近似encoder1 feature1生成器
# 藉此來訓練generator1(透過對抗)
# 聯合訓練：adversarial1、entropy1、conditional1
metrics = adv1.train_on_batch(gen1_inputs, [y, fake_z1,
                                            real_labels])
fmt = "%s [adv1_loss: %f, enc1_acc: %f]"
# 記錄整體損失與分類準確度
log = fmt % (log, metrics[0], metrics[6])


# generator0的輸入為真實feature1與長度50的z0潛在編碼
fake_z0 = np.random.normal(scale=0.5, size=[batch_size,
                                            z_dim])
gen0_inputs = [real_feature1, fake_z0]

# 透過欺騙鑑別器與近似encoder1影像來源生成器
# 藉此來訓練generator0(透過對抗)
# 聯合訓練：adversarial0、entropy0、conditional0
metrics = adv0.train_on_batch(gen0_inputs, [y, fake_z0,
                                            real_feature1])
# 只記錄整體損失
log = "%s [adv0_loss: %f]" % (log, metrics[0])

print(log)
if (i + 1) % save_interval == 0:
    if (i + 1) == train_steps:
        show = True
    else:
        show = False
    generators = (gen0, gen1)
    plot_images(generators,
                noise_params=noise_params,
                show=show,
                step=(i + 1),
                model_name=model_name)

# generator0與generator 1訓練完成之後儲存模型
# 訓練好的生成器後續可再次載入來生成MNIST數字
gen1.save(model_name + "-gen1.h5")
gen0.save(model_name + "-gen0.h5")
```

# StackedGAN 的生成器輸出

StackedGAN 訓練 10,000 個步驟之後，$Generator_0$ 與 $Generator_1$ 的模型會被儲存在檔案中。把 $Generator_0$ 與 $Generator_1$ 疊起來就能合成由標籤 $z_0$ 與雜訊編碼 $z_1$ 加上條件的假影像：

StackedGAN 生成器的驗證方式如下：

1. 使用雜訊編碼 $z_0$ 與 $z_1$ 來調整 0 到 9 的這些離散標籤，雜訊編碼是抽樣自平均數 0.5，標準差為 1.0 的常態分配，結果如圖 *6.2.9*，可以看出 StackedGAN 離散編碼可確實控制生成器所產生的數字：

   ```
   python3 stackedgan-mnist-6.2.1.py

   --generator0=stackedgan_mnist-gen0.h5

   --generator1=stackedgan_mnist-gen1.h5 --digit=0
   ```

   修改數字

   ```
   python3 stackedgan-mnist-6.2.1.py

   --generator0=stackedgan_mnist-gen0.h5

   --generator1=stackedgan_mnist-gen1.h5 --digit=9
   ```

2. 修改第一個雜訊編碼 $z_0$，為範圍從 -4.0 到 4.0 的常數向量，對應數字 0 到 9 的結果如下圖。第二個雜訊編碼 $z_0$ 設為零向量。圖 *6.2.10* 可以看到第一個雜訊編碼確實可以控制數字的粗細。例如，數字 8：

   ```
   python3 stackedgan-mnist-6.2.1.py

   --generator0=stackedgan_mnist-gen0.h5

   --generator1=stackedgan_mnist-gen1.h5 --z0=0 --z1=0 -p0

   --digit=8
   ```

3. 修改第二個雜訊編碼 $z_1$，為範圍從 -1.0 到 1.0 的常數向量，對應數字 0 到 9 的結果如下圖。第一個雜訊編碼 $z_0$ 設為零向量。圖 *6.2.11* 可看出第二個雜訊編碼能確實控制數字的旋轉（傾斜）以及一定程度的粗細。例如，數字 8：

```
python3 stackedgan-mnist-6.2.1.py

--generator0=stackedgan_mnist-gen0.h5

--generator1=stackedgan_mnist-gen1.h5 --z0=0 --z1=0 -p1

--digit=8
```

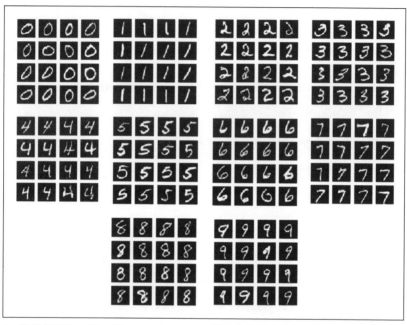

圖 6.2.9：離散編碼為 0 到 9 時，StackedGAN 所產生的數字影像。$z_0$ 與 $z_1$ 都是抽樣自平均數為 0 且標準差為 0.5 的常態分配。

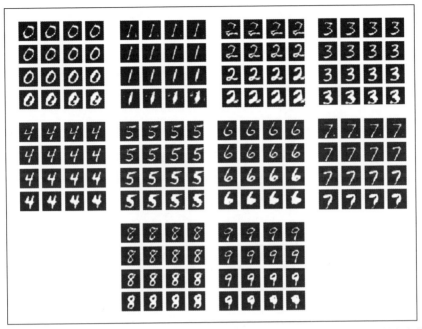

圖 6.2.10：當第一個雜訊編碼 $z_0$ 從常數向量 -4.0 變化到 4.0 時，StackedGAN 所產生的 0 到 9 數字影像。可看出 $z_0$ 確實可控制數字的粗細。

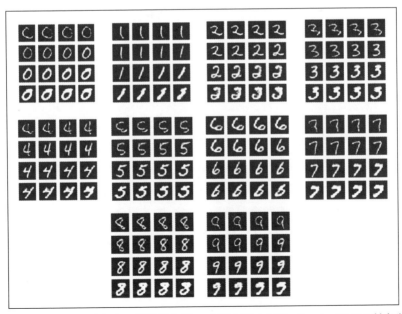

圖 6.2.11：當第二個雜訊編碼 $z_1$ 從常數向量 -1.0 變化到 1.0 時，StackedGAN 所產生的 0 到 9 數字影像。可看出 $z_1$ 確實可控制旋轉（傾斜度）與線條粗細。

圖 *6.2.9* 到 *6.2.11* 說明了 StackedGAN 確實可對生成器的輸出屬性進行額外的控制。控制項目與對應屬性為（label，要生成的數字）、（z0，數字粗細）以及（z1，數字傾斜）。以本範例來說，還有其他控制項目值得一試：

・增加堆疊的元素數量，原始值為 2

・降低編碼 z0 與 z1 的長度，作法如 InfoGAN

下圖說明了 InfoGAN 與 StackedGAN 兩者潛在編碼的差異。抽離語意編碼的基本概念是在損失函數加上一項限制，這樣一來一個編碼就只會影響到某個特定的屬性。就結構上來說，InfoGAN 會比 StackedGAN 更容易實作，訓練上也更快：

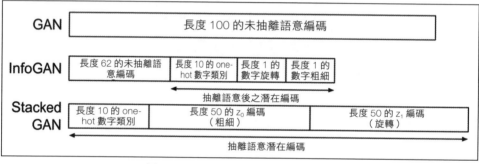

圖 6.2.12：不同 GAN 的潛在特徵。

# 結論

本章介紹了如何抽離 GAN 的潛在特徵。首先介紹 InfoGAN 如何透過最大化共通資訊來強迫生成器去學習抽離語意後的潛在向量。以 MNIST 資料集範例來說，InfoGAN 的輸入是三個特徵與一個雜訊編碼，雜訊是指以未抽離語意的特徵來呈現的其餘屬性。StackedGAN 則是用不同的方式來解決這個問題，採用了多個 encoder-GAN 堆疊來學習如何合成假特徵與影像。編碼器會首先被訓練來產生一個特徵資料集。接著，encoder-GAN 會進行聯合訓練以學習如何使用雜訊編碼來控制生成器輸出的屬性。

下一章要介紹一款新型態的 GAN，可以在不同的新領域產生新的資料。例如指定一匹馬的圖片，GAN 就能自動將其轉換為斑馬。這類 GAN 的有趣之處在於它不需要任何監督就能進行訓練。

# 參考資料

1. Xi Chen and others. InfoGAN: *Interpretable Representation Learning by Information Maximizing Generative Adversarial Nets.* Advances in Neural Information Processing Systems, 2016(`http://papers.nips.cc/paper/6399-infogan-interpretable-representation-learning-by-information-maximizing-generative-adversarial-nets.pdf`).

2. Xun Huang and others. *Stacked Generative Adversarial Networks.* IEEE Conference on Computer Vision and Pattern Recognition (CVPR). Vol. 2, 2017(`http://openaccess.thecvf.com/content_cvpr_2017/papers/Huang_Stacked_Generative_Adversarial_CVPR_2017_paper.pdf`).

# 7
# 跨域 GAN

在電腦視覺、電腦圖像與影像處理領域中,有相當多的任務都需要將影像從某種型態轉譯(translate)為另一種型態。舉例來說,灰階影像上色、將衛星影像轉為地圖、將某位藝術家的畫風轉換為另一種畫風、夜拍影像轉換為白天,還有夏季照片轉換成冬季照片等等,這只是一小部分而已。這些任務被視為**跨域轉換(cross-domain transfer)**,也是本章要討論的重點。來源領域中的某張影像會被轉移到目標領域中,進而產生一張新的轉譯影像。

跨域轉換在現實生活中的實務應用相當多。例如在自動駕駛相關研究中,蒐集道路場景資料不但費時又昂貴。為了盡量涵蓋到各種場景的變化,需要蒐集在不同天氣狀況、季節與時期下的道路場景,這樣才會產生大量的不相同資料。使用跨域轉換的話,就能轉譯既有影像來生成栩栩如生的合成場景。例如,我們只需要收集一個區域的夏季道路場景,再收集另一個地區的冬季道路場景。接著,把夏季影像轉為冬季,再把冬季影像轉為夏季。這樣一來,要做的事情就減少一半了。

合成各種逼真影像正是 GAN 大展身手的地方,因此,跨域轉換也是 GAN 的應用之一。本章重點在於一款熱門的跨域 GAN 演算法,叫做 **CycleGAN**[2]。與其他像是 **pix2pix**[3] 這類的跨域轉換演算法不同,CycleGAN 不需要對齊訓練影像即可運作。在對齊後的影像中,訓練資料是指來源影像與其對應目標影像所組成的一組影像,例如,衛星影像與這個影像所對應的地圖。CycleGAN 只需要衛星資料影像與地圖,而地圖可來自另一個衛星的資料,不一定要透過訓練資料所產生。

本章學習內容如下：

- CycleGAN 的運作原理以及如何使用 Keras 來實作

- CycleGAN 的範例應用，包括 CIFAR10 資料集中的灰階影像上色，以及 MNIST 數字與 **Street View House Numbers（SVHN）**[1] 資料集的風格轉換。

# CycleGAN 運作原理

圖 7.1.1：彼此對齊的影像組。左側：原始影像；右側：使用 Canny 邊緣偵測器轉換後的影像。
原始照片是由本書作者所拍攝。

將影像從某個領域轉換到另一個領域是電腦視覺、電腦圖像與影像處理的一個常見的操作。上圖的邊緣偵測就是一項常見的影像轉譯作業。本範例中，左側是來自來源領域中的真實相片，而右側則是抽樣自目標領域的邊緣偵測相片。還有很多其他的跨域轉譯流程，都有相當實務的應用，包含：

- 衛星影像轉換為地圖

- 面部影像轉換為表情圖示、漫畫或動畫

- 身體影像轉換為虛擬角色

- 灰階照片上色

· 醫療掃描轉換為真實相片

· 真實相片轉換為藝術家畫風

類似的範例在各領域都可以看到。例如在電腦視覺與影像處理領域中，例如發明新的演算法從來源影像擷取特徵並將其轉譯到目標影像。Canny 邊緣偵測器就是這類演算法其中之一。不過，在多數狀況中，轉譯過程複雜到幾乎無法手工完成，要找到合適的演算法幾乎等於不可能。來源與目標領域的分配都屬於高維度且相當複雜：

圖 7.1.2：未對齊的影像組。左側是攝於菲律賓大學中 University Avenue 的真實向日葵。右側則是英國倫敦的國家美術館所收藏的梵谷向日葵畫作。原始照片是由作者實際拍攝。

影像轉譯問題的應急方案之一是採用深度學習技術。如果來源與目標領域的資料集夠大，就能訓練一個神經網路來對轉譯流程建模。由於目標領域中的影像必須根據來源影像來自動產生，它們看起來必須類似於目標領域的真實樣本。GAN 對於這類的跨域任務就相當合適。pix2pix[3] 就是這類跨域演算法的其中一種。

pix2pix 與「*第 4 章｜GAN 生成對抗網路*」中談過的條件 GAN（CGAN）[4] 的相當類似。回想一下在條件 GAN 中，雜訊輸入 $z$ 的頂端加上了一個格式為 one-hot 向量的條件來限制生成器的輸出。例如在 MNIST 數字中，如果希望生成器輸出數字為 8，條件就是 one-hot 向量 [0, 0, 0, 0, 0, 0, 0, 0, 1, 0]。在 pix2pix 中，條件就變成要被轉譯的影像，生成器的輸出就是轉譯後的影像。pix2pix 是透過最佳化條件 GAN 的損失來訓練。為了讓所產生影像的模糊程度降到最低，也會採用 *L1* 損失。

像是 pix2pix 這類神經網路的缺點在於訓練輸入與輸出影像必須彼此對齊。圖 *7.1.1* 是一組對齊的影像，範例目標影像是由來源所產生的。但多數情況來說，對齊的影像組有時候無法由來源影像取得、生成成本太高，或者我們根本不知道如何從指定來源影像來生成目標影像。我們手邊有的就是來自來源與目標領域的樣本資料。圖 *7.1.2* 是以相同的向日葵為例，可以看到來源領域（真實相片）的資料，還有目標領域（梵谷畫風）的資料。來源與目標影像不一定需要對齊。

與 pix2pix 不同之處在於，CycleGAN 只要有夠多且不同的來源與目標資料，就可以學會在不需要對齊的前提下成功轉譯影像。CycleGAN 會去學習來源與目標分配，並知道如何根據指定的樣本資料將來源分配轉譯到目標分配，因此，也不需要監督。以圖 *7.1.2* 來說，只需要準備上千張真實向日葵與梵谷畫作的照片。CycleGAN 訓練完成之後，就可以把真實向日葵轉譯為梵谷的畫作了：

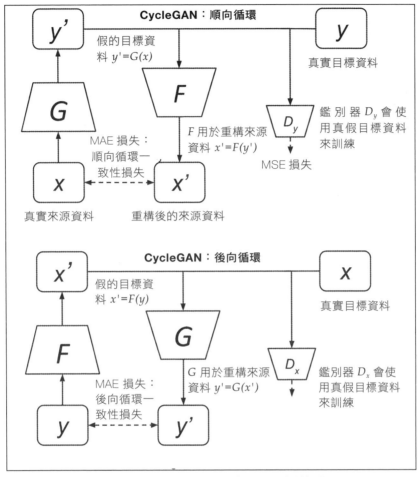

圖 7.1.3：CycleGAN 模型是由四個網路所組成：
生成器 G、生成器 F、鑑別器 $D_y$ 與鑑別器 $D_x$。

# CycleGAN 模型

CycleGAN 的網路模型如圖 *7.1.3*，其目標是學會這個函數：

$$y' = G(x) \quad \text{（方程式 7.1.1）}$$

上述方程式會透過真實來源影像 $x$ 在目標領域中產生假影像 $y'$。學習只會運用來源領域中的可用真實影像 $x$，以及目標領域中的真實影像 $y$，因此，屬於非監督式學習。

與一般 GAN 不同，CycleGAN 加入了循環一致性限制。前向循環一致性網路確保了真實來源資料可藉由假目標資料來重構：

$$x' = F(G(x)) \quad \text{（方程式 7.1.2）}$$

這可透過最小化前向循環一致性的 *L1* 損失來做到：

$$\mathcal{L}_{forward-cyc} = \mathbb{E}_{x \sim p_{data}(x)}\left[\left\|F\big(G(x)\big) - x\right\|_1\right] \quad \text{（方程式 7.1.3）}$$

網路是對稱的。後向循環一致性網路也會試著從假來源資料去重構真實的目標資料：

$$y' = G(F(y)) \quad \text{（方程式 7.1.4）}$$

這同樣可透過最小化後向循環一致性的 *L1* 損失來做到：

$$\mathcal{L}_{backward-cyc} = \mathbb{E}_{y \sim p_{data}(y)}\left[\left\|G\big(F(y)\big) - y\right\|_1\right] \quad \text{（方程式 7.1.5）}$$

這兩筆損失的和就稱為循環一致性損失：

$$\mathcal{L}_{cyc} = \mathcal{L}_{forward-cyc} + \mathcal{L}_{backward-cyc}$$

$$\mathcal{L}_{cyc} = \mathbb{E}_{x \sim p_{data}(x)}\left[\left\|F\big(G(x)\big) - x\right\|_1\right] + \mathbb{E}_{y \sim p_{data}(y)}\left[\left\|G\big(F(y)\big) - y\right\|_1\right] \quad \text{（方程式 7.1.6）}$$

循環一致性損失會採用 *L1* 或平均絕對誤差（**Mean Absolute Error, MAE**），因為一般來說相較於 *L2* 或均方誤差（**Mean Square Error, MSE**），它所重構的影像模糊程度較低。

類似於其他 GAN，CycleGAN 的終極目標是讓生成器 $G$ 學會如何在前向循環中合成出足以騙過鑑別器 $D_y$ 的假目標資料 $y'$。由於網路為對稱，CycleGAN 會讓生成器 $F$ 在後向循環中學會如何合成假來源資料 $x'$，希望能在後向循環中順利騙過鑑別器 $D_x$。多虧了「第 5 章｜各種改良版 GAN」中的 **Least Squares GAN（LSGAN）** [5] 來提升生成影像品質，CycleGAN 也運用 MSE 來處理鑑別器與生成器的損失。回想一下，LSGAN 與原始 GAN 的差異在於前者採用了 MSE 損失而非二元交叉 - 熵損失。CycleGAN 的生成器 - 鑑別器損失函數可表示如下：

$$\mathcal{L}_{forward-GAN}^{(D)} = \mathbb{E}_{y \sim p_{data}(y)} \left( D_y \left( y \right) - 1 \right)^2 + \mathbb{E}_{x \sim p_{data}(x)} D_y \left( G(x) \right)^2 \quad \text{（方程式 7.1.7）}$$

$$\mathcal{L}_{forward-GAN}^{(G)} = \mathbb{E}_{x \sim p_{data}(x)} \left( D_y \left( G(x) \right) - 1 \right)^2 \quad \text{（方程式 7.1.8）}$$

$$\mathcal{L}_{backward-GAN}^{(D)} = \mathbb{E}_{x \sim p_{data}(x)} \left( D_x \left( x \right) - 1 \right)^2 + \mathbb{E}_{y \sim p_{data}(y)} D_x \left( F(y) \right)^2 \quad \text{（方程式 7.1.9）}$$

$$\mathcal{L}_{backward-GAN}^{(G)} = \mathbb{E}_{y \sim p_{data}(y)} \left( D_x \left( F(y) \right) - 1 \right)^2 \quad \text{（方程式 7.1.10）}$$

$$\mathcal{L}_{GAN}^{(D)} = \mathcal{L}_{forward-GAN}^{(D)} + \mathcal{L}_{backward-GAN}^{(D)} \quad \text{（方程式 7.1.11）}$$

$$\mathcal{L}_{GAN}^{(D)} = \mathcal{L}_{forward-GAN}^{(D)} + \mathcal{L}_{backward-GAN}^{(D)} \quad \text{（方程式 7.1.12）}$$

CycleGAN 的總損失如下：

$$\mathcal{L} = \lambda_1 \mathcal{L}_{GAN} + \lambda_2 \mathcal{L}_{cyc} \quad \text{（方程式 7.1.13）}$$

CycleGAN 建議採用以下的權重值：$\lambda_1 = 1.0$ 與 $\lambda_2 = 10.0$，來提升循環一致性檢查的重要程度。

訓練策略類似於一般的 GAN，*演算法 7.1.1* 是 CycleGAN 的訓練流程。

重複 $n$ 個訓練步驟：

1. 最小化 $\mathcal{L}_{forward-GAN}^{(D)}$，使用真實的來源資料與目標資料來訓練前向循環鑑別器。一小批真實目標資料 $y$ 會被標注為 1.0，另一小批假目標資料，$y' = G(x)$，則被標注為 0.0。

2. 最小化 $\mathcal{L}_{backward-GAN}^{(D)}$，使用真實的來源資料與目標資料來訓練後向循環鑑別器。一小批真實的來源資料 $x$ 會被標注為 1.0，另一批假來源資料，$x' = F(y)$，則會被標注為 0.0。

3. 最小化 $\mathcal{L}_{GAN}^{(G)}$ 與 $\mathcal{L}_{cyc}$，在對抗網路中訓練前向循環與後向循環生成器。一小批假目標資料，$y' = G(x)$，會被標注為 1.0，而一小批假來源資料，$x' = F(y)$，也會被標注為 1.0。鑑別器權重會被凍結。

| 來源領域：真實的向日葵 | 目標領域：梵谷的向日葵畫風 | 預測目標領域：梵谷的向日葵畫風但顏色組合錯誤 |

圖 7.1.4：風格轉換過程中，顏色組成有可能無法成功轉換。
因此，會在總損失函數中加入身分損失來解決這個問題。

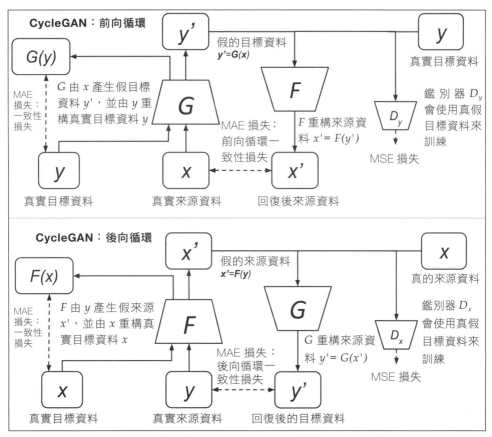

圖 7.1.5：具備身分損失的 CycleGAN 模型，如上圖左側。

在風格轉換問題中，有可能無法成功把顏色從來源影像轉換到假的目標影像上。問題描述如圖 *7.1.4*。為了解決這個問題，CycleGAN 就導入了前向與後向循環的身分損失函數：

$$\mathcal{L}_{identity} = \mathbb{E}_{x \sim p_{data}(x)}\left[\left\|F\left(x\right)-x\right\|_1\right] + \mathbb{E}_{y \sim p_{data}(y)}\left[\left\|G\left(y\right)-y\right\|_1\right] \quad \text{（方程式 7.1.14）}$$

CycleGAN 的總損失可改寫為：

$$\mathcal{L} = \lambda_1 \mathcal{L}_{GAN} + \lambda_2 \mathcal{L}_{cyc} + \lambda_3 \mathcal{L}_{identity} \quad \text{（方程式 7.1.15）}$$

設定 $\lambda_3 = 0.5$。在對抗訓練的過程中也同時完成了身分損失的最佳化。圖 *7.1.5* 是採用了身分損失的 CycleGAN。

## 使用 Keras 實作 CycleGAN

用一個 CycleGAN 可以處理的小問題來說明。在「第 *3* 章｜自動編碼器」中，當時我們採用自動編碼器來對 CIFAR10 資料集中的灰階影像上色。還記得嗎？CIFAR10 資料集是由 50,000 筆訓練資料與 10,000 筆測試資料，分成 10 個類別的 32×32 RGB 彩色影像。使用 `rgb2gray(RGB)` 語法就能將所有彩色影像轉換為灰階，這在「第 *3* 章｜自動編碼器」介紹過了。

從現在起，我們可運用這些灰階訓練影像作為來源領域影像，而原始的彩色影像則作為目標領域影像。請注意雖然所有的資料集都已對齊，但由於 CycleGAN 的輸入是一堆彩色影像與灰階影像的隨機抽樣，因此，它不會把訓練資料視為對齊。訓練完成之後，可用灰階測試影像來看看 CycleGAN 的效能：

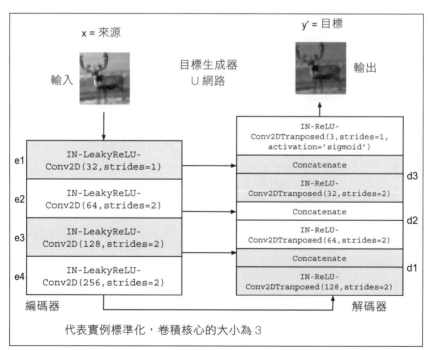

圖 7.1.6：使用 Keras 實作前向循環生成器 G。生成器是由編碼器與解碼器所組成的 U- 網路。

如上一段所述，實作 CycleGAN 需要建置兩個生成器與兩個鑑別器。CycleGAN 的生成器會去學習來源輸入分配的潛在特徵，再將這個特徵轉譯到目標的輸出分配。這正是自動編碼器在做的事情。不過，像是「第 3 章｜自動編碼器」中的典型自動編碼器會運用編碼器來逐步降低輸入的抽樣頻率直到瓶頸層為止，到此之後，解碼器流程將會反向執行。由於編碼器與解碼器的各層共享了許多低階特徵，這類結構並不適用於某些影像轉譯問題。例如在上色問題中，灰階影像與彩色影像的形狀、結構與邊緣都是一樣的。為了避免這個問題，CycleGAN 生成器採用了 **U-Net**[7] 結構，如圖 *7.1.6*。

在 U-Net 結構中，編碼器層 $e_{n-i}$ 的輸出會與解碼器層 $d_i$ 的輸出組合起來，其中 $n = 4$ 代表編碼器／解碼器的層數，而 $i = 1, 2, 3$ 則是代表會分享資訊的層數。

請注意本範例只用 $n = 4$，但是輸入／輸出維度較高的問題可能會需要更深的編碼器／解碼器。U-Net 結構允許特徵等級的資訊在編碼器與解碼器之間自由流動。編碼器層是由 Instance Normalization(IN)-LeakyReLU-Conv2D 所組成，而解碼器層是由 IN-ReLU-Conv2D 所組成。編碼器／解碼器層實作請參考**範例** *7.1.1*，而生成器實作請參考**範例** *7.1.2*。

完整程式碼請由此取得：
`https://github.com/PacktPublishing/Advanced-Deep-Learning-with-Keras`。

**實例標準化**（**Instance Normalization, IN**）是對每個資料樣本的**批標準化**（**Batch Normalization, BN**）也就是說 IN 是每張影像或每個特徵的 BN）。在風格轉換過程中，對每個樣本的對比度進行正規化是很重要的，而非只做到每批而已。實例標準化就等於對比標準化（contrast normalization）。同時請注意，批標準化時，也會打亂對比標準化。

在使用實例標準化之前請先安裝 **keras-contrib**：
`$ sudo pip3 install git+https://www.github.com/keras-team/keras-contrib.git`。

範例 7.1.1，`cyclegan-7.1.1.py`，是使用 **Keras** 來實作編碼器層與解碼器層：

```python
def encoder_layer(inputs,
                  filters=16,
                  kernel_size=3,
                  strides=2,
                  activation='relu',
                  instance_norm=True):
    """使用Conv2D-IN-LeakyReLU來建置一般性編碼器層
    IN非必須，且可用ReLU來取代LeakyReLU

    """

    conv = Conv2D(filters=filters,
                  kernel_size=kernel_size,
                  strides=strides,
                  padding='same')

    x = inputs
    if instance_norm:
        x = InstanceNormalization()(x)
    if activation == 'relu':
        x = Activation('relu')(x)
    else:
        x = LeakyReLU(alpha=0.2)(x)
    x = conv(x)
    return x


def decoder_layer(inputs,
                  paired_inputs,

                  filters=16,
                  kernel_size=3,
                  strides=2,
                  activation='relu',
                  instance_norm=True):
    """使用Conv2D-IN-LeakyReLU來建置一般性解碼器層
    IN非必須，且可用ReLU來取代LeakyReLU
    Arguments：(partial)
    inputs (tensor)：解碼器層的輸入
    paired_inputs (tensor)：編碼器層輸出為U-Net捷徑連結與輸出序連後的結果

    """

    conv = Conv2DTranspose(filters=filters,
```

```
                        kernel_size=kernel_size,
                        strides=strides,
                        padding='same')

    x = inputs
    if instance_norm:
        x = InstanceNormalization()(x)
    if activation == 'relu':
        x = Activation('relu')(x)
    else:
        x = LeakyReLU(alpha=0.2)(x)
    x = conv(x)
    x = concatenate([x, paired_inputs])
    return x
```

範例 7.1.2，`cyclegan-7.1.1.py`，說明如何使用 Keras 來實作生成器：

```
def build_generator(input_shape,
                    output_shape=None,
                    kernel_size=3,
                    name=None):
    """生成器是由一個4層編碼器與一個4層解碼器所組成的U-網路
    前者的n-i層是連接到後者的i層

    引數：
    input_shape (tuple)：輸入形狀
    output_shape (tuple)：輸出形狀
    kernel_size (int)：編碼器&解碼器層的核心大小
    name (string)：生成器模型名稱

    回傳：
    生成器（模型）：

    """

    inputs = Input(shape=input_shape)
    channels = int(output_shape[-1])
    e1 = encoder_layer(inputs,
                       32,
                       kernel_size=kernel_size,
                       activation='leaky_relu',
                       strides=1)
    e2 = encoder_layer(e1,
                       64,
                       activation='leaky_relu',
```

```
                                    kernel_size=kernel_size)
        e3 = encoder_layer(e2,
                           128,
                           activation='leaky_relu',
                           kernel_size=kernel_size)
        e4 = encoder_layer(e3,
                           256,
                           activation='leaky_relu',
                           kernel_size=kernel_size)

        d1 = decoder_layer(e4,
                           e3,
                           128,
                           kernel_size=kernel_size)
        d2 = decoder_layer(d1,
                           e2,
                           64,
                           kernel_size=kernel_size)
        d3 = decoder_layer(d2,
                           e1,
                           32,
                           kernel_size=kernel_size)
        outputs = Conv2DTranspose(channels,
                                   kernel_size=kernel_size,
                                   strides=1,
                                   activation='sigmoid',
                                   padding='same')(d3)

        generator = Model(inputs, outputs, name=name)

        return generator
```

CycleGAN 的鑑別器與一般的 GAN 鑑別器相當類似。輸入影像的抽樣頻率會被降低好幾次（本範例為三次）。最後一層為 Dense(1) 層，可預測輸入為真實的機率。除了不使用 IN 之外，各層都很類似於生成器的編碼器層。不過，在較大的影像中，使用單一數字來計算影像的真假會使得參數過多而效率降低，且會讓生成器所生成的影像品質變差。

解決方式是採用 PatchGAN[6]，它是把影像分成多個格狀區塊，再運用一個純量表格來預測各區塊為真實的機率。一般的 GAN 鑑別器與 2×2 PatchGAN 鑑別器兩者比較如圖 *7.1.7*。本範例中，區塊沒有重疊且邊界剛好對齊。不過，一般來說，區塊彼此之間會重疊。

請注意 PatchGAN 並非在 CycleGAN 中採用了新形態的 GAN。為了提升所生成影像的品質，在此不再使用單一輸出來進行鑑別。如果採用 2×2 PatchGAN 的話就會有四組輸出要被鑑別。損失函數不需要任何修改。直觀而言，如果影像的各小區域都看起來栩栩如生的話，整張影像看起來當然會更真實：

圖 7.1.7：GAN 與 PatchGAN 鑑別器的比較。

下圖說明如何使用 Keras 來實作這個鑑別器網路，可以看到鑑別器如何判斷輸入影像（也就是區塊）與 CIFAR10 彩色影像之間的相似程度。由於輸出影像只有 32×32 像素的 RGB，用一個純量值就足以表達這個影像是否為真實影像了。不過，我們也會評估使用 PatchGAN 所產生的結果。*範例 7.1.3* 是鑑別器的函數建置器：

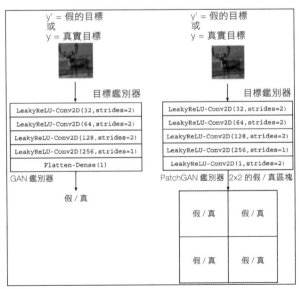

圖 7.1.8：使用 Keras 來實作目標鑑別器 $D_y$。右側是 PatchGAN 鑑別器。

範例 7.1.3，`cyclegan-7.1.1.py`，說明如何使用 Keras 來實作鑑別器：

```python
def build_discriminator(input_shape,
                        kernel_size=3,
                        patchgan=True,
                        name=None):
    """鑑別器是一個4層的編碼器，可輸出長度1或
    大小為 n×n 的區塊，代表輸入為真實的機率

    引數：
    input_shape (tuple)：輸入形狀
    kernel_size (int)：解碼器層的核心尺寸
    patchgan (bool)：設定輸出為區塊或長度1
    name (string)：鑑別器模型的名稱

    回傳：
    鑑別器（模型）：

    """

    inputs = Input(shape=input_shape)
    x = encoder_layer(inputs,
                      32,
                      kernel_size=kernel_size,
                      activation='leaky_relu',
                      instance_norm=False)
    x = encoder_layer(x,
                      64,
                      kernel_size=kernel_size,
                      activation='leaky_relu',
                      instance_norm=False)
    x = encoder_layer(x,
                      128,
                      kernel_size=kernel_size,
                      activation='leaky_relu',
                      instance_norm=False)
    x = encoder_layer(x,
                      256,
                      kernel_size=kernel_size,
                      strides=1,
                      activation='leaky_relu',
                      instance_norm=False)
```

```
# 如果 patchgan=True，則採用大小為 nxn 的機率輸出
# 否則採用長度1的機率結果
if patchgan:
    x = LeakyReLU(alpha=0.2)(x)
    outputs = Conv2D(1,
                     kernel_size=kernel_size,
                     strides=1,
                     padding='same')(x)
else:
    x = Flatten()(x)
    x = Dense(1)(x)
    outputs = Activation('linear')(x)


discriminator = Model(inputs, outputs, name=name)

return discriminator
```

運用生成器與鑑別器的建置器就可以建置 CycleGAN 了。範例 7.1.4 是這個建置器函式。根據上一段的內容，兩個生成器，g_source = $F$ 與 g_target = $G$，還有兩個已建立的鑑別器 d_source = $D_x$ 與 d_target = $D_y$。前向循環為 $x'= F(G(x))$ = reco_source = g_source(g_target(source_input))。後向循環則是 $y'= G(F(y))$ = reco_target = g_target(g_source (target_input))。

對抗模型的輸入是來源與目標資料，而輸出則是 $D_x$、$D_y$ 的輸出與重構後的輸入 $x'$、$y'$。由於灰階影像與彩色影像兩者顏色通道並不同，本範例並未採用完全相同的網路。在此分別對 GAN 與循環一致性損失採用推薦的損失權重 $\lambda_1 = 1.0$ 與 $\lambda_2 = 10.0$。類似於前幾章所提到的 GAN，我們採用 RMSprop，搭配 2e-4 學習率與 6e-8 衰退率來進行鑑別器最佳化。對抗網路的學習率與衰退為鑑別器的一半。

範例 7.1.4，cyclegan-7.1.1.py，說明如何使用 Keras 來實作 CycleGAN 建置器：

```
def build_cyclegan(shapes,
                   source_name='source',
                   target_name='target',
                   kernel_size=3,
```

```
                    patchgan=False,
                    identity=False
                    ):
    """建置CycleGAN

    1) 建置目標與來源鑑別器
    2) 建置目標與來源生成器
    3) 建置對抗網路

    引數：
    shapes (tuple)：來源與目標的形狀
    source_name (string)：要加入dis/gen模型後的字串
    target_name (string)：要加入dis/gen模型後的字串
    kernel_size (int)：編碼器/解碼器或 dis/gen 模型的核心尺寸
    patchgan (bool)：鑑別器設定輸出為區塊或長度1
    identity (bool)：設定是否使用身分損失

    回傳：
    (list)：2個生成器、2個鑑別器與1個對抗網路模型

    """

    source_shape, target_shape = shapes
    lr = 2e-4
    decay = 6e-8
    gt_name = "gen_" + target_name
    gs_name = "gen_" + source_name
    dt_name = "dis_" + target_name
    ds_name = "dis_" + source_name

    # 建置目標與來源生成器
    g_target = build_generator(source_shape,
                               target_shape,
                               kernel_size=kernel_size,
                               name=gt_name)
    g_source = build_generator(target_shape,
                               source_shape,
                               kernel_size=kernel_size,
                               name=gs_name)
    print('---- TARGET GENERATOR ----')
    g_target.summary()
    print('---- SOURCE GENERATOR ----')
    g_source.summary()
```

```
# 建置目標與來源鑑別器
d_target = build_discriminator(target_shape,
                                patchgan=patchgan,
                                kernel_size=kernel_size,
                                name=dt_name)
d_source = build_discriminator(source_shape,
                                patchgan=patchgan,
                                kernel_size=kernel_size,
                                name=ds_name)
print('---- TARGET DISCRIMINATOR ----')
d_target.summary()
print('---- SOURCE DISCRIMINATOR ----')
d_source.summary()

optimizer = RMSprop(lr=lr, decay=decay)
d_target.compile(loss='mse',
                 optimizer=optimizer,
                 metrics=['accuracy'])
d_source.compile(loss='mse',
                 optimizer=optimizer,
                 metrics=['accuracy'])
# 凍結對抗網路模型中的鑑別器權重
d_target.trainable = False
d_source.trainable = False

# 建置對抗網路模型的計算圖
# 前向循環網路與目標鑑別器
source_input = Input(shape=source_shape)
fake_target = g_target(source_input)
preal_target = d_target(fake_target)
reco_source = g_source(fake_target)

# 後向循環網路與來源鑑別器
target_input = Input(shape=target_shape)
fake_source = g_source(target_input)
preal_source = d_source(fake_source)
reco_target = g_target(fake_source)

# 如果採用身分損失，需再加入2個損失項與輸出
if identity:
    iden_source = g_source(source_input)
    iden_target = g_target(target_input)
    loss = ['mse', 'mse', 'mae', 'mae', 'mae', 'mae']
    loss_weights = [1., 1., 10., 10., 0.5, 0.5]
```

```
            inputs = [source_input, target_input]
            outputs = [preal_source,
                       preal_target,
                       reco_source,
                       reco_target,
                       iden_source,
                       iden_target]
        else:
            loss = ['mse', 'mse', 'mae', 'mae']
            loss_weights = [1., 1., 10., 10.]
            inputs = [source_input, target_input]
            outputs = [preal_source,
                       preal_target,
                       reco_source,
                       reco_target]

        # 建置對抗模型
        adv = Model(inputs, outputs, name='adversarial')
        optimizer = RMSprop(lr=lr*0.5, decay=decay*0.5)
        adv.compile(loss=loss,
                    loss_weights=loss_weights,
                    optimizer=optimizer,
                    metrics=['accuracy'])
        print('---- ADVERSARIAL NETWORK ----')
        adv.summary()

        return g_source, g_target, d_source, d_target, adv
```

根據上一段*演算法 7.1.1* 中的訓練流程。以下範例是 CycleGAN 的訓練流程。本訓練與一般 GAN 的差異在於共有兩個需要最佳化的鑑別器，但要進行最佳化的對抗模型只有一個。生成器每 2000 步驟就會儲存一次預測的來源與目標影像。在此使用的批大小為 32。我們也試過批大小為 1，但輸出品質幾乎一樣，而且訓練時間更長（批大小為 1 時，每張影像耗費 43 ms。而批大小為 32 時，每張影像耗費 3.6ms，硬體採用 NVIDIA GTX 1060）。

範例 7.1.5，`cyclegan-7.1.1.py` 說明如何使用 Keras 來實作 CycleGAN 訓練常式：

```
    def train_cyclegan(models, data, params, test_params, test_generator):
        """訓練CycleGAN.

        1) 訓練目標鑑別器
```

2) 訓練來源鑑別器

3) 訓練對抗網路的前向與後向循環

引數：

models (Models)：來源/目標的鑑別器/生成器、對抗模型

data (tuple)：來源與目標的訓練資料

params (tuple)：網路參數

test_params (tuple)：測試參數

test_generator (function)：用於產生預測後的目標與來源影像

```python
"""

# 模型
g_source, g_target, d_source, d_target, adv = models
# 網路參數
batch_size, train_steps, patch, model_name = params
# 訓練資料集
source_data, target_data, test_source_data, test_target_data = data

titles, dirs = test_params

# 每2000步驟儲存一次生成器影像
save_interval = 2000
target_size = target_data.shape[0]
source_size = source_data.shape[0]

# 決定是否使用patchgan
if patch > 1:
    d_patch = (patch, patch, 1)
    valid = np.ones((batch_size,) + d_patch)
    fake = np.zeros((batch_size,) + d_patch)
else:
    valid = np.ones([batch_size, 1])
    fake = np.zeros([batch_size, 1])

valid_fake = np.concatenate((valid, fake))
start_time = datetime.datetime.now()

for step in range(train_steps):
    # 抽樣一批真實的目標資料
    rand_indexes = np.random.randint(0, target_size,
                                     size=batch_size)
    real_target = target_data[rand_indexes]

    # 抽樣一批真實的來源資料
    rand_indexes = np.random.randint(0, source_size,
                                     size=batch_size)
```

```
real_source = source_data[rand_indexes]
# 由真實來源資料產生一批假的目標資料
fake_target = g_target.predict(real_source)

# 將真假資料混合成同一批
x = np.concatenate((real_target, fake_target))
# 使用真假資料來訓練目標鑑別器
metrics = d_target.train_on_batch(x, valid_fake)
log = "%d: [d_target loss: %f]" % (step, metrics[0])

# 由真實目標資料產生一批假的來源資料
fake_source = g_source.predict(real_target)
x = np.concatenate((real_source, fake_source))
# 使用真假資料來訓練來源鑑別器
metrics = d_source.train_on_batch(x, valid_fake)
log = "%s [d_source loss: %f]" % (log, metrics[0])

# 使用前向與後向循環來訓練對抗網路
# 並試著用生成的假來源與目標資料來騙過鑑別器
x = [real_source, real_target]
y = [valid, valid, real_source, real_target]
metrics = adv.train_on_batch(x, y)
elapsed_time = datetime.datetime.now() - start_time
fmt = "%s [adv loss: %f] [time: %s]"
log = fmt % (log, metrics[0], elapsed_time)
print(log)
if (step + 1) % save_interval == 0:
    if (step + 1) == train_steps:
        show = True
    else:
        show = False

    test_generator((g_source, g_target),
                   (test_source_data, test_target_data),
                   step=step+1,
                   titles=titles,
                   dirs=dirs,
                   show=show)

# 訓練生成器之後儲存模型
g_source.save(model_name + "-g_source.h5")
g_target.save(model_name + "-g_target.h5")
```

最後，在使用 CycleGAN 來建置並訓練函數之前，要先進行一個資料準備作業。
cifar10_utils.py 與 other_utils.py 這兩個模組會載入 CIFAR10 的訓練
與測試資料，相關細節請參考其原始檔碼。載入之後，訓練與測試影像會被轉換為
灰階影像來生成來源資料與測試來源資料。

以下範例說明如何使用 CycleGAN 來建置並訓練一個可對灰階影像上色的生成器
網路（g_target）。由於 CycleGAN 為對稱，另外還建置並訓練第二個把彩色轉
灰階的生成器網路（g_source）。一共訓練了兩個 CycleGAN 上色網路，第一
個採用了與一般 GAN 類似的鑑別器來輸出一個純量，第二個則採用了一個 2×2
PatchGAN。

範例 7.1.6，cyclegan-7.1.1.py 是這個用於上色問題的 CycleGAN：

```python
def graycifar10_cross_colorcifar10(g_models=None):
    """建置並訓練一個可進行cifar10影像灰階彩色轉換的CycleGAN
    """

    model_name = 'cyclegan_cifar10'
    batch_size = 32
    train_steps = 100000
    patchgan = True
    kernel_size = 3
    postfix = ('%dp'% kernel_size) if patchgan else ('%d'% kernel_size)

    data, shapes = cifar10_utils.load_data()
    source_data, _, test_source_data, test_target_data = data
    titles = ('CIFAR10 predicted source images.',
              'CIFAR10 predicted target images.',
              'CIFAR10 reconstructed source images.',
              'CIFAR10 reconstructed target images.')
    dirs = ('cifar10_source-%s'% postfix, 'cifar10_target-%s'% postfix)

    # 生成預測目標(彩色)與來源(灰階)影像
    if g_models is not None:
        g_source, g_target = g_models
        other_utils.test_generator((g_source, g_target),
                                   (test_source_data, test_target_data),
                                   step=0,
                                   titles=titles,
                                   dirs=dirs,
                                   show=True)
```

```
        return

    # 建置可對cifar10資料集上色的cyclegan
    models = build_cyclegan(shapes,
                            "gray-%s" % postfix,
                            "color-%s" % postfix,
                            kernel_size=kernel_size,
                            patchgan=patchgan)
    # 因為鑑別器輸入以2^n來縮小(例如使用n次strides=2)
    # 區塊大小需除以2^n
    patch = int(source_data.shape[1] / 2**4) if patchgan else 1
    params = (batch_size, train_steps, patch, model_name)
    test_params = (titles, dirs)
    # 訓練cyclegan
    train_cyclegan(models,
                   data,
                   params,
                   test_params,
                   other_utils.test_generator)
```

# CycleGAN 的生成器輸出

CycleGAN 的上色結果如圖 *7.1.9*。來源影像是來自測試資料集。為了比較,我們採用「第 3 章|自動編碼器」中的基本自動編碼器來顯示實況資料與上色結果。一般來說,所有上色後的影像都還算可接受。整體而言,諸多上色技術各有好壞。所有上色方法對於天空與車輛的顏色多少都有些不同。

例如,飛機後方的天空(第 3 列、第 2 行)是白色的。自動編碼器做對了,但 CycleGAN 認為是淺棕色或藍色。看到第 6 列第 6 行,深色海面上的小船的背景是陰天,自動編碼器的結果是藍天與藍色海面,而未搭配 PatchGAN 的 CycleGAN 結果則是藍色海面與白色天空。這兩種預測在現實生活中都算是合理。同時,搭配 PatchGAN 的 CycleGAN 的預測結果相當接近實況資料。由第二列到最後一列以及第二行可看出,所有方法都無法正確預測出車身的紅色。但如果是動物的話,兩款 CycleGAN 都選擇了與實況資料相當接近的顏色。

由於 CycleGAN 為對稱結構，它也可以根據彩色影像來預測灰階影像。圖 *7.1.10* 是由這兩款 CycleGAN 的彩色灰階的轉換過程，目標影像是來自測試資料集。除了某些影像的些微灰階差異之外，預測可說是相當準確呢！

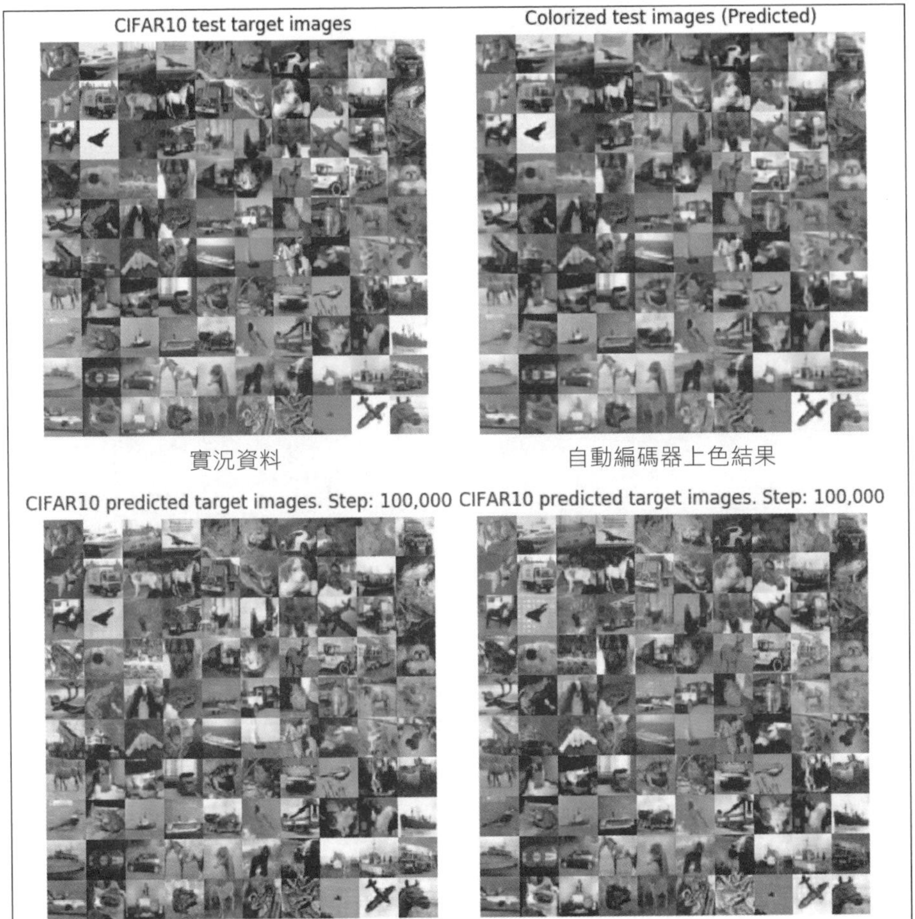

圖 7.1.9：使用不同方法的上色結果。圖中分別為實況資料、自動編碼器上色（第 3 章，自動編碼器）、CycleGAN 搭配一般的 GAN 鑑別器來上色，以及 CycleGAN 搭配 PatchGAN 鑑別器來上色。觀看彩色圖片最能幫助理解。原始彩色照片請參考本書 GitHub：https://github.com/PacktPublishing/Advanced-Deep-Learning- with-Keras/blob/master/chapter7-cross-domain-gan/README.md。

圖 7.1.10：使用 CycleGAN 將彩色（請參考圖 7.1.9）轉為灰階。

你可以運用預先訓練好的 CycleGAN 搭配 PatchGAN 模型來執行這個影像轉譯範例，如下所示：

```
python3 cyclegan-7.1.1.py --cifar10_g_source=cyclegan_cifar10-g_source.h5
--cifar10_g_target=cyclegan_cifar10-g_target.h5
```

## 將 CycleGAN 用於 MNIST 與 SVHN 資料集

現在要來面對更有挑戰性的問題了。假設現在的來源資料是灰階的 MNIST 數字，而目標資料是 SVHN [1] 的風格。各領域的樣本資料如圖 *7.1.11*。前一段介紹的

CycleGAN 所有建置與訓練函數都可以再利用來執行風格轉換，唯一差別只在於要加入載入 MNIST 與 SVHN 資料的語法。SVHN 資料集請參考：`http://ufldl.stanford.edu/housenumbers/`。

在此會用到 `mnist_svhn_utils.py` 來完成這個任務。範例 7.1.7 說明這個用於跨域轉換之 CycleGAN 的初始化與訓練方式。這個 CycleGAN 的結構與上一段所述的相同，但由於兩個領域明顯不同。因此，把核心大小設為 5：

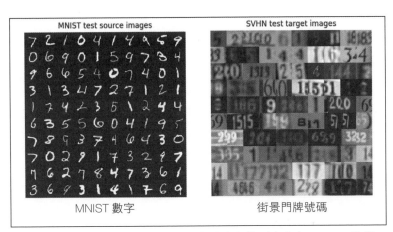

圖 7.1.11：兩個資料未對齊的不同領域。原始的彩色照片可由本書 GitHub 取得：https://github.com/PacktPublishing/Advanced-Deep-Learing-with-Keras/blob/master/chapter7-cross-domain-gan/README.md。

 在使用實例標準化之前記得要先安裝 `keras-contrib`：

```
$ sudo pip3 install git+https://www.github.com/keras-team/keras-contrib.git
```

範例 7.1.7，`cyclegan-7.1.1.py`，說明如何使用 CycleGAN 來進行 MNIST 與 SVHN 之間的跨域風格轉換：

```
def mnist_cross_svhn(g_models=None):
    """建置與訓練一個可進行mnist <--> svhn轉換的CycleGAN
    """

    model_name = 'cyclegan_mnist_svhn'
    batch_size = 32
```

```
train_steps = 100000
patchgan = True
kernel_size = 5
postfix = ('%dp'% kernel_size) if patchgan else ('%d'% kernel_size)

data, shapes = mnist_svhn_utils.load_data()
source_data, _, test_source_data, test_target_data = data
titles = ('MNIST predicted source images.',
          'SVHN predicted target images.',
          'MNIST reconstructed source images.',
          'SVHN reconstructed target images.')
dirs = ('mnist_source-%s'% postfix, 'svhn_target-%s'% postfix)

# 生成預測目標(svhn)與來源(mnist)影像
if g_models is not None:
    g_source, g_target = g_models
    other_utils.test_generator((g_source, g_target),
                                (test_source_data, test_target_data),
                                step=0,
                                titles=titles,
                                dirs=dirs,
                                show=True)
    return

# 建置用於mnist cross svhn 的cyclegan
models = build_cyclegan(shapes,
                        "mnist-%s" % postfix,
                        "svhn-%s" % postfix,
                        kernel_size=kernel_size,
                        patchgan=patchgan)
# 因為鑑別器輸入以2^n來縮小(例如使用n次strides=2)
# 區塊大小需除以2^n
patch = int(source_data.shape[1] / 2**4) if patchgan else 1
params = (batch_size, train_steps, patch, model_name)
test_params = (titles, dirs)
# 訓練cyclegan
train_cyclegan(models,
               data,
               params,
               test_params,
               other_utils.test_generator)
```

將來自測試資料集的 MNIST 數字轉換為 SVHN 的結果如圖 *7.1.12*。所生成的影像的確具備 SVHN 的風格，但數字卻沒有完全轉換成功。例如在第四列，CycleGAN 所風格化的數字為 3、1 與 3。不過，到了第三列，MNIST 數字 9、6 與 6 的 CycleGAN（不搭配 PatchGan）轉換結果為 0、6 與 01，而搭配 PatchGAN 的結果為 0、65 與 68。

後向循環的結果如圖 *7.1.13*。這時候目標影像是來自 SVHN 測試資料集。所生成的影像具備了 MNIST 風格，但數字並未正確轉譯。例如第一列，SVHN 數字 5、2 與 210 的 CycleGAN（不搭配 PatchGan）風格化結果為 7、7 與 8，而搭配 PatchGan 的結果為 3、3 與 1。

以 PatchGAN 來說，由於指定的 MNIST 數字都只有一位數，所以輸出結果為 1 還算可以理解。不過，還是有一些成功的預測，例如第二列的最後三個 SVHN 數字 6、3、4 就被未搭配 PatchGAN 的 CycleGAN 轉換為 6、3、6。不過，兩種 CycleGAN 的輸出皆為單一數字，也都能清楚辨識。

MNIST 與 SVHN 之間的轉換問題，也就是來源領域的某個數字要轉譯為目標領域中的另一個數字，稱為**標籤翻轉** [8]。雖然 CycleGAN 的預測結果具備循環一致性，但在語意上卻不一定一致。數字的意義在轉譯過程中遺失了。為了解決這個問題，Hoffman[8] 提出了一種改良版的 CycleGAN，稱為 **CyCADA**（**循環一致性對抗域適應方法，Cycle-Consistent Adversarial Domain Adaptation**）。差別在於加入了一項語意損失來確保預測結果不只能做到循環一致性，還能做到語意一致性：

MNIST 測試來源影像

MNIST 數字

SVHN 預測後的來源影像。Step：100,000

轉換為 SVHN 領域後的 MNIST 影像

SVHN 預測後的來源影像。Step：100,000

使用 PatchGAN 轉換為 SVHN 領域後
的 MNIST 影像

圖 7.1.12：從 MNIST 領域到 SVHN 的測試資料風格轉換。原始彩色照片請參考本書
GitHub：https://github.com/PacktPublishing/Advanced-Deep-Learning-with-Keras/
blob/master/chapter7-cross-domain-gan/README.md。

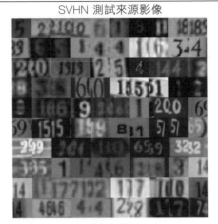

SVHN 測試來源影像

SVHN

MNIST 預測後的來源影像。Step：100,000　　　MNIST 預測後的來源影像。Step：100,000

轉換為 MNIST 領域後的 SVHN 影像　　　使用 PatchGAN 轉換為 MNIST 領域後的 SVHN 影像

圖 7.1.13：從 SVHN 領域到 MNIST 的的測試資料風格轉換。原始彩色照片請參考本書 GitHub：https://github.com/PacktPublishing/Advanced-Deep-Learning-with-Keras/ blob/master/chapter7-cross-domain-gan/README.md。

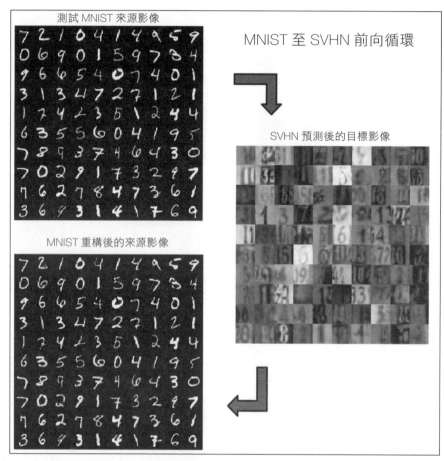

圖 7.1.14：使用搭配 PatchGAN 的 CycleGAN 來進行 MNIST（來源）轉換到 SVHN（目標）的前向循環。重構後的來源與原始來源相當接近。原始彩色照片請參考本書 GitHub：https://github.com/PacktPublishing/Advanced-Deep-Learning-with-Keras/blob/master/chapter7-cross-domain-gan/README.md。

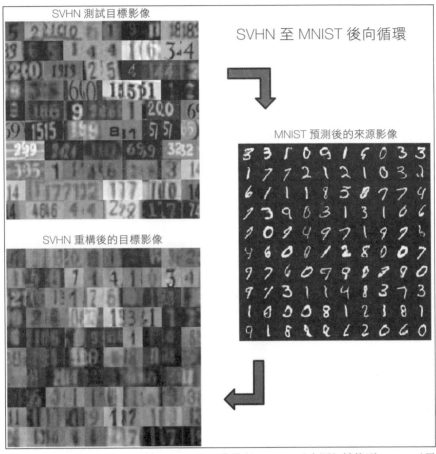

圖 7.1.15：使用搭配 PatchGAN 的 CycleGAN 來進行 MNIST（來源）轉換到 SVHN（目標）的後向循環。重構後的來源與原始來源有一定的差異。原始彩色照片請參考本書 GitHub：https://github.com/PacktPublishing/Advanced-Deep-Learning-with-Keras/blob/master/chapter7-cross-domain-gan/README.md。

在圖 *7.1.3* 中說明了 CycleGAN 如何具備循環一致性。換言之只要指定來源 $x$，CycleGAN 即可在前向循環中將來源重構為 $x'$。再者，指定目標 $y$，CycleGAN 也可以在後向循環中將目標重構為 $y'$。

圖 *7.1.14* 是 CycleGAN 在前向循環中重構 MNIST 數字的過程。重構後的 MNIST 數字與來源 MNIST 數字幾乎完全一樣。圖 *7.1.15* 是 CycleGAN 在後向循環中重構 SVHN 數字的過程，許多目標影像都成功重構了。許多數字明顯是相同的，例如第二列的最後兩個數字（3、4）。有些相同，但例如第一列的前兩個數字（5、2）就模糊了。有些數字雖然仍保留的相同風格，但卻變形成另一個數字，例如第二列前兩個數字（33 與 6 變成了 1 與另一個無法辨識的數字）。

就個人意見來說，我建議你使用預先訓練好的 CycleGAN 搭配 PatchGAN 模型來執行影像轉譯範例：

```
python3 cyclegan-7.1.1.py --mnist_svhn_g_source=cyclegan_mnist_svhn-g_
source.h5 --mnist_svhn_g_target=cyclegan_mnist_svhn-g_target.h5
```

# 總結

本章介紹了 CycleGAN 這款可用於影像轉譯的演算法。CycleGAN 的來源與目標資料不需要對齊。在此用了兩個範例：*灰階轉彩色*，還有 *MNIST 轉 SVHN*。當然 CycleGAN 還能做到很多種不同的影像轉譯效果。

下一章會介紹另一種生成模型：**變分自動編碼器（Variational AutoEncoders, VAE）**。VAE 的目標也是去學會如何生成新的影像（資料），專注在學習已建模為高斯分配的潛在向量。我們會透過條件 VAE 與在 VAE 中去對潛在特徵抽離語意，來說明 GAN 可處理的各種問題的相似性。

# 參考資料

1. Yuval Netzer and others. *Reading Digits in Natural Images with Unsupervised Feature Learning.* NIPS workshop on deep learning and unsupervised feature learning. Vol. 2011. No. 2. 2011(https://www-cs.stanford.edu/~twangcat/papers/nips2011_housenumbers.pdf).

2. Zhu, Jun-Yan and others. *Unpaired Image-to-Image Translation Using Cycle-Consistent Adversarial Networks.* 2017 IEEE International Conference on Computer Vision (ICCV). IEEE, 2017 (http://openaccess.thecvf.com/content_ICCV_2017/papers/Zhu_Unpaired_Image-To-Image_Translation_ICCV_2017_paper.pdf).

3. Phillip Isola and others. *Image-to-Image Translation with Conditional Adversarial Networks.* 2017 IEEE Conference on Computer Vision and Pattern Recognition (CVPR). IEEE, 2017 (http://openaccess.thecvf.com/content_cvpr_2017/papers/Isola_Image-To-Image_Translation_With_ CVPR_2017_paper.pdf).

4. Mehdi Mirza and Simon Osindero. *Conditional Generative Adversarial Nets.* arXiv preprint arXiv:1411.1784, 2014(https://arxiv.org/pdf/1411.1784. pdf).

5. Xudong Mao and others. *Least Squares Generative Adversarial Networks.* 2017 IEEE International Conference on Computer Vision (ICCV). IEEE,2017(http://openaccess.thecvf.com/content_ICCV_2017/papers/Mao_ Least_Squares_Generative_ICCV_2017_paper.pdf).

6. Chuan Li and Michael Wand. *Precomputed Real-Time Texture Synthesis with Markovian Generative Adversarial Networks.* European Conference on Computer Vision. Springer, Cham, 2016(https://arxiv.org/pdf/1604.04382.pdf).

7. Olaf Ronneberger, Philipp Fischer, and Thomas Brox. *U-Net: Convolutional Networks for Biomedical Image Segmentation.* International Conference on Medical image computing and computer-assisted intervention. Springer，Cham, 2015(https://arxiv.org/pdf/1505.04597.pdf).

8. Judy Hoffman and others. *CyCADA: Cycle-Consistent Adversarial Domain Adaptation.* arXiv preprint arXiv:1711.03213, 2017(https://arxiv.org/pdf/1711.03213.pdf).

# 8

# 變分自動編碼器

類似先前用了相當篇幅所介紹的**生成對抗網路（GAN）**，**變分自動編碼器**（**Variational Autoencoder, VAE**）[1] 也屬於生成模型家族之一。VAE 的生成器可以在自身連續潛在空間的移動過程中產生有意義的輸出。解碼器輸出各種屬性可以透過潛在向量來探索。

GAN 的重點在於如何讓模型能夠去近似輸入分配。VAE 會試著從一個可編碼的連續潛在空間去對輸入分配建模。這是為什麼相較於 VAE，GAN 的生成訊號可以更逼真的原因之一。例如以影像生成來說，GAN 可以產生非常逼真的照片，而 VAE 產生的影像相較之下就沒那麼銳利。

換到了 VAE，重點就改為對於潛在編碼的變分推論。因此，VAE 針對學習與使用潛在變數進行有效率的貝氏推論兩者提供了合適的框架。例如，搭配了抽離語意特徵的 VAE 可將潛在編碼重新用於轉移學習。

VAE 在結構上與自動編碼器相當類似，一樣是由一個編碼器（也稱為辨識模型或推論模型）與一個解碼器（或稱生成模型）所組成。VAE 與自動編碼器兩者都會試著在學習潛在向量時，同時還要重構輸入資料。但不同於自動編碼器，VAE 的潛在空間是連續的，且它是把解碼器當作生成模型來使用。

如同先前章節對於 GAN 所討論到的，VAE 的解碼器同樣也可以加上條件。例如以 MNIST 資料集來說，可以透過一個 one-hot 向量來指定所要產生的數字。這種類型的條件 VAE 就稱為 CVAE [2]。VAE 潛在向量一樣可對損失函數加入一個正規化超參數來抽離語意，這稱為 $\beta$-VAE [5]。還是用 MNIST 來舉例，我們可以把用於決定數字粗細與傾斜角度的潛在向量獨立出來。

本章學習內容如下：

- VAE 的運作原理

- 理解再參數化法，並在 VAE 最佳化上運用隨機梯度下降

- 條件 VAE（CVAE）與 $\beta$-VAE 的運作原理

- 理解如何使用 Keras 函式庫來實作各種 VAE

# VAE 的運作原理

我們對於生成模型感興趣的通常是如何運用神經網路來近似輸入的真實分配：

$$x \sim P_\theta(x) \quad \text{（方程式 8.1.1）}$$

在上述方程式中，$\theta$ 是在訓練過程中所決定的參數。以明星臉資料集來說，這就等於去找到一個可以繪製各種臉孔的分配。同樣地以 MNIST 資料集來說，這個分配就足以產生可辨識的手寫數字。

如果在機器學習中提及要做到一定程度的推論，我們需要找到 $P_\theta(x, z)$，也就是輸入 $x$ 與潛在變數 $z$ 之間的聯合分配。潛在變數並非是資料集的一部份，而是對輸入的某些可觀察的屬性編碼而來。以明星臉來說，就好比是臉部表情、髮型、髮色與性別等等。以 MNIST 資料集來說，潛在變數可代表數字或書寫風格。

$P_\theta(x, z)$ 基本上是輸入資料點與其屬性的分配。$P_\theta(x)$ 可由邊際分配來求出：

$$P_\theta(x) = \int P_\theta(x, z) dz \quad \text{（方程式 8.1.2）}$$

換言之，如果要考量到所有可能的屬性，最後就會變成一個可以描述這些輸入的分配。以明星臉來說，如果考慮到所有臉部表情、髮型、髮色與性別，就可以回復一個足以描述各種明星臉的分配了。以 MNIST 資料集來說，如果要考量到所有可能的數字與書寫風格等等屬性，最後就能得到一個關於手寫數字的分配。

問題在於**方程式 8.1.2** 相當**難處理**，它不具備任何分析形式或有效的估計量。它對其參數來說是不可微分的。因此，想要透過神經網路將其最佳化是不可行的。

透過貝式定理，**方程式 8.1.2** 可改寫如下：

$$P_\theta(x) = \int P_\theta(x \mid z) P(z) dz \quad \text{（方程式 8.1.3）}$$

$P_\theta(x \mid z)$ 是 $z$ 的事前分配，沒有對任何觀察值加上條件。如果 $z$ 為離散且 $P_\theta(x)$ 為高斯分配，則 $P_\theta(x)$ 為一個高斯混合。如果 $z$ 為連續，則 $P_\theta(x \mid z)$ 就是一個無限高斯混合。

實務上來說，如果想要建置一個神經網路並在沒有合適損失函數去近似 $P_\theta(x \mid z)$，則它會忽略 $z$ 並得到一個不痛不癢的答案 $P_\theta(x \mid z) = P_\theta(x)$。因此，**方程式 8.1.3** 無法得出一個 $P_\theta(x)$ 的良好估計值。

因此，**方程式 8.1.2** 可改寫如下：

$$P_\theta(x) = \int P_\theta(z \mid x) P(x) dz \quad \text{（方程式 8.1.4）}$$

不過，$P_\theta(z \mid x)$ 也同樣不可解。VAE 的目標就是找到一個可解的分配去盡量估計 $P_\theta(z \mid x)$。

## 變分推論

為了讓 $P_\theta(z \mid x)$ 可解，VAE 採用了變分推論模型（就是一個編碼器）：

$$Q_\phi(z \mid x) \approx P_\theta(z \mid x) \quad \text{（方程式 8.1.5）}$$

$Q_\phi(z|x)$ 是 $P_\theta(z|x)$ 的良好估計值,它不但是有因數並且可解。透過最佳化參數 $\phi$,$Q_\phi(z|x)$ 就能用深度神經網路來近似。

一般來說會以多變量高斯來挑選 $Q_\phi(z|x)$:

$$Q_\theta(z|x) = \mathcal{N}\left(z; \mu(x), diag\left(\sigma(x)\right)\right) \quad \text{(方程式 8.1.6)}$$

平均數 $\mu(x)$ 與標準差 $\sigma(x)$,是由編碼器神經網路使用輸入資料點所計算的。對角矩陣代表 $z$ 的元素彼此獨立。

## 核心方程式

推論模型 $Q_\phi(z|x)$ 可由輸入 $x$ 來產生潛在向量 $z$。$Q_\phi(z|x)$ 就類似自動編碼器模型中的編碼器。另一方面,$P_\theta(x|z)$ 可由潛在編碼 $z$ 來重構輸入。$P_\theta(x|z)$ 在自動編碼器模型中的角色就類似解碼器。如果要估計 $P_\theta(x)$ 的話,就需要先定義好它與 $Q_\phi(z|x)$ 與 $P_\theta(x|z)$ 之間的關係。

如果 $Q_\phi(z|x)$ 是 $P_\theta(z|x)$ 的估計值,則可用 **Kullback-Leibler**(**KL**)散度來決定這兩個 conditional densities 之間的距離:

$$D_{KL}\left(Q_\phi(z|x) \| P_\theta(z|x)\right) = \mathbb{E}_{z \sim Q}\left[\log Q_\phi(z|x) - \log P_\theta(z|x)\right] \quad \text{(方程式 8.1.7)}$$

使用貝式定理:

$$P_\theta(z|x) = \frac{P_\theta(x|z)P_\theta(z)}{P_\theta(x)} \quad \text{(方程式 8.1.8)}$$

在**方程式** *8.1.7* 中:

$$D_{KL}\left(Q_\phi(z|x) \| P_\theta(z|x)\right) = \mathbb{E}_{z \sim Q}\left[\log Q_\phi(z|x) - \log P_\theta(x|z) - \log P_\theta(z)\right] + \log P_\theta(x) \quad \text{(方程式 8.1.9)}$$

由於 $z \sim Q$ 不相依，$\log P_\theta(x)$ 可從期望值中刪除。重新整理上述方程式可得：

$$\log P_\theta(x) - D_{KL}\left(Q_\phi(z|x) \| P_\theta(z|x)\right) = \mathbb{E}_{z \sim Q}\left[\log P_\theta(x|z)\right] - D_{KL}\left(Q_\phi(z|x) \| P_\theta(z)\right) \quad \text{（方程式 8.1.10）}$$

方程式 8.1.10 正是 VAE 的核心所在。左側是我們想要最大化的 $P_\theta(x)$ 減去誤差，而誤差是來自於 $Q_\phi(z|x)$ 與真實 $P_\theta(z|x)$ 之間的距離。回想一下，取對數不會改變最大值（或最小值）的位置。如果指定一個可為 $P_\theta(z|x)$ 良好估計值的推論模型，$D_{KL}\left(Q_\phi(z|x) \| P_\theta(z|x)\right)$ 就幾乎為 0 了。右側第一項 $P_\theta(x|z)$ 類似於可對推論模型抽樣來重構輸入的解碼器。第二項為另一個距離。這次它會介於 $Q_\phi(z|x)$ 與 $P_\theta(z)$ 之間。

方程式 8.1.10 的左側也稱為**變分下界**（**variational lower bound**）或證據下界（**evidence lower bound, ELBO**）。由於 KL 永遠為正值，ELBO 就是 $\log P_\theta(x)$ 的下界。透過最佳化神經網路參數 $\phi$ 與 $\theta$ 來最大化 ELBO 代表：

- $D_{KL}\left(Q_\phi(z|x) \| P_\theta(z|x)\right) \to 0$，或推論模型對於潛在向量 $z$ 中的 $x$ 屬性編碼表現愈來愈好

- 方程式 8.1.10 右側的 $\log P_\theta(x|z)$ 已最大化，或解碼器模型由潛在向量 $z$ 來重構 $x$ 的表現愈來愈好

## 最佳化

方程式 8.1.10 的右側包含了 VAE 損失函數的兩項重要資訊。解碼器項 $\mathbb{E}_{z \sim Q}\left[\log P_\theta(x|z)\right]$ 代表生成器由推論模型的輸出取得 $z$ 個樣本來重構輸入。將本項最大化代表將**重構損失** $\mathcal{L}_R$ 最小化。如果影像（資料）分配假設為高斯，則可使用 MSE。如果每個像素（資料）都視為白努利分配，則損失函數就是二元交差熵。

第二項 $-D_{KL}\left(Q_\phi(z|x) \| P_\theta(z)\right)$ 要評估就簡單多了。由**方程式 8.1.6** 可知 $Q_\phi$ 為高斯分配。一般來說，$P_\theta(z) = P(z) = \mathcal{N}(0, I)$ 也同樣為高斯分配，且平均數為 0，標準差為 1.0。KL 項可簡化為：

$$-D_{KL}\left(Q_{\phi}\left(z\,|\,x\right)\|\,P_{\theta}\left(z\right)\right)=\frac{1}{2}\sum_{j=1}^{J}\left(1+\log\left(\sigma_j\right)^2-\left(\mu_j\right)^2-\left(\sigma_j\right)^2\right)$$ （方程式 8.1.11）

其中 $J$ 為 $z$ 的維度。$\mu_j$ 與 $\sigma_j$ 兩者皆為在推論模型計算過程中 $x$ 的函數。最大化 $-D_{KL}$ 會讓 $\sigma_j \rightarrow 1$ 與 $\mu_j \rightarrow 0$。之所以選用 $P(z)=\mathcal{N}(0,I)$ 是因為均向單位高斯的特性使然，並可在指定一個合適函數之後變形為隨機分配。由**方程式 8.1.11**，$\mathcal{L}_{KL}$ 就等於 $D_{KL}$。

例如，先前論文 [6] 已說明等向性高斯分配可用以下公式轉變為環形分配：

$$g(z)=\frac{z}{10}+\frac{z}{\|z\|}$$

有興趣的讀者可進一步參考 Luc Devroye 的 *Sample-Based Non-Uniform Random Variate Generation* [7] 文章。

總而言之，VAE 損失函數可定義為：

$$\mathcal{L}_{VAE}=\mathcal{L}_R+\mathcal{L}_{KL}$$ （方程式 8.1.12）

## 再參數化法

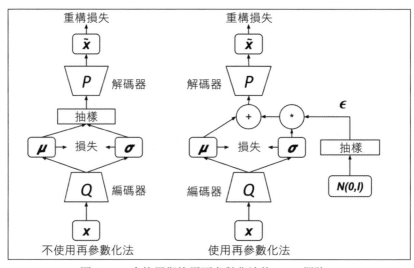

圖 8.1.1：未使用與使用再參數化法的 VAE 網路。

上圖左側是 VAE 網路。編碼器以 $x$ 為輸入，並由此估計潛在向量 $z$ 的多變量高斯分配之平均數 $\mu$ 與標準差 $\sigma$。解碼器潛在向量 $z$ 進行抽樣，並將輸入重構為 $\tilde{x}$。這個做法相當直觀，直到後向傳播過程中發生梯度更新為止。

後向傳播梯度不會經過隨機 **Sampling** 區塊。雖然神經網路的確可以使用隨機輸入，但梯度無法經過隨機層。

這個問題的解決辦法是把抽樣過程放在整個流程之外，並將其視為輸入，如圖 *8.1.1* 右側，並計算樣本如下：

$$Sample = \mu + \in \sigma \qquad \text{（方程式 8.1.13）}$$

如果 $\in$ 與 $\sigma$ 是用向量來表示，則 $\in \sigma$ 就代表元素相乘。由**方程式** *8.1.13* 可知，運用**方程式** *8.1.13*，結果就等同於直接對潛在空間進行抽樣，這也與原本的想法一致。這技術就是較為人所知的**再參數化法**（**Reparameterization Trick**）。

當**抽樣**是發生在輸入時，VAE 網路就能用 SGD、Adam 或 RMSProp 等你所熟知的最佳化演算法來訓練了。

## 解碼器測試

訓練好 VAE 網路之後，推論模型中的加法與乘法運算子就可以捨棄了。為了要產生有意義的新輸出，會從用於產生 $\in$ 的高斯分配來抽樣。右圖說明如何測試解碼器：

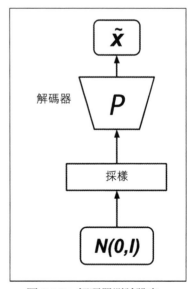

圖 8.1.2：解碼器測試設定。

# Keras 中的 VAE

VAE 的結構與一般的自動編碼器相當類似。主要的差別在於再參數化法中,對高斯隨機變數的抽樣方式。範例 *8.1.1* 是使用 MPL 來實作的編碼器、解碼器與 VAE。這份程式碼已收錄於 Keras 官方 GitHub。為了簡化,設定潛在向量 $z$ 的長度為 2。

編碼器就是個兩層的 MLP,其中第二層用於產生平均數並記錄變異數。記錄變異數的用途是為了簡化 *KL* 損失的計算與再參數化法。編碼器的第三個輸出是透過再參數化法的 $z$ 抽樣。請注意在抽樣函式中, $_e 0.5 \log \sigma^2 = \sqrt{\sigma^2} = \sigma$ ,由於這是高斯分配的標準差,所以 $\sigma > 0$。

解碼器也同樣是兩層的 MLP,取得 $z$ 樣本來近似輸入。編碼器與解碼器的中介尺寸都為 512。

VAE 網路就是把編碼器與解碼器組合起來,就這麼簡單。圖 *8.1.3* 到圖 *8.1.5* 分別是編碼器、解碼器與 VAE 模型。損失函數為**重構損失**與 *KL* **損失**之和。VAE 網路使用預設的 Adam 最佳器就有不錯的成果,VAE 網路的參數總數為 807,700。

VAE MLP 的 Keras 範例程式具有預先訓練好的權重。請用以下指令來測試:

```
$ python3 vae-mlp-mnist-8.1.1.py --weights=vae_mlp_mnist.h5
```

完整程式碼請由此取得:
https://github.com/PacktPublishing/Advanced-Deep-
Learning-with-Keras。

範例 8.1.1,`vae-mlp-mnist-8.1.1.py` 使用 Keras 來實作具有 MLP 層的 VAE:

```
# 再參數化法
# 不再對Q(z|X)抽樣,樣本的epsilon = N(0,I)
# z = z_mean + sqrt(var)*eps
def sampling(args):
    z_mean, z_log_var = args

    batch = K.shape(z_mean)[0]
    # K代表keras後端
    dim = K.int_shape(z_mean)[1]
```

```
    # 預設上，random_normal的mean=0、std=1.0
    epsilon = K.random_normal(shape=(batch, dim))
    return z_mean + K.exp(0.5 * z_log_var) * epsilon

# MNIST資料集
(x_train, y_train), (x_test, y_test) = mnist.load_data()

image_size = x_train.shape[1]
original_dim = image_size * image_size
x_train = np.reshape(x_train, [-1, original_dim])
x_test = np.reshape(x_test, [-1, original_dim])
x_train = x_train.astype('float32') / 255
x_test = x_test.astype('float32') / 255

# 網路參數
input_shape = (original_dim, )
intermediate_dim = 512
batch_size = 128
latent_dim = 2
epochs = 50

# VAE模型 = 編碼器 + 解碼器
# 建置編碼器模型
inputs = Input(shape=input_shape, name='encoder_input')
x = Dense(intermediate_dim, activation='relu')(inputs)

z_mean = Dense(latent_dim, name='z_mean')(x)
z_log_var = Dense(latent_dim, name='z_log_var')(x)


# 使用再參數化法將抽樣流程變成輸入
z = Lambda(sampling, output_shape=(latent_dim,), name='z')([z_mean, z_
log_var])
# 建立編碼器模型的實例
encoder = Model(inputs, [z_mean, z_log_var, z], name='encoder')
encoder.summary()
plot_model(encoder, to_file='vae_mlp_encoder.png', show_shapes=True)

# 建置解碼器模型
latent_inputs = Input(shape=(latent_dim,), name='z_sampling')
x = Dense(intermediate_dim, activation='relu')(latent_inputs)
outputs = Dense(original_dim, activation='sigmoid')(x)

# 建立解碼器模型的實例
decoder = Model(latent_inputs, outputs, name='decoder')
decoder.summary()
plot_model(decoder, to_file='vae_mlp_decoder.png', show_shapes=True)

# 建立VAE模型的實例
outputs = decoder(encoder(inputs)[2])
```

```python
vae = Model(inputs, outputs, name='vae_mlp')


if __name__ == '__main__':
    parser = argparse.ArgumentParser()
    help_ = "Load h5 model trained weights"
    parser.add_argument("-w", "--weights", help=help_)
    help_ = "Use mse loss instead of binary cross entropy (default)"
    parser.add_argument("-m",
                        "--mse",
                        help=help_, action='store_true')
    args = parser.parse_args()
    models = (encoder, decoder)
    data = (x_test, y_test)
    # VAE loss = mse_loss或xent_loss + kl_loss
    if args.mse:
        reconstruction_loss = mse(inputs, outputs)
    else:
        reconstruction_loss = binary_crossentropy(inputs,
                                                  outputs)
    reconstruction_loss *= original_dim
    kl_loss = 1 + z_log_var - K.square(z_mean) - K.exp(z_log_var)
    kl_loss = K.sum(kl_loss, axis=-1)
    kl_loss *= -0.5
    vae_loss = K.mean(reconstruction_loss + kl_loss)
    vae.add_loss(vae_loss)
    vae.compile(optimizer='adam')
    vae.summary()
    plot_model(vae,
               to_file='vae_mlp.png',
               show_shapes=True)

    if args.weights:
        vae = vae.load_weights(args.weights)
    else:
        # 訓練自動編碼器
        vae.fit(x_train,
                epochs=epochs,
                batch_size=batch_size,
                validation_data=(x_test, None))
        vae.save_weights('vae_mlp_mnist.h5')

    plot_results(models,
                 data,
                 batch_size=batch_size,
                 model_name="vae_mlp")
```

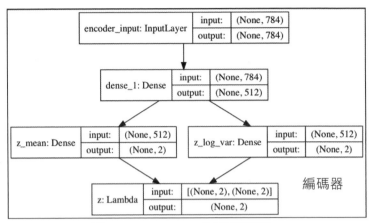

圖 8.1.3：VAE MLP 的編碼器模型。

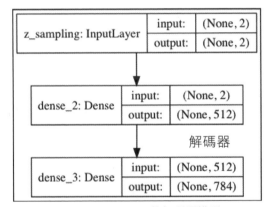

圖 8.1.4：VAE MLP 的解碼器模型。

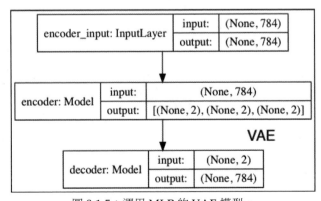

圖 8.1.5：運用 MLP 的 VAE 模型。

圖 *8.1.6* 是潛在向量的連續空間使用 `plot_results()` 訓練 50 回合之後的結果。為了簡化，函式內容就不列出，請你直接參考 `vae-mlp-mnist-8.1.1.py`。本函式會繪製兩張影像，測試資料集標籤（圖 *8.1.6*）與生成的數字（圖 *8.1.7*），兩者皆為 z 的函數。兩張圖都可說明潛在向量確實能影響生成數字的屬性。

不論在連續空間如何四處移動，都可產生類似於各種 MNIST 數字的輸出結果。例如，數字 9 的區域就與數字 7 的區域相當接近。從接近中央處的 9 向左移，數字會逐漸變形為 7。由中央往下移動，會讓所生成的數字由 3 逐漸變為 8，最後變成 1。圖 *8.1.7* 中的數字變形狀況，也是從另一個角度來說明了圖 *8.1.6*。

圖 *8.1.7* 不再顯示色塊，而是生成器的輸出結果。這樣就顯示了數字在潛在空間中的分配狀況，可以看到所有的數字都出現了。由於分配在中央處較密，因此，當平均值變大時，中央處的變化會更快，邊緣處則減緩。請注意圖 *8.1.7* 充分反應了圖 *8.1.6* 的分配狀況，例如，兩圖中數字 0 都是位於右上 1/4 處，而數字 1 則是在右下。

圖 *8.1.7* 中有一些無法辨識的數字，尤其是左上角。由下圖可知，該區域大部分都是空的並與中心離得相當遠：

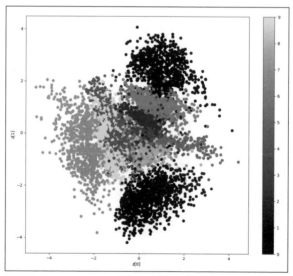

圖 8.1.6：測試資料集（VAE MLP）的潛在向量平均值分配。顏色條是以 z 的函數來代表對應的 MNIST 數字。原始彩色照片請參考本書 GitHub：https://github.com/PacktPublishing/Advanced-Deep-Learning-with-Keras/tree/master/chapter8-vae。

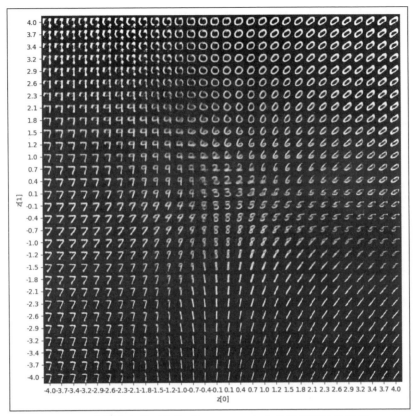

圖 8.1.7：由潛在向量平均值（VAE MLP）之函數所產生的數字。
為方便說明，平均值範圍接近於圖 8.1.6。

## 將 CNN 用於 VAE

在原本的 *Auto-encoding Variational Bayes* 文章 [1] 中，VAE 網路是用類似於先前章節所談過的 MLP 來實作。本段將示範將 CNN 用於 VAE 之後可大幅提高生成數字的品質，還能讓參數數量一口氣降到只有 134,165 個。

範例 *8.1.2* 實作了編碼器、解碼器與 VAE 網路。這份程式碼已經收錄於 Keras 官方的 GitHub。為了簡潔起見，類似於 MLP 的程式碼就省略了。編碼器是由兩層的 CNN 與兩層的 MLP 所組成，藉此來產生潛在編碼。編碼器的輸出結構類似於先前段落中的 MLP 實作。解碼器是由單層 MLP 與三層的轉置 CNN 所組成。圖 *8.1.8* 到圖 *8.1.10* 分別為編碼器、解碼器與 VAE 模型。對於 VAE CNN 來說，RMSprop 的損失會比 Adam 來得低。

VAE CNN 的 Keras 程式碼使用了預先訓練好的權重。請用以下指令來測試：

```
$ python3 vae-cnn-mnist-8.1.2.py --weights=vae_cnn_mnist.h5
```

範例 8.1.2，`vae-cnn-mnist-8.1.2.py` 是用 Keras 來實作具有 CNN 層的 VAE：

```python
# 網路參數
input_shape = (image_size, image_size, 1)
batch_size = 128
kernel_size = 3
filters = 16
latent_dim = 2
epochs = 30

# VAE mode = 編碼器 + 解碼器
# 建置編碼器模型
inputs = Input(shape=input_shape, name='encoder_input')
x = inputs

for i in range(2):
    filters *= 2
    x = Conv2D(filters=filters,
               kernel_size=kernel_size,
               activation='relu',
               strides=2,
               padding='same')(x)


# 建置解碼器模型所需的形狀資訊
shape = K.int_shape(x)

# 產生潛在向量Q(z|X)
x = Flatten()(x)
x = Dense(16, activation='relu')(x)
z_mean = Dense(latent_dim, name='z_mean')(x)
z_log_var = Dense(latent_dim, name='z_log_var')(x)

# 使用再參數化法將抽樣流程變成輸入
# 請注意"output_shape"對於TensorFlow來說並非必要
z = Lambda(sampling, output_shape=(latent_dim,), name='z')([z_mean, z_
```

```
log_var])

# 產生編碼器模型的實例
encoder = Model(inputs, [z_mean, z_log_var, z], name='encoder')
encoder.summary()
plot_model(encoder, to_file='vae_cnn_encoder.png', show_shapes=True)

# 建置解碼器模型
latent_inputs = Input(shape=(latent_dim,), name='z_sampling')
x = Dense(shape[1]*shape[2]*shape[3], activation='relu')(latent_inputs)
x = Reshape((shape[1], shape[2], shape[3]))(x)


for i in range(2):
    x = Conv2DTranspose(filters=filters,
                        kernel_size=kernel_size,
                        activation='relu',
                        strides=2,
                        padding='same')(x)
    filters //= 2

outputs = Conv2DTranspose(filters=1,
                          kernel_size=kernel_size,
                          activation='sigmoid',
                          padding='same',
                          name='decoder_output')(x)

# 產生解碼器模型的實例
decoder = Model(latent_inputs, outputs, name='decoder')
decoder.summary()
plot_model(decoder, to_file='vae_cnn_decoder.png', show_shapes=True)

# 產生VAE模型的實例
outputs = decoder(encoder(inputs)[2])
vae = Model(inputs, outputs, name='vae')
```

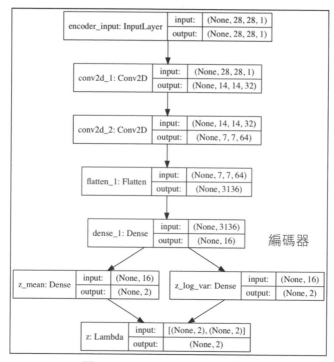

圖 8.1.8：VAE CNN 的編碼器。

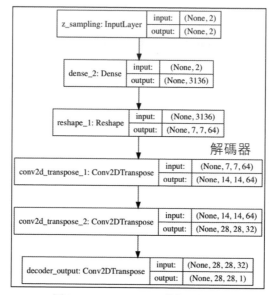

圖 8.1.9：VAE CNN 的解碼器。

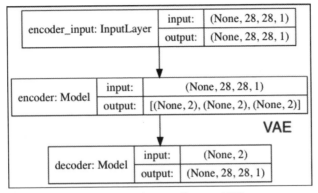

圖 8.1.10：運用 CNN 的 VAE 模型。

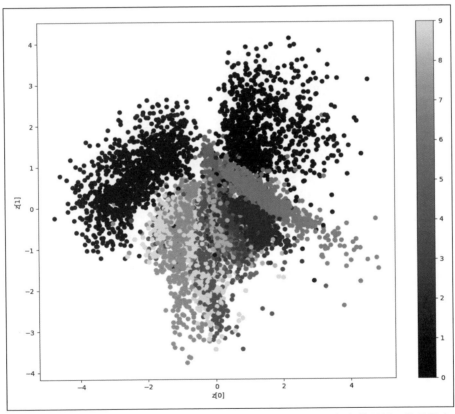

圖 8.1.11：測試資料集（VAE CNN）的潛在向量平均值分配。顏色條是以 z 的函數來
代表對應的 MNIST 數字。原始彩色照片請參考本書 GitHub：https://github.com/
PacktPublishing/Advanced-Deep-Learning-with-Keras/tree/master/chapter8-vae。

上圖是經過 30 回合之後，運用 CNN 的 VAE 之連續潛在空間狀態。各數字所在的區域可能不太一樣，但分配大致相同。下圖為生成模型的輸出結果。從質的方面來看，相較於圖 *8.1.7* 的 MLP 實作，模糊不清的數字比較少：

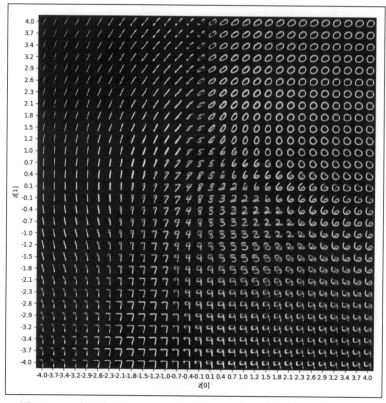

圖 8.1.12：由潛在向量平均值（VAE CNN）之函數所產生的數字。
為方便說明，平均值範圍接近於圖 8.1.11。

# 條件 VAE（CVAE）

條件 VAE [2] 在概念上與 CGAN 類似。以 MNIST 資料集為例，如果潛在空間是隨機抽樣，則 VAE 就無法控制所要生成的數字。透過對於要生成的數字加上一個條件（one-hot 標籤），CVAE 就可以解決這個問題。這個條件會同時加諸於編碼器與解碼器輸入。

正式定義上是將**方程式 8.1.10** 中的 VAE 核心方程式經過修改之後來納入條件 $c$：

$$\log P_\theta(x|c) - D_{KL}\left(Q_\phi(z|x,c) \,\|\, P_\theta(z|x,c)\right) = \mathbb{E}_{z \sim Q}\left[\log P_\theta(x|z,c)\right] - D_{KL}\left(Q_\phi(z|x,c) \,\|\, P_\theta(z|c)\right) \quad \text{（方程式 8.1.21）}$$

類似於 VAE，**方程式 8.2.1** 說明如果要把加入了條件 $c$ 的輸出 $P_\theta(x|c)$ 最大化，則需要將這兩個損失項最小化：

- 指定潛在向量與條件之後，解碼器的重構損失

- 指定潛在向量、條件與指定條件後的事前分配之後，編碼器的 KL 損失。類似於 VAE，一般來說都會選定 $P_\theta(z|c) = P(z|c) = \mathcal{N}(0, I)$。

範例 8.2.1，`cvae-cnn-mnist-8.2.1.py`，是用 Keras 實作運用了 CNN 層的 CAVE。程式中粗體部分代表為了支援 CVAE 所做的修改：

```
# 計算標籤數量
num_labels = len(np.unique(y_train))

# 網路參數
input_shape = (image_size, image_size, 1)
label_shape = (num_labels, )
batch_size = 128
kernel_size = 3
filters = 16
latent_dim = 2
epochs = 30

# VAE模型 = 編碼器 + 解碼器
# 建置編碼器模型
```

```python
inputs = Input(shape=input_shape, name='encoder_input')
y_labels = Input(shape=label_shape, name='class_labels')
x = Dense(image_size * image_size)(y_labels)
x = Reshape((image_size, image_size, 1))(x)
x = keras.layers.concatenate([inputs, x])
for i in range(2):
    filters *= 2
    x = Conv2D(filters=filters,
               kernel_size=kernel_size,
               activation='relu',
               strides=2,
               padding='same')(x)


# 建置解碼器模型所需的形狀資訊
shape = K.int_shape(x)

# 產生潛在向量Q(z|X)
x = Flatten()(x)
x = Dense(16, activation='relu')(x)
z_mean = Dense(latent_dim, name='z_mean')(x)
z_log_var = Dense(latent_dim, name='z_log_var')(x)

# 使用再參數化法將抽樣流程變成輸入
# 請注意"output_shape"對於TensorFlow來說並非必要
z = Lambda(sampling, output_shape=(latent_dim,), name='z')([z_mean, z_
log_var])

# 產生編碼器模型的實例
encoder = Model([inputs, y_labels], [z_mean, z_log_var, z],
name='encoder')
encoder.summary()
plot_model(encoder, to_file='cvae_cnn_encoder.png', show_shapes=True)

# 建置解碼器模型
latent_inputs = Input(shape=(latent_dim,), name='z_sampling')
x = keras.layers.concatenate([latent_inputs, y_labels])
x = Dense(shape[1]*shape[2]*shape[3], activation='relu')(x)
x = Reshape((shape[1], shape[2], shape[3]))(x)
for i in range(2):
    x = Conv2DTranspose(filters=filters,
                        kernel_size=kernel_size,
                        activation='relu',
                        strides=2,
                        padding='same')(x)
```

```
    filters //= 2


outputs = Conv2DTranspose(filters=1,
                          kernel_size=kernel_size,
                          activation='sigmoid',
                          padding='same',
                          name='decoder_output')(x)

# 產生解碼器模型的實例
decoder = Model([latent_inputs, y_labels], outputs, name='decoder')
decoder.summary()
plot_model(decoder, to_file='cvae_cnn_decoder.png', show_shapes=True)

# 產生VAE模型的實例
outputs = decoder([encoder([inputs, y_labels])[2], y_labels])
cvae = Model([inputs, y_labels], outputs, name='cvae')
if __name__ == '__main__':
    parser = argparse.ArgumentParser()
    help_ = "Load h5 model trained weights"
    parser.add_argument("-w", "--weights", help=help_)
    help_ = "Use mse loss instead of binary cross entropy (default)"
    parser.add_argument("-m", "--mse", help=help_, action='store_true')
    help_ = "Specify a specific digit to generate"
    parser.add_argument("-d", "--digit", type=int, help=help_)
    help_ = "Beta in Beta-CVAE. Beta > 1. Default is 1.0 (CVAE)"
    parser.add_argument("-b", "--beta", type=float, help=help_)
    args = parser.parse_args()
    models = (encoder, decoder)
    data = (x_test, y_test)

    if args.beta is None or args.beta < 1.0:
        beta = 1.0
        print("CVAE")
        model_name = "cvae_cnn_mnist"
    else:
        beta = args.beta
        print("Beta-CVAE with beta=", beta)
        model_name = "beta-cvae_cnn_mnist"

    # VAE loss = mse_loss or xent_loss + kl_loss
    if args.mse:
        reconstruction_loss = mse(K.flatten(inputs), K.flatten(outputs))
    else:
```

```
        reconstruction_loss = binary_crossentropy(K.flatten(inputs),
                                                   K.flatten(outputs))

    reconstruction_loss *= image_size * image_size
    kl_loss = 1 + z_log_var - K.square(z_mean) - K.exp(z_log_var)
    kl_loss = K.sum(kl_loss, axis=-1)
    kl_loss *= -0.5 * beta
    cvae_loss = K.mean(reconstruction_loss + kl_loss)
    cvae.add_loss(cvae_loss)
    cvae.compile(optimizer='rmsprop')
    cvae.summary()
    plot_model(cvae, to_file='cvae_cnn.png', show_shapes=True)

    if args.weights:
        cvae = cvae.load_weights(args.weights)
    else:
        # 訓練自動編碼器
        cvae.fit([x_train, to_categorical(y_train)],
                epochs=epochs,
                batch_size=batch_size,
                validation_data=([x_test, to_categorical(y_test)], None))
        cvae.save_weights(model_name + '.h5')

    if args.digit in range(0, num_labels):
        digit = np.array([args.digit])
    else:
        digit = np.random.randint(0, num_labels, 1)

    print("CVAE for digit %d" % digit)
    y_label = np.eye(num_labels)[digit]
    plot_results(models,
                data,
                y_label=y_label,
                batch_size=batch_size,
                model_name=model_name)
```

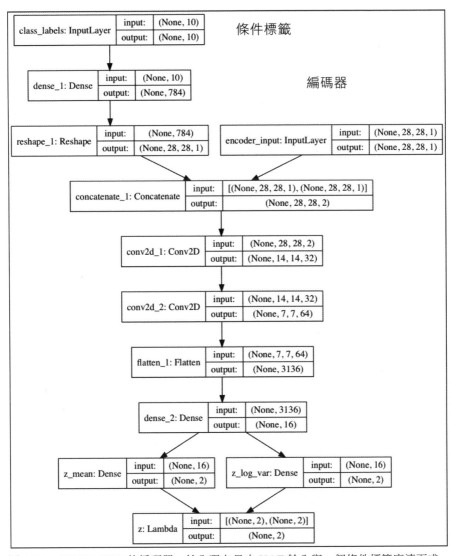

圖 8.2.1：CVAE CNN 的編碼器。輸入現在是由 VAE 輸入與一個條件標籤序連而成。

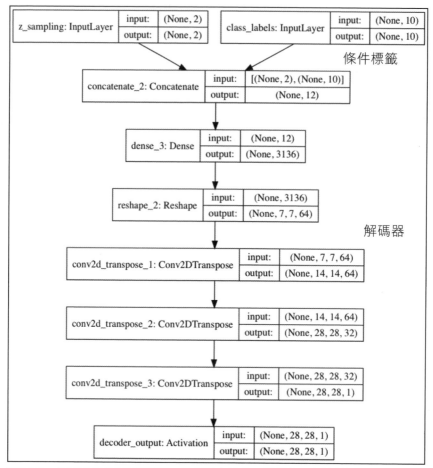

圖 8.2.2：CVAE CNN 的解碼器。輸入現在是由 z 抽樣與一個條件標籤序連而成。

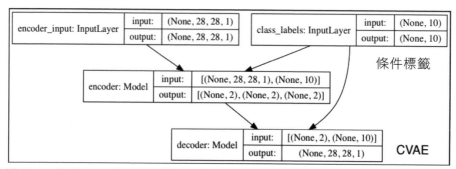

圖 8.2.3：運用 CNN 的 CVAE 模型。輸入現在是由 VAE 輸入與一個條件標籤所組成。

實作 CVAE 需要對原本的 VAE 程式碼做一些修改。對 CVAE 來說，需要先實作 VAE CNN。範例 *8.2.1* 中粗體部分是針對原本用於 MNIST 數字的 VAE 修改之處。編碼器輸入現在是由原始輸入影像與其 one-hot 標籤序連而成。解碼器輸入則是由 潛在空間抽樣與它所要生成影像之 one-hot 標籤所組成。參數總數為 174, 437。$\beta$-VAE 的相關程式碼會在本章的下一段來討論。

損失函數沒有變動，但在訓練、測試與繪製結果期間都需要提供 one-hot 標籤。圖 *8.2.1* 到圖 *8.2.3* 為編碼器、解碼器與 CVAE 模型，可以看到條件標籤的角色是以 one-hot 向量來呈現。

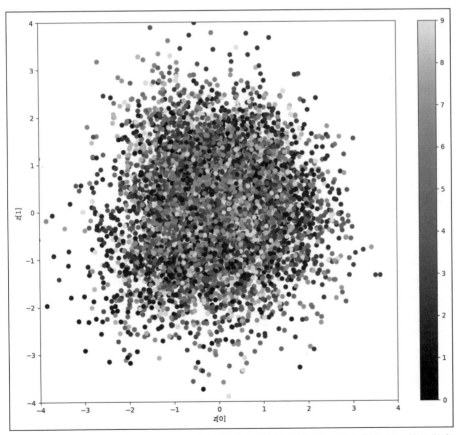

圖 8.2.4：測試資料集（CVAE CNN）的潛在向量平均值分配。顏色條是以 z 的函數來代表對應的 MNIST 數字。原始彩色照片請參考本書 GitHub：https://github.com/PacktPublishing/Advanced-Deep-Learning-with-Keras/tree/master/chapter8-vae。

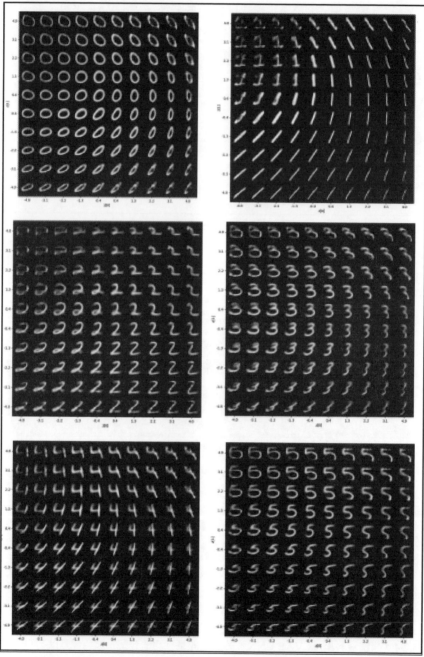

圖 8.2.5：由潛在向量平均值與 one-hot 標籤（CVAE CNN）之函數所產生的數字 0 到 5。
為方便說明，平均值範圍接近於圖 8.2.4。

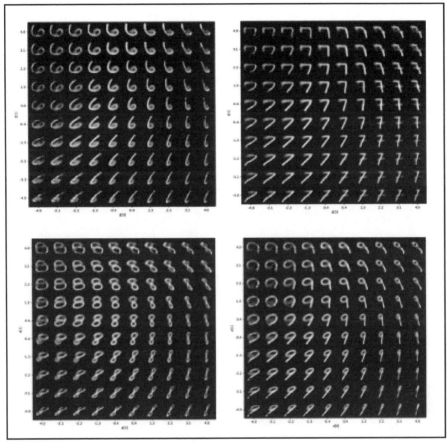

圖 8.2.6：由潛在向量平均值與 one-hot 標籤（CVAE CNN）之函數所產生的數字 6 到 9。為
方便說明，平均值範圍接近於圖 8.2.4。

圖 8.2.4 是經過 30 回合之後，每個標籤平均值的分配。不同於前一段的圖 8.1.6 與
圖 8.1.11，區域中的各標籤不再序連而是散佈於各張圖。由於對潛在空間的每次抽
樣應該只會產生某個指定數字，這樣的結果是可預期的。潛在空間中 navigating 會
改變該指定數字的屬性。例如當指定的數字為 0，則 navigating 潛在空間依然會產
生數字 0，但像是傾斜角度、粗細與其他書寫風格就有變化。

圖 8.2.5 與圖 8.2.6 中可以更明顯看出這些變化。為了方便比較，潛在向量的數值範
圍與圖 8.2.4 相同。請執行以下指令，使用預先訓練好的權重來產生數字（例如 0）：

```
$ python3 cvae-cnn-mnist-8.2.1.py --weights=cvae_cnn_mnist.h5 --digit=0
```

在圖 *8.2.5* 與圖 *8.2.6* 中，可看到當 $z[0]$ 由左方移動到右方時，各數字的寬度與圓角（如果可用的話）改變了。同時，當 $z[1]$ 由上方移動到下方時，各數字的傾斜角度與圓角（如果可用的話）改變了。由分配的中心向外移動會看到數字影像的品質開始變差。由於潛在空間為圓形，這算是預期中的結果。

另一個明顯可觀察到的屬性變化應該就是指定的數字。例如在左上 1/4 處的數字 1，可看到有一水平筆畫。但只有右側的數字 7 才有與豎筆交叉之水平筆畫。

# $\beta$-VAE：具有抽離語意潛在特徵的 VAE

在「*第 6 章｜抽離語意特徵 GAN*」中討論了對潛在編碼進行抽離語意的概念與重要性。回想一下，抽離語意後的特徵就是在單一生成因子中對於變化較敏感的單一潛在單元，且同時對其他因子的變化較無關聯 [3]。修改潛在編碼會使所生成的輸出屬性發生變化，但其他屬性不變。

同一章中，InfoGAN[4] 示範了對於 MNIST 資料集，它有辦法控制所要生成的數字以及書寫風格的傾斜與粗細。請觀察一下上一段的結果，不難看出 VAE 本質上可對潛在向量進行一定程度的語意抽離。例如圖 *8.2.6* 中的數字 8，當 $z[1]$ 由上方往下方移動會降低寬度與圓角，同時會讓數字順時鐘旋轉。當 $z[0]$ 由左方移動到右方也會降低寬度與圓角，同時會讓數字逆時鐘旋轉。換言之，$z[1]$ 可控制順時鐘方向的旋轉程度，$z[0]$ 則會影響逆時鐘方向的旋轉程度、寬度與圓角。

本段將介紹如何修改 VAE 的損失函數來強迫潛在編碼進一步抽離語意。修改項目是一為正值的權重，$\beta > 1$，作為 KL 損失的正規器：

$$\mathcal{L}_{\beta-VAE} = \mathcal{L}_R + \beta\mathcal{L}_{KL} \quad \text{（方程式 8.3.1）}$$

這款 VAE 的變形稱為 $\beta$-VAE [5]。$\beta$ 的間接效果是縮小標準差的範圍。換言之，$\beta$ 會強迫事後分配 $Q_\phi(z|x)$ 中的潛在編碼成為獨立。

$\beta$-VAE 在實作上相當直觀。例如先前談過的 CVAE，所需修改就只有 kl_loss 中額外的 **beta** 因子。

```
kl_loss = 1 + z_log_var - K.square(z_mean) - K.exp(z_log_var)
kl_loss = K.sum(kl_loss, axis=-1)
kl_loss *= -0.5 * beta
```

CVAE 是一款特殊的 $\beta$-VAE，除了 $\beta=1$ 之外其餘皆相同。不過，需要多方嘗試才能決定 $\beta$ 值。重構誤差與正規化需要小心拿捏才能保持潛在編碼的獨立性。當 $\beta = 7$ 左右就會讓語意抽離程度達到最大。$\beta > 8$，$\beta$-VAE 會被強迫去學習單一個抽離語意特徵，同時讓其他潛在向量保持不變：

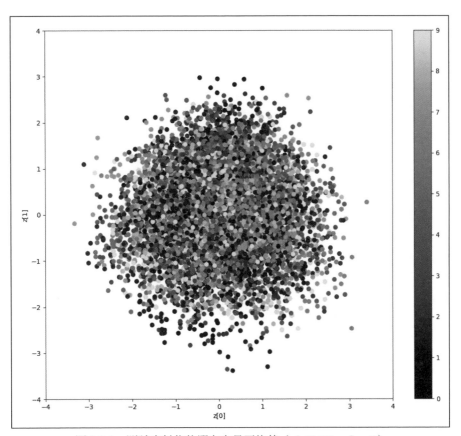

圖 8.3.1：測試資料集的潛在向量平均值（$\beta$-VAE，$\beta = 7$）
原始彩色照片請參考本書 GitHub：https://github.com/PacktPublishing/Advanced-Deep-Learning-with-Keras/tree/master/chapter8-vae。

圖 *8.3.1* 與圖 *8.3.2* 是當 $\beta = 7$ 與 $\beta = 10$ 時，$\beta$-VAE 的潛在向量平均值分配狀況。
當 $\beta = 7$ 時，分配的標準差會比 CVAE 來得小。而 $\beta = 10$ 時，就只會去學習潛在
編碼。由於編碼器與解碼器省略了第一個潛在編碼 $z[0]$，分配就順利被降到 1D：

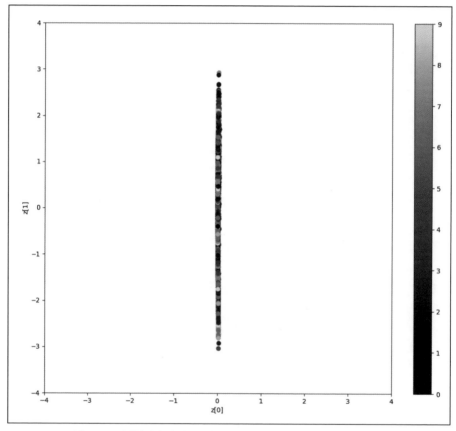

圖 8.3.2：測試資料集的潛在向量平均值（$\beta$-VAE， $\beta = 10$）

原始彩色照片請參考本書 GitHub：https://github.com/PacktPublishing/Advanced-
Deep-Learning-with-Keras/tree/master/chapter8-vae。

結果如圖 *8.3.3*。$\beta = 7$ 的 $\beta$-VAE 具有兩個基本上彼此獨立的潛在編碼。$z[0]$ 決定
書寫風格的傾斜角度。同時 $z[1]$ 則是決定數字的寬度與圓角（如果可用的話）。當
$\beta$-VAE 的 $\beta = 10$，$z[0]$ 會被省略。$z[0]$ 增加不會對數字造成明顯的影響，$z[1]$ 則是
決定書寫風格的傾斜角度與寬度。

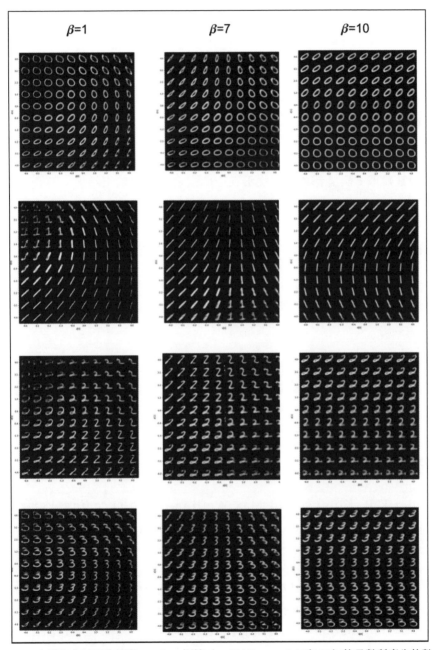

圖 8.3.3：由潛在向量平均值與 one-hot 標籤（ *β* -VAE， *β* = 1, 7 和 10）的函數所產生的數字 0 到 3。為方便說明，平均數的數值範圍類似於圖 8.3.1。

$\beta$-VAE 的 Keras 程式碼具有預先訓練好的權重。如果要用 $\beta = 7$ 來測試 $\beta$-VAE 是否可產生數字 0，請執行以下指令：

```
$ python3 cvae-cnn-mnist-8.2.1.py --beta=7 --weights=beta-cvae_cnn_mnist.h5
--digit=0
```

# 結論

本章介紹了變分自動編碼器（VAE）的運作原理。學會原理之後，你會發現它與 GAN 相當類似，兩者都會試著從潛在空間去合成某種輸出結果。不過，值得注意的是，VAE 網路在訓練上相較於 GAN 來得更簡單。現在你應該很清楚，條件 VAE 與 $\beta$-VAE 的概念相當接近，分別可做到對 GAN 加上限制條件以及進行抽離語意特徵。

VAE 的機制在本質上就適合對潛在向量進行抽離語意，因此，要建置 $\beta$-VAE 是非常直觀的。在此要強調的是，可解譯且抽離語意後的編碼，對於建置智能代理來說是非常重要的。

下一章的重點是強化學習。不需要任何事前資料，代理就能透過與所處的世界互動來學習。我們會討論如何對代理做了正確的動作給出獎勵，以及對錯誤的動作進行懲罰。

# 參考資料

1. Diederik P. Kingma and Max Welling. *Auto-encoding Variational Bayes*. arXiv preprint arXiv:1312.6114, 2013(https://arxiv.org/pdf/1312.6114.pdf).

2. Kihyuk Sohn, Honglak Lee, and Xinchen Yan. *Learning Structured Output Representation Using Deep Conditional Generative Models*. Advances in Neural Information Processing Systems, 2015(http://papers.nips.cc/ paper/5775-learning-structured-output-representation-using-deep-conditional-generative-models.pdf).

3. Yoshua Bengio, Aaron Courville, and Pascal Vincent. *Representation Learning: A Review and New Perspectives.* IEEE transactions on Pattern Analysis and Machine Intelligence 35.8, 2013: 1798-1828(https://arxiv.org/ pdf/1206.5538.pdf).

4. Xi Chen and others. Infogan: *Interpretable Representation Learning by Information Maximizing Generative Adversarial Nets.* Advances in Neural Information Processing Systems, 2016(http://papers.nips.cc/ paper/6399-infogan-interpretable-representation-learning-by-information-maximizing-generative-adversarial-nets. pdf).

5. I. Higgins, L. Matthey, A. Pal, C. Burgess, X. Glorot, M. Botvinick, S. Mohamed, and A. Lerchner. *β-VAE: Learning basic visual concepts with a constrained variational framework.* ICLR, 2017(https://openreview. net/ pdf?id=Sy2fzU9gl).

6. Carl Doersch. *Tutorial on variational autoencoders.* arXiv preprint arXiv:1606.05908, 2016 (https://arxiv.org/pdf/1606.05908.pdf).

7. Luc Devroye. *Sample-Based Non-Uniform Random Variate Generation.* Proceedings of the 18th conference on Winter simulation. ACM, 1986(http://www.eirene.de/Devroye.pdf).

# 9

# 深度強化學習

強化學習（**Reinforcement Learning, RL**）是代理所採用的一種決策框架。代理並不一定像是電玩遊戲中的軟體實體（entity）。反之，它可以放在類似機器人或自動車這類的硬體中。由於真實的實體可以與真實世界互動並接收回應，因此，具體化之後的代理應可說是能夠充分發揮強化學習優點的最好方式。

代理身處在某個環境中，而這個環境則擁有部分可觀察或完全可觀察的狀態。代理還有一組動作，透過這些動作就能與環境互動。動作的結果會使得環境轉移到一個新的狀態。執行了某個動作之後就會收到對應的**獎勵**（純量值）。代理的目標，是透過學習能夠決定在某個狀態中要採取何種動作的**策略**，藉此最大化累積的未來獎勵。

強化學習與人類的心理非常相似。人類是透過體驗所在的世界來學習的。採取了錯誤的動作會導致某種型態的懲罰，之後要盡量避免；反之如果採取了正確的動作就會收到獎勵，之後也會鼓勵繼續這麼做。與人類心理如此高度的相似性，讓許多研究者深信強化學習是帶領我們邁向真正的人工智慧的康莊大道。

強化學習已經發展了數十年。不過，如果超出了這類的簡易世界模型之後，RL 就會碰到嚴重的規模問題。這正是**深度學習**（**Deep Learning, DL**）登場的時候，它解決了規模問題，並開啟了**深度強化學習**（**Deep reinforcement Learning, DRL**）的新時代，後者正是本章討論的重點。一個知名的 DRL 範例是 DeepMind 公司的成果，它們的代理在多種電玩遊戲上的表現都足以超越人類玩家的效能。本章會一併介紹 RL 與 DRL。

本章學習內容如下：

- RL 的運作原理

- 強化學習技術：Q- 學習

- 各類進階主題，包含**深度 Q- 網路（DQN）**與**雙重 Q- 學習（DDQN）**

- 如何使用 Python 來實作 RL，以及如何運用 Keras 來實作 DRL

# 強化學習（RL）的原理

圖 *9.1.1* 是用於描述 RL 的感知 - 動作 - 學習（perception-action-learning）迴圈。環境是一個放在地板上的汽水罐。代理是一台移動式機器人，其目標是撿起汽水罐。代理會觀察自身周圍的環境，並根據自身的攝影機來追蹤汽水罐的位置。觀察可總結為某種可讓機器人決定要採取何種動作的狀態。它所採取的動作多半與低階控制有關，例如各輪子的旋轉角度 / 速度、手臂上各關節的旋轉角度 / 速度以及夾爪的開合等等。

動作也可能是高階行為，例如讓機器人前進 / 後退、轉向某個角度以及夾取 / 釋放等。任何能讓夾爪遠離汽水罐的動作會讓代理收到一個負向獎勵，而任何能縮短夾爪與汽水罐位置之間距離的動作則會收到一個正向獎勵。當機器手臂成功抓到汽水罐，它會收到一個超大的正向獎勵。RL 的目標是學會最佳策略，好讓機器人可以決定在某個狀態中要採取哪個動作來將累積折扣獎勵最大化：

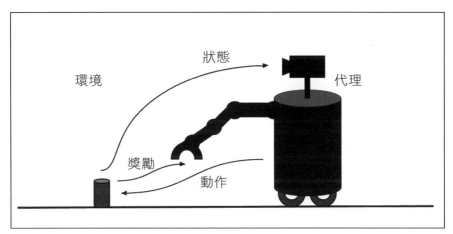

圖 9.1.1：強化學習中的感知 - 動作 - 學習迴圈

正式來說，RL 問題可描述為一個 **Markov** 決策流程（**Markov Decision Process, MDP**）。為了簡化，我們假設了一個**確定性**（*deterministic*）環境，其中指定狀態中的某個動作會持續產出一個已知的下一個狀態與獎勵。本章最後一段會介紹如何處理隨機性：在時間步驟 $t$ 中：

- 環境是指一個屬於狀態空間 $s$ 中的狀態 $s_t$，可能為離散或連續。起始狀態為 $s_0$，而最終狀態為 $s_T$。

- 代理遵循策略 $\pi(a_t | s_t)$ 在動作空間 $\mathcal{A}$ 中採取動作 $a_t$。$\mathcal{A}$ 可能為離散或連續。

- 運用狀態轉移動態 $T(s_{t+1} | s_t, a_t)$，就能讓環境轉移到新狀態 $s_{t+1}$。下一個狀態只與當下的狀態和動作有關。$T$ 對代理是未知的。

- 代理會使用獎勵函數 $r_{t+1} = R(s_t, a_t)$ 來收到一個純量值獎勵，其中 $r : \mathcal{A} \times \mathcal{S} \to \mathbb{R}$。獎勵只與當下的狀態與動作有關。$R$ 對代理是未知的。

- 未來獎勵會由 $\gamma^k$ 進行折扣，其中 $\gamma \in [0,1]$ 且 $k$ 是指未來的時間步驟。

- **範圍**（*Horizon*），$H$ 代表由 $s_0$ 到 $s_T$ 間之間要完成一個世代所需的時間步驟 $T$ 的數量。

環境可能為完整可觀察或部分可觀察，後者也稱為**部分可觀察 MDP** 或簡稱 **POMDP**。多數情況下，要完整觀察整個環境是不太可行的。為了提升觀察程度，過往的觀察會與當下的觀察一併納入考量。狀態需要包含對於環境的足量觀察，這樣策略才能決定要採取哪個動作。圖 *9.1.1* 中，這就代表由機器人攝影機所估計，汽水罐相對於機器夾爪的 3D 位置。

每當環境轉移到一個新狀態時，代理都會收到一個純量值獎勵 $r_{t+1}$。在圖 *9.1.1* 中，當機器人更接近汽水罐時，獎勵為 +1，而如果遠離的話就為 -1，而如果機器人閉合夾爪並成功抓起汽水罐時，獎勵為 +100。代理的目標是學會最佳策略 $\pi^*$ 來將所有狀態的回報最大化：

$$\pi^* = argmax_\pi R_t \quad \text{（方程式9.1.1）}$$

回報的定義是折扣後的累積獎勵：$R_t = \sum_{k=0}^{T} \gamma^k r_{t+k}$。由**方程式 *9.1.1*** 可知，未來獎勵的權重比立即獎勵來得低，一般來說 $\gamma^k < 1.0$，$\gamma \in [0,1]$。如果是 $\gamma = 0$ 這樣的極端狀況時，只會考慮立即獎勵。而 $\gamma = 1$ 時，則代表未來獎勵與立即獎勵有著相同的重要性。

回報可解釋為，某個指定狀態在遵循隨機策略 $\pi$ 之後的價值：

$$V^\pi(s_t) = R_t = \sum_{k=0}^{T} \gamma^k r_{t+k} \quad \text{（方程式9.1.2）}$$

換言之，RL 問題中的代理目標是學會對於所有狀態 $s$ 都能最大化 $V^\pi$ 的最佳策略：

$$\pi^* = argmax_\pi V^\pi(s) \quad \text{（方程式9.1.3）}$$

最佳策略的價值函數為 $V^*$。在圖 *9.1.1* 中，最佳策略是指可產生最短的動作序列，好讓機器人可以逐漸接近汽水罐直到取得罐子為止。狀態愈接近目標狀態，其價值就愈高。

可達到目標（就是最終狀態）的事件序列可建模為策略的軌跡：

$$Trajectory = (s_0a_0r_1s_1, s_1a_1r_2s_2, ..., s_{T-1}a_{T-1}r_Ts_T) \quad \text{（方程式9.1.4）}$$

如果 MDP 為**世代型**，則當代理到達最終狀態 $s_T$ 時，狀態會被重置為 $s_0$。但如果 $T$ 為有限的話，代表**地平線**是有限的，反之則為無限延伸的地平線。在**圖 9.1.1** 中，如果 MDP 為世代型，機器人會在夾取汽水罐之後繼續尋找另一個汽水罐來夾取，藉此不斷重複這個 RL 問題。

# Q 值

在此有個重要的問題：如果 RL 問題是要找到 $\pi^*$，那麼代理要如何透過與環境互動來學習呢？**方程式 9.1.3** 並未明確指出要嘗試的動作以及用於計算回報的後續狀態。在 RL 中，我們發現使用 $Q$ 值會更容易學會 $\pi^*$：

$$\pi^* = argmax_a Q(s, a) \quad \text{（方程式9.2.1）}$$

其中：

$$V^*(s) = \max_a Q(s, a) \quad \text{（方程式9.2.2）}$$

換言之，與其去找到一個可以最大化所有狀態價值的策略，**方程式 9.2.1** 改為尋找可以最大化所有狀態的品質（$Q$）價值的動作。找到 $Q$ 價值函數之後，就可分別透過**方程式 9.2.2** 與**方程式 9.1.3** 來求出 $V^*$ 與 $\pi^*$ 了。

如果每個動作的獎勵與下一個狀態都是可觀察的，則可整理出以下的遞迴型（或試誤型）演算法來學會 $Q$ 值：

$$Q(s, a) = r + \gamma \max_{a'} Q(s', a') \quad \text{（方程式9.2.3）}$$

為了讓公式看起來清爽一點，本式中用 $s'$ 與 $a'$ 來分別代表下一個狀態與下一個動作。**方程式 9.2.3** 就是著名的 **Bellman** 方程式，也是 Q- 學習演算法的核心。Q- 學習會運用一個當下狀態與動作的函式去近似回報或價值（**方程式 9.1.2**）的一階展開。

如果對於環境動態一無所知，代理會試著執行動作 $a$，接著，觀察獎勵 $r$ 與下一個狀態 $s'$ 的變化。$\max_{a'} Q(s', a')$ 會合理地去選擇可對下一個狀態得出最大 Q 值的動作。*方程式 9.2.3* 中所有項目已知之後，當下狀態 - 動作組的 Q 值會被更新。不斷更新下去，至終就能學會 Q 價值函數。

Q- 學習是一種**離線**（*off-policy*）RL 演算法。它不會直接對該策略進行抽樣來學會如何改進策略。換言之，學習 Q 值是透過代理所使用的策略來獨立完成的。當 Q 價值函數收斂之後，就用*方程式 9.2.1* 來決定最佳策略。

在介紹 Q- 學習的範例之前，請注意代理必須逐漸運用它目前所學到的東西來持續探索它所在的環境。這是 RL 的問題之一：**在探索與運用之間找到良好的平衡點**。一般來說，當學習剛開始時，動作都是隨機的（探索），但隨著學習不斷進展，代理就會開始運用 Q 值（運用）。例如在世代開始時，90% 的動作都是隨機產生，而10% 是來自 Q 價值函數，但到了每個世代的結尾，隨機的比例會慢慢降低。至終，只有 10% 的動作是隨機產生，而 90% 是來自 Q 價值函數。

# Q 學習範例

為了說明 Q 學習演算法，在此採用一個簡易的確定性環境，如下圖，這個環境共有六個狀態。對於可允許轉移的獎勵如下所示。兩個狀況會收到非零的獎勵，轉移到**目標**（**G**）狀態的獎勵為 +100，而移動到洞（**H**）狀態的獎勵則為 -100。這兩個狀態都是最終狀態，這樣就從 **Start** 狀態開始，構成了一個世代的結束：

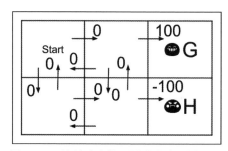

圖 9.3.1：簡易確定性環境中的各種獎勵。

為了正式列出各個狀態的身分，需要用到如下圖的 (*row, column*) 識別符。由於代理尚未學會關於這個環境的任何東西，下圖中的 Q- 表的初始值皆為 0。本範例的折扣因子 $\gamma = 0.9$。回想一下在估計當下 Q 值的過程中，折扣因子是以步驟數量 $\gamma^k$ 的函數來決定未來 Q 值的權重。在**方程式** *9.2.3* 中由於 $k = 1$，代表只考慮立即未來 Q 值：

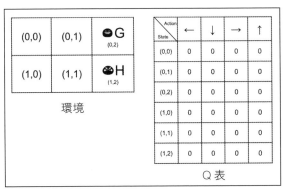

圖 9.3.2：簡易確定性環境中的各個狀態與代理的初始 Q 表

首先，代理假定了一個策略，有 90% 的時間會隨機選擇動作，而 10% 的時間則是去運用 Q 表。假設第一個動作是隨機選定，且是一個向右移動的動作。圖 *9.3.3* 說明了當狀態 (0, 0) 採取了向右動作時，它的新 Q 值之計算過程。下一個狀態為 (0, 1)，獎勵為 0，因此，所有下一個狀態的 Q 值也都為 0。因此，狀態 (0, 0) 採取了向右動作時的 Q 值依然為 0。

為了方便追蹤初始狀態與下一個狀態，在環境與 Q 表中採用了不同的灰色：初始狀態使用淺灰色，下一個狀態則用深灰色來代表。在選取下一個狀態的下一個動作時，候選動作會用粗線條邊界框起來：

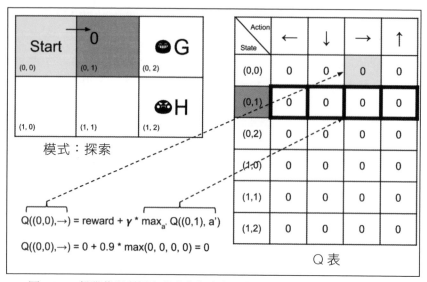

圖 9.3.3：假設代理所採取的動作為向右，狀態 (0, 0) 的 Q 值更新過程。

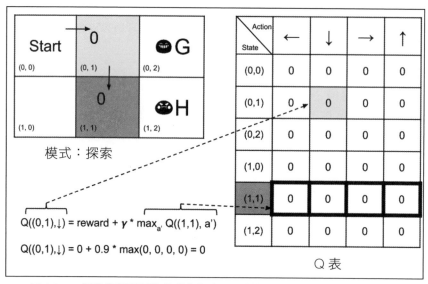

圖 9.3.4：假設代理所採取的動作為向下，狀態 (0, 1) 的 Q 值更新過程。

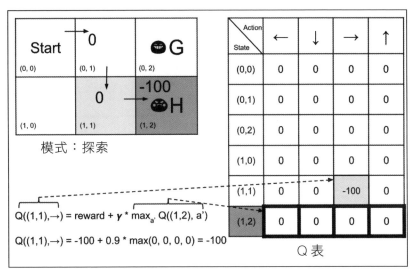

圖 9.3.5：假設代理所採取的動作為向右，狀態 (1, 1) 的 Q 值更新過程。

假設下一個隨機選擇的動作為向下。由圖 9.3.4 可知，狀態 (0, 1) 採取了向下動作時的 Q 值保持不變。在圖 9.3.5 中，代理的第三個隨機動作為向右，這樣就掉進洞 (H) 裡面，收到了最糟獎勵 -100。這時的更新就不再是 0 了，狀態 (1, 1) 採取向右動作的新 Q 值為 -100。這個世代到此結束，代理會回復到一開始的 **Start** 狀態。

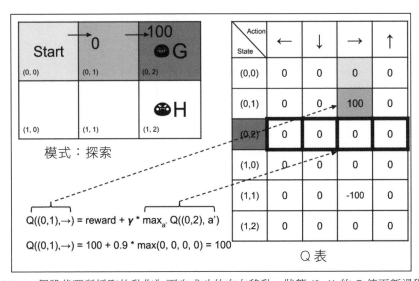

圖 9.3.6：假設代理所採取的動作為兩次成功的向右移動，狀態 (0, 1) 的 Q 值更新過程。

假設代理還在探索模式中，如圖 *9.3.6*。第二個世代所採取的第一個動作是向右移動。如所預料的，更新為 0。不過，它隨機選擇的第二個動作一樣是向右移動。代理到達了 **G** 狀態並收到超大獎 +100。狀態 (0, 1) 採取了向右動作之後的 *Q* 值就等於 100。第二個世代到此結束，代理再次回到 **Start** 狀態。

Start
(0, 0)
0
(0, 1)
G
(0, 2)
(1, 0)
(1, 1)
H
(1, 2)
模式：探索
Q((0,0),→) = reward + γ * max_a' Q((0,1), a')
Q((0,0),→) = 0 + 0.9 * max(0, 0, 0, 100) = 90
Action
State
← ↓ → ↑
(0,0) 0 0 90 0
(0,1) 0 0 100 0
(0,2) 0 0 0 0
(1,0) 0 0 0 0
(1,1) 0 0 -100 0
(1,2) 0 0 0 0
Q 表

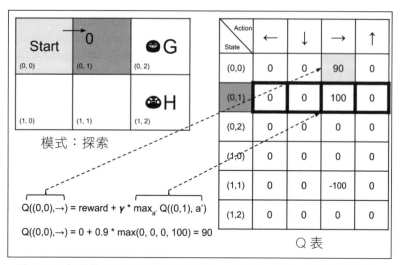

圖 9.3.7：假設代理所採取的動作為向右，狀態 (0, 0) 的 Q 值更新過程。

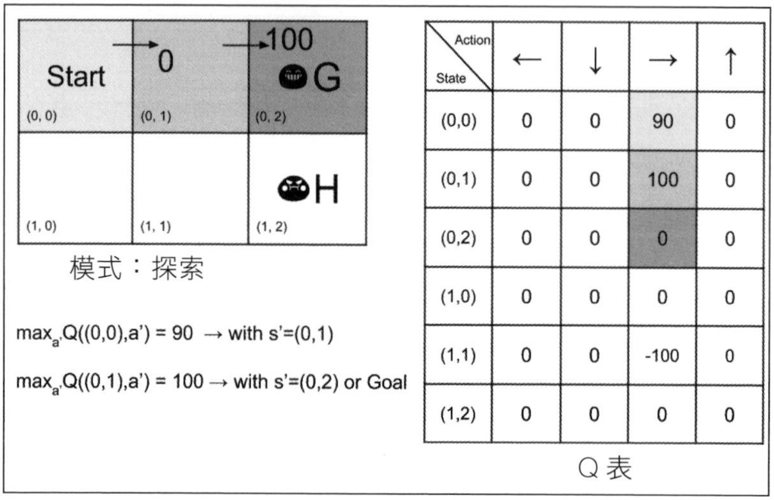

Start
(0, 0)
0
(0, 1)
100
G
(0, 2)
(1, 0)
(1, 1)
H
(1, 2)
模式：探索
max_a' Q((0,0),a') = 90 → with s'=(0,1)
max_a' Q((0,1),a') = 100 → with s'=(0,2) or Goal
Action
State
← ↓ → ↑
(0,0) 0 0 90 0
(0,1) 0 0 100 0
(0,2) 0 0 0 0
(1,0) 0 0 0 0
(1,1) 0 0 -100 0
(1,2) 0 0 0 0
Q 表

圖 9.3.8：在本狀況下，代理的策略是運用 Q- 表來決定在狀態 (0, 0) 與狀態 (0, 1) 下要做的動作。Q- 表對兩個狀態的建議都是向右移動。

第三個世代開始時，代理隨機採取的動作為向右移動。因為下一個狀態中，可能的動作之最大 Q 值為 100，狀態 (0, 0) 的 Q 值現在被更新為一個非零的值。圖 9.3.7 說明了計算過程。下一個狀態 (0, 1) 的 Q 值就回到了先前的狀態 (0, 0)。這好比是讓先前的狀態來幫助找出 G 狀態。

Q 表的過程至關重要。事實上在下一個世代中，如果因為某些原因讓策略決定去運用 Q 表而非隨機去探索環境，根據圖 9.3.8 的計算結果，第一個動作就會是向右移動。在 Q 表的第一列中，可讓 Q 值最大的動作也正好是向右移動。對下一個狀態 (0, 1) 來說，由 Q 表的第二列可知下一個建議的動作依然是向右移動。代理成功達成目標了，策略會用正確的動作去引導代理來達成目標。

Q 學習演算法不斷執行的話，至終會讓 Q 表收斂。收斂的前提是該 RL 問題必須為確定性 MDP 且具備有界獎勵，並且所有狀態都會持續地被造訪。

# 使用 Python 實作 Q 學習

前一段所談到的環境與 Q 學習都可使用 Python 來實作。由於策略就只是一個表格，在此暫時還用不到 Keras。範例 9.3.1 為 q-learning-9.3.1.py，使用 QWorld 類別來實作這個簡易確定性世界（環境、代理、動作與 Q 表演算法）。為了簡潔起見，在此省略了使用者介面的相關函式。

本範例會用 self.transition_table 來呈現環境動態。每個動作都會透過 self.transition_table 來決定下一個狀態。執行某個動作之後的獎勵會存放在 self.reward_table 中。每當 step() 函式執行某個動作之後就會去參考這兩個表格。Q 學習演算法是透過 update_q_table() 函式來實作的。每當代理要決定採取哪個動作時，它會呼叫 act() 函式。動作可能是隨機選取或由指定策略去參考 Q 表來決定。隨機選取動作的機率是存放於 self.epsilon 變數，並由 update_epsilon() 函式運用 epsilon_decay 這個固定的衰退值來更新。

在執行範例 9.3.1 之前，請用以下指令來安裝 termcolor 套件：

```
$ sudo pip3 install termcolor
```

termcolor 套件可讓終端機的文字輸出有更好的視覺化呈現效果。

完整程式碼請由此取得：
**https://github.com/PacktPublishing/Advanced-Deep-Learning-with-Keras**。

範例 9.3.1，`q-learning-9.3.1.py`，是一個擁有六個狀態的簡易確定性 MDP：

```python
from collections import deque
import numpy as np
import argparse
import os
import time

from termcolor import colored


class QWorld():
    def __init__(self):
        # 4個動作
        # 0 - Left, 1 - Down, 2 - Right, 3 - Up
        self.col = 4

        # 6個狀態
        self.row = 6


        # 設定環境
        self.q_table = np.zeros([self.row, self.col])
        self.init_transition_table()
        self.init_reward_table()

        # 折扣因子
        self.gamma = 0.9

        # 一開始90%探索，10%運用
        self.epsilon = 0.9
        # 每次開始新世代時，探索的機率會透過這個因子衰退
        self.epsilon_decay = 0.9
        # 至終會變成10%探索，90%運用
        self.epsilon_min = 0.1

        # 重置環境
```

```python
        self.reset()
        self.is_explore = True


    # 世代開始
    def reset(self):

        self.state = 0
        return self.state

    # 達到目標時，代表代理勝利
    def is_in_win_state(self):
        return self.state == 2


    def init_reward_table(self):
        """
        0 - Left, 1 - Down, 2 - Right, 3 - Up
        ---------------
        | 0 | 0 | 100   |
        ---------------
        | 0 | 0 | -100  |
        ---------------
        """
        self.reward_table = np.zeros([self.row, self.col])
        self.reward_table[1, 2] = 100.
        self.reward_table[4, 2] = -100.


    def init_transition_table(self):
        """
        0 - Left, 1 - Down, 2 - Right, 3 - Up
        -------------
        | 0 | 1 | 2 |
        -------------
        | 3 | 4 | 5 |
        -------------
        """
        self.transition_table = np.zeros([self.row, self.col], dtype=int)

        self.transition_table[0, 0] = 0
        self.transition_table[0, 1] = 3
        self.transition_table[0, 2] = 1
        self.transition_table[0, 3] = 0
```

```
            self.transition_table[1, 0] = 0
            self.transition_table[1, 1] = 4
            self.transition_table[1, 2] = 2
            self.transition_table[1, 3] = 1

            # 最終的Goal狀態
            self.transition_table[2, 0] = 2
            self.transition_table[2, 1] = 2
            self.transition_table[2, 2] = 2
            self.transition_table[2, 3] = 2

            self.transition_table[3, 0] = 3
            self.transition_table[3, 1] = 3
            self.transition_table[3, 2] = 4
            self.transition_table[3, 3] = 0

            self.transition_table[4, 0] = 3
            self.transition_table[4, 1] = 4
            self.transition_table[4, 2] = 5
            self.transition_table[4, 3] = 1

            # 最終的Hole狀態
            self.transition_table[5, 0] = 5
            self.transition_table[5, 1] = 5
            self.transition_table[5, 2] = 5
            self.transition_table[5, 3] = 5


    # 在環境中執行動作
    def step(self, action):
        # 指定狀態與動作來決定next_state
        next_state = self.transition_table[self.state, action]
        # 如果next_state為Goal或Hole，設done為True
        done = next_state == 2 or next_state == 5
        # 指定狀態與動作之後所得的獎勵
        reward = self.reward_table[self.state, action]
        # 環境進入新的狀態
        self.state = next_state
        return next_state, reward, done


    # 決定下一個動作
    def act(self):
        # 0 - Left, 1 - Down, 2 - Right, 3 - Up
        # 動作來自探索
```

```
    if np.random.rand() <= self.epsilon:
        # 探索 – 隨機採取動作
        self.is_explore = True
        return np.random.choice(4,1)[0]

    # 動作來自運用
    # 運用 – 選擇Q值最大的動作
    self.is_explore = False
    return np.argmax(self.q_table[self.state])


# Q-學習 – 使用Q(s,a)來更新Q表
def update_q_table(self, state, action, reward, next_state):
    # Q(s, a) = reward + gamma * max_a' Q(s', a')
    q_value = self.gamma * np.amax(self.q_table[next_state])
    q_value += reward
    self.q_table[state, action] = q_value

# 輸出Q表內容的UI
def print_q_table(self):
    print("Q-Table (Epsilon: %0.2f)" % self.epsilon)
    print(self.q_table)


# 更新探索-運用的機率分配
def update_epsilon(self):
    if self.epsilon > self.epsilon_min:
        self.epsilon *= self.epsilon_decay
```

範例 9.3.2，`q-learning-9.3.1.py`，Q 學習的主迴圈。代理的 Q 表會持續更新每個狀態、動作、獎勵與下一個狀態遞迴：

```
# 狀態、動作、獎勵、下一個狀態遞迴
for episode in range(episode_count):
    state = q_world.reset()
    done = False
    print_episode(episode, delay=delay)
    while not done:
        action = q_world.act()
        next_state, reward, done = q_world.step(action)
        q_world.update_q_table(state, action, reward, next_state)
        print_status(q_world, done, step, delay=delay)
        state = next_state
        # 回合完成後執行以下內容：
        if done:
```

```
                    if q_world.is_in_win_state():
                        wins += 1
                        scores.append(step)
                        if wins > maxwins:
                            print(scores)
                            exit(0)
                    # 每個世代都會更新探索-運用的機率分配
                    q_world.update_epsilon()
                    step = 1
                else:
                    step += 1

        print(scores)
        q_world.print_q_table()
```

感知 - 動作 - 學習迴圈實作請參考範例 *9.3.2*。每個世代開始時，環境都會回到 *Start* 狀態，接著，選擇要執行的動作並應用於環境。獎勵與下一個狀態會記錄起來並用於更新 Q 表。達到 *Goal* 或 *Hole* 狀態的話，該世代就結束了（done = True）。以本範例來說，Q 學習執行大約 100 個世代或 10 次勝利，看哪個先達到。根據每個世代中 self.epsilon 變數值的衰減，代理會漸漸偏向去運用 Q 表來決定在某個狀態所要執行的動作。請執行以下指令來看看 Q 學習的模擬效果：

```
$ python3 q-learning-9.3.1.py
```

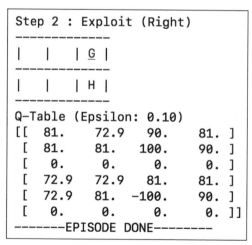

圖 9.3.9：代理勝利 2000 次之後的 Q- 表畫面。

上圖是當 maxwins = 2000（達到了 2000 次 *Goal* 狀態）與 delay = 0（只參考最終 Q 表而不在隨機選取動作）的畫面，請用以下指令來執行：

```
$ python3 q-learning-9.3.1.py --train
```

Q 表會漸漸收斂，並顯示代理在某個狀態中應該採取的動作。例如在第一列或狀態 (0, 0)，策略會建議向右移動。第二列的狀態 (0, 1) 也是同樣的概念，第二個動作就能讓代理抵達 *Goal* 狀態。顯示 scores 變數值可以看出當代理不斷從策略取得正確動作之後，採取的最小步驟數量也會慢慢減少。

由圖 9.3.9 可知，運用**方程式 9.2.2**，$V^*(s) = \max_a Q(s,a)$ 就能算出每個狀態的價值。例如對狀態 (0, 0) 來說，$V^*(s) = $ max(81.0,72.9,90.0,81.0) = 90.0。下圖是各個狀態的價值：

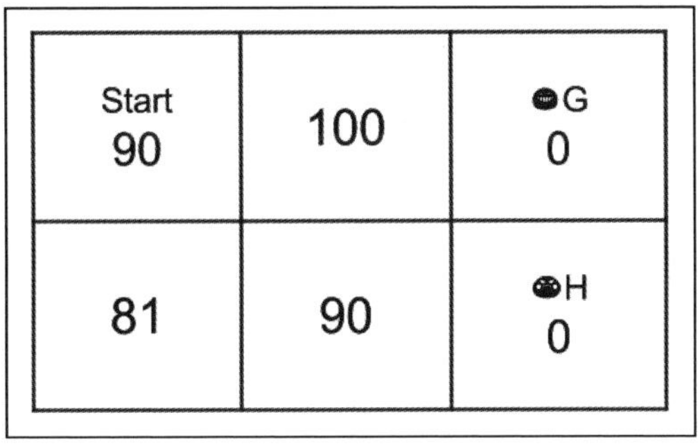

| Start 90 | 100 | ●G 0 |
|---|---|---|
| 81 | 90 | ●H 0 |

圖 9.3.10：由圖 9.3.9 與方程式 9.2.2 可算出各個狀態的價值

## 非確定性環境

如果今天的環境為非確定性（nondeterministic），代表獎勵與動作都是由機率分配所決定的，這個新系統稱為隨機 MDP。為了反應非確定性獎勵，新的價值函數如下：

$$V^\pi(s_t) = \mathbb{E}[\![R_t]\!] = \mathbb{E}\left[\!\left[\sum_{k=0}^{T} \gamma^k r_{t+k}\right]\!\right] \quad \text{（方程式9.4.1）}$$

Bellman 方程式可修改如下：

$$Q(s,a) = \mathbb{E}_{s'}\left[r + \gamma \max_{a'} Q(s',a')\right] \quad \text{（方程式9.4.2）}$$

## 時間 - 差分學習

Q 學習屬於一般性的時間差分學習（**Temporal-Difference Learning**，或簡稱為 **TD 學習**），表示為 $TD(\lambda)$ 的特殊型。精確來說，它是一種特殊的單一步驟 TD 學習，即 $TD(0)$：

$$Q(s,a) = Q(s,a) + \alpha\left(r + \gamma \max_{a'} Q(s',a') - Q(s,a)\right) \quad \text{（方程式9.5.1）}$$

方程式中的 $\alpha$ 代表學習率。請注意當 $\alpha=1$ 時，**方程式 9.5.1** 類似於 Bellman 方程式。為了簡化，我們會把**方程式 9.5.1** 視為 Q 學習或一般性的 Q 學習。

在先前的討論中，我們將 Q 學習視為一種離線 RL 演算法，因為它不需要直接運用最佳化的策略來學習 $Q$ 價值函數。**線上單步驟的 TD 學習演算法的範例之一就是 SARSA**，類似於**方程式 9.5.1**：

$$Q(s,a) = Q(s,a) + \alpha\left(r + \gamma Q(s',a') - Q(s,a)\right) \quad \text{（方程式9.5.2）}$$

主要的差異在於所採用的策略必須為最佳才能用來決定 $a'$。每次遞迴時，$s$、$a$、$r$、$s'$ 與 $a'$（SARSA 因此得名）等項目必須都為已知才能更新 $Q$ 價值函數。Q 學習與 SARSA 兩者都會在 $Q$ 值遞迴中運用現有的估計值，這個流程稱為**自助抽樣法**（**bootstrapping**）。在自助抽樣過程中會由獎勵與後續的 $Q$ 值估計值（可能多個）更新當下 $Q$ 值估計值。

# 在 OpenAI gym 中執行 Q- 學習

在進入另一個範例之前，顯然需要一個合適的 RL 模擬環境。另一方面，我們只能對非常簡單的問題（例如上一個範例）來執行 RL 模擬。幸好，OpenAI 提供了 Gym：`https://gym.openai.com`。

gym 是一個用於開發與比較各種 RL 演算法的工具程式。它相容於多數的深度學習函式庫，當然也包含了 Keras。請用以下指令來安裝 gym：

```
$ sudo pip3 install gym
```

gym 具有一些可用於測試 RL 演算法的環境，例如 toy text、傳統控制、演算法、Atari 遊戲與 2D/3D 機器人等等。例如 FrozenLake-v0（圖 9.5.1）就是個 toy text 環境，類似於用在 Q- 學習中的簡易確定性世界 Python 範例。FrozenLake-v0 共有個 12 個狀態。狀態 **S** 代表初始狀態，**F** 代表湖面結冰而可以安全行走的地方，**H** 代表代理應該要避開的 Hole（洞）狀態，最後 **G** 就是我們最終要到達的 Goal 狀態。如果成功轉移到 Goal 狀態的話，獎勵為 +1，其他所有狀態的獎勵皆為 0。

在 FrozenLake-v0 中共有 4 個可用的動作（Left、Down、Right、Up），總稱為動作空間。但不同於先前介紹的簡易確定性世界，實際的動作方向僅部分相依於被選定的動作。FrozenLake-v0 環境有兩種變化版本：滑溜與不滑溜。你想得沒錯，滑溜模式的挑戰性更高：

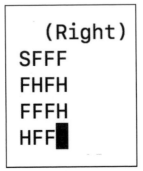

圖 9.5.1：OpenAI Gym 中的凍湖環境。

將某個動作施加於 FrozenLake-v0 會回傳觀察值（就是下一個狀態）、獎勵、done（代表世代是否結束）以及一個關於除錯訊息的 dictionary。環境中各個可被觀察的屬性也稱為觀察值空間，是由被回傳的觀察值物件所保留起來的。

Q 學習經過一般化之後即可應用於 FrozenLake-v0 環境。表 9.5.1 中可以看到對於滑溜與不滑溜環境的效能提升過程。量測策略成效的的方法之一就是可抵達 Goal 狀態的世代百分比，這個百分比當然是愈高愈好。由大約 1.5% 的純粹探索（隨機動作）的這個基線開始，策略在不滑溜環境可達到大約 76% 的 Goal 狀態，而滑溜環境則大約 71%。一如預期，環境真的比較難控制。

由於本範例只需要 Q 表，所以依然可用 Python 程式語言與 NumPy 套件來實作。範例 9.5.1 是 QAgent 類別的實作，同時本範例還示範了代理的感知 - 動作 - 學習迴圈。除了運用 OpenAI Gym 的 FrozenLake-v0 環境之外，最重要的地方是實作了一般化 Q 學習，如 update_q_table() 函式中對於方程式 9.5.1 的實作。

qagent 物件可運作於滑溜或不滑溜模式。代理會被訓練 40,000 次遞迴。訓練完成之後，代理就能運用 Q 表根據任何指定的策略來選定動作，如表 9.5.1 中的測試模式。從表 9.5.1 中可看出，運用已學習完成的策略可大幅提升成效。另外，使用 gym 可以省略相當多用於建置環境的程式碼。

這有助於我們專注在建置一個可運作的 RL 演算法。請用以下指令來用慢動作（延遲時間 1 秒）執行本範例：

```
$ python3 q-frozenlake-9.5.1.py -d -t=1
```

| 模式 | 執行 | 抵達Goal（%） |
|---|---|---|
| Train non-slippery | `python3 q-frozenlake-9.5.1.py` | 26.0 |
| Test non-slippery | `python3 q-frozenlake-9.5.1.py -d` | 76.0 |
| Pure random action non-slippery | `python3 q-frozenlake-9.5.1.py -e` | 1.5 |
| Train slippery | `python3 q-frozenlake-9.5.1.py -s` | 26 |
| Test slippery | `python3 q-frozenlake-9.5.1.py -s -d` | 71.0 |
| Pure random slippery | `python3 q-frozenlake-9.5.1.py -s -e` | 1.5 |

表 9.5.1：一般化的 Q- 學習用於 FrozenLake-v0 環境之 Baseline 與成效，學習率 = 0.5。

範例 9.5.1，`q-frozenlake-9.5.1.py`，是在 FrozenLake-v0 環境中的 Q- 學習實作：

```python
from collections import deque
import numpy as np
import argparse
import os
import time
import gym
from gym import wrappers, logger

class QAgent():
    def __init__(self,
                 observation_space,
                 action_space,
                 demo=False,
                 slippery=False,
                 decay=0.99):

        self.action_space = action_space
        # 行數等於動作總數
        col = action_space.n
        # 列數等於狀態總數
        row = observation_space.n
        # 建置Q表，大小為 row×col
        self.q_table = np.zeros([row, col])

        # 折扣因子
        self.gamma = 0.9

        # 一開始90%探索，10%運用
        self.epsilon = 0.9
        # 持續衰退直到10%探索 / 90%運用
        self.epsilon_decay = decay
        self.epsilon_min = 0.1

        # Q學習的學習
        self.learning_rate = 0.1

        # 決定Q表儲存方式
        if slippery:
            self.filename = 'q-frozenlake-slippery.npy'
        else:
            self.filename = 'q-frozenlake.npy'
```

```python
        # 示範或訓練模式
        self.demo = demo
        # 如果為示範模式就不進行探索
        if demo:
            self.epsilon = 0

    # 決定下一個動作
    # 如果為隨機，則由隨機動作空間中選取
    # 反之則運用Q表
    def act(self, state, is_explore=False):
        # 0 - left, 1 - Down, 2 - Right, 3 - Up
        if is_explore or np.random.rand() < self.epsilon:
            # 探索 - 執行隨機動作
            return self.action_space.sample()

        # 運用 - 選用Q值最大的動作
        return np.argmax(self.q_table[state])

    # TD(0)學習(一般化Q-學習) 並搭配學習率
    def update_q_table(self, state, action, reward, next_state):
        # Q(s, a) += alpha * (reward + gamma * max_a' Q(s', a') - Q
(s, a))
        q_value = self.gamma * np.amax(self.q_table[next_state])
        q_value += reward
        q_value -= self.q_table[state, action]
        q_value *= self.learning_rate
        q_value += self.q_table[state, action]
        self.q_table[state, action] = q_value


    # 產生Q表
    def print_q_table(self):
        print(self.q_table)
        print("Epsilon : ", self.epsilon)


    # 儲存訓練好的Q表
    def save_q_table(self):
        np.save(self.filename, self.q_table)


    # 載入訓練好的Q表
    def load_q_table(self):
        self.q_table = np.load(self.filename)
```

```
# 調整epsilon
def update_epsilon(self):
    if self.epsilon > self.epsilon_min:
        self.epsilon *= self.epsilon_decay
```

範例 9.5.2，`q-frozenlake-9.5.1.py`，是 FrozenLake-v0 環境的 Q 學習主迴圈：

```
# 由世代次數決定執行次數
for episode in range(episodes):
    state = env.reset()
    done = False
    while not done:
        # 指定狀態來決定代理的動作
        action = agent.act(state, is_explore=args.explore)
        # 取得可觀測資料
        next_state, reward, done, _ = env.step(action)
        # 在彩現環境之前先清空畫面
        os.system('clear')
        # 彩現環境來幫助除錯
        env.render()
        # 訓練Q表
        if done:
            # 更新探索-運用比例
            # 當抵達Goal時，獎勵 > 0；反之則代表碰到Hole
            if reward > 0:
                wins += 1

        if not args.demo:
            agent.update_q_table(state, action, reward, next_state)
            agent.update_epsilon()

        state = next_state
        percent_wins = 100.0 * wins / (episode + 1)
        print("-------%0.2f%% Goals in %d Episodes---------"
              % (percent_wins, episode))
        if done:
            time.sleep(5 * delay)
        else:
            time.sleep(delay)
```

# 深度 Q 網路（DQN）

在小型的離散環境中要用 Q 表來實作 Q 學習還算可行。但如果環境的狀態數量非常多或在多數情況下為連續的話，Q 表就不太適合了。例如，當我們在觀察一個由四個連續變數所組成的狀態時，表格就會變成無限大。就算我們試著把這四個變數離散化之後變成各自包含 1000 的值，表中的總列數就會暴增為 $1000^4 = 1e^{12}$。即便在訓練之後，表格還是稀疏的，代表大多的表格內容皆為零。

本問題的解決方法稱為 DQN[2]，採用深度神經網路來近似 Q 表。如圖 *9.6.1*，有兩個建置 Q 網路的方法：

1. 輸入為狀態 - 動作組，預測為 Q 值

2. 輸入為狀態，預測為每個動作的 Q 值。

由於網路被呼叫的次數等於動作總數，第一個方法顯然不是最佳。第二個是比較好的方法，Q- 網路只有被呼叫一次而已。

Q 值最大的動作就是最後被選定的動作：

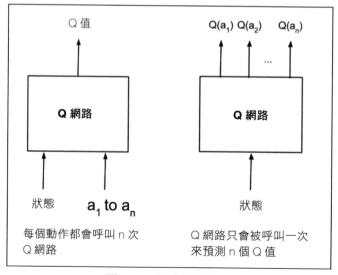

圖 9.6.1：深度 Q 網路。

訓練 Q 網路所需的資料是來自於代理的經驗：

$$\left(\mathbf{s}_0\mathbf{a}_0\mathbf{r}_1\mathbf{s}_1, \mathbf{s}_1 a_1\mathbf{r}_2\mathbf{s}_2, \ldots, \mathbf{s}_{T-1}\mathbf{a}_{T-1}\mathbf{r}_T\mathbf{s}_T\right)$$

每個訓練樣本是一個單位的經驗：

$$\mathbf{s}_t\mathbf{a}_t\mathbf{r}_{t+1}\mathbf{s}_{t+1}$$

在時間步驟 $t$ 中的指定狀態 $s = \mathbf{s}_t$，會透過類似於上一段所介紹的 Q- 學習演算法來決定動作 $a = \mathbf{a}_t$：

$$\pi(s) = \begin{cases} sample(a) & random < \varepsilon \\ \underset{a}{argmax}\, Q(s,a) & otherwise \end{cases} \quad （方程式9.6.1）$$

為了讓標記更簡化，在此省略下標而改用粗體來表示。請注意 $Q(s,a)$ 就是 Q- 網路。由於動作已經往預測移動，嚴格來說是 $Q(a|s)$ 才對，如圖 *9.6.1* 右側所示。Q 值最高的動作就是要應用於環境的動作，藉此取得：獎勵 $r = r_{t+1}$、下一個狀態 $s^{'} = s_{t+1}$ 以及一個用於代表下一個狀態是否為最終狀態的 done 布林值。由**方程式 *9.5.1*** 之一般化 Q 學習可知，加入一個已選定的動作就能變成一個 MSE 損失函數：

$$\mathcal{L} = \left(r + \gamma \max_{a'} Q(s',a') - Q(s,a)\right)^2 \quad （方程式9.6.2）$$

其中各項都與上一段關於 Q 學習與 $\max_{a'} Q(s',a') \to \max_{a'} Q(a'|s')$ 的討論相當類似，並且 $Q(a|s) \to Q(s,a)$。換言之，就等於運用 Q 網路在指定下一個狀態之下來預測各動作的 Q 值，並從中取得最大值。請注意在最終狀態 $s'$ 時，

$$\max_{a'} Q(a'|s') = \max_{a'} Q(s'|a') = 0$$

## 演算法 9.6.1，DQN 演算法

需求：將回放記憶 $D$ 初始化為容量 $N$

需求：初始化動作 - 價值函數 $Q$，隨機權重 $\theta$

需求：初始化目標動作 - 價值函數 $Q_{target}$，權重 $\theta^- = \theta$

需求：探索率 $\varepsilon$ 與折扣因子 $\gamma$

1. for *episode* = 1,....,M do:

2. 　指定初始狀態

3. 　for *step* = 1,... ,T do:

4. 　　選取動作 $a = \begin{cases} sample(a) & random < \varepsilon \\ \underset{a}{\mathrm{argmax}}\, Q(s,a;\theta) & otherwise \end{cases}$

5. 　　執行動作 $a$，並觀察獎勵 $r$ 與下一個狀態 $s'$

6. 　　將轉移 $(s, a, r, s')$ 儲存於 $D$

7. 　　更新狀態 $s = s'$

8. 　　// 經驗回放

9. 　　由 $D$ 抽樣一小批世代經驗 $(s_j, a_j, r_{j+1}, s_{j+1})$

10. 　　$Q_{max} = \begin{cases} r_{j+1} & if\ episode\ terminates\ at\ j+1 \\ r_{j+1} + \gamma \underset{a_{j+1}}{\max} Q_{target}\left(s_{j+1}, a_{j+1}; \theta^-\right) & otherwise \end{cases}$

11. 　　以參數 $\theta$ 來執行梯度下降：$\left(Q_{max} - Q\left(s_j, a_j; \theta^-\right)\right)^2$

12. 　　// 定期更新目標網路

13. 　　每隔 $C$ 個步驟，$Q_{target} = Q,$，也就是設定 $\theta^- = \theta$

14. 　End

不過，至終你會發現訓練 Q 網路是不穩定的，以下是造成不穩定的原因：

1. 樣本之間的高度相關性

2. 非固定性的目標

相關性之所以會高是因為抽樣經驗在本質上是有序的。DQN 是透過建立一個經驗的緩衝區來解決這個問題。訓練用的資料是由這個緩衝中隨機抽樣而來，這個過程稱為**經驗回放**（**experience replay**）。

之所以會發生非固定目標問題是因為目標網路 $Q(s', a')$ 會在每次小批訓練後進行修正。目標網路的小幅變化會造成策略、資料分配與當下 Q 值與目標 Q 值之間的相關性產生劇烈波動。解決方法是將目標網路的權重在 C 個訓練步驟之間凍結。換言之，在此建立了兩個完全相同的網路。每當訓練 C 個步驟之後，Q 網路的參數就會被複製到目標 Q- 網路上。

DQN 演算法請參考演算法 9.6.1。

## 使用 Keras 實作 DQN

現在要用 OpenAI Gym 的 CartPole-v0 環境來說明 DQN。CartPole-v0 是常見的棒車平衡問題。目標是讓棒子不要倒下來。環境為 2D，而動作空間是由兩個離散動作（向左與向右兩個動作）所組成。不過，狀態空間屬於連續型，且是由四個變數所組成：

1. 線性位置

2. 線性速度

3. 轉動速度

4. 角速度

CartPole-v0 請參考圖 9.6.2。

棒子在一開始是直立的。每個時間步驟中,如果棒子依然保持直立,就會給 +1 的獎勵。而當棒子與直立之間的角度超過 15 度,或距離中央處超過 2.4 單位的話,本世代結束。如果在連續嘗試 100 次中的平均獎勵為 195.0 的話,CartPole-v0 問題就視為已解決:

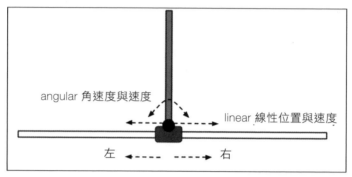

圖 9.6.2:CartPole-v0 環境

**範例 *9.6.1*** 是針對 CartPole-v0 的 DQN 實作。DQNAgent 類別代表運用 DQN 的代理,一共會建立兩個 Q- 網路:

1. *演算法 9.6.1* 中的 Q- 網路(或簡稱 $Q$)

2. *演算法 9.6.1* 中的目標 Q- 網路(或簡稱 $Q$ 目標)

這兩個網路都具有三個隱藏層,每層有 256 單元的 MLP。Q- 網路是在經驗回放 replay() 函式中進行訓練。經過一般區間 $C$ = 10 個訓練步驟之後,Q- 網路參數會透過 update_weights() 複製到目標 Q- 網路。這實作了*演算法 9.6.1* 中的第 13 項,$Q_{target}$ = $Q$。每個世代之後,探索 - 運用的比率會透過 update_epsilon() 來遞減,讓代理逐漸提高去運用已學習的策略。

為了在經驗回放 replay() 函式中實作*演算法 9.6.1* 的第 10 列,對於每個經驗單位 $(s_j, a_j, r_{j+1}, s_{j+1})$,動作 $a_j$ 的 Q 值會被設為 $Q_{max}$,其他所有動作的 Q 值都不變。

實作如以下程式碼:

```
# 指定狀態的策略預測
q_values = self.q_model.predict(state)
```

```
# 取得Q_max
q_value = self.get_target_q_value(next_state)

# 修正所使用動作之Q值
q_values[0][action] = reward if done else q_value
```

只有動作 $a_j$ 的損失不為零，且等於 $\left(Q_{max} - Q\left(s_j, a_j; \theta\right)\right)^2$，如 **演算法 9.6.1** 的第 11 行。請注意經驗回放是在每個世代結束之後，由範例 9.6.2 中的感知 - 動作 - 學習迴圈來呼叫，並假設緩衝中有充足的資料（代表緩衝大小要大於等於批大小）。在經驗回放過程中會隨機抽樣一小批經驗單位來訓練 Q- 網路。

類似於 Q- 表，act() 是用於實作 **方程式 9.6.1** 中的 $\varepsilon$ - 貪婪策略。經驗會由 remember() 函式來存放在回放緩衝中。Q 值的計算是由 get_target_q_value() 函式來完成。平均在 10 次執行之後，DQN 可在 822 個世代之後解決 CartPole-v0 問題。請注意每次訓練的結果多少都會有不同。

範例 9.6.1，dqn-cartpole-9.6.1.py，是用 Keras 來實作 DQN：

```
from keras.layers import Dense, Input
from keras.models import Model
from keras.optimizers import Adam
from collections import deque
import numpy as np
import random
import argparse
import gym
from gym import wrappers, logger

class DQNAgent():
    def init (self, state_space, action_space, args, episodes=1000):

        self.action_space = action_space

        # 經驗緩衝
        self.memory = []

        # 折扣率
        self.gamma = 0.9

        #.一開始90%探索，10%運用
        self.epsilon = 0.9
```

```python
        # 不斷運用衰退因子，至終變成10%探索，90%運用
        self.epsilon_min = 0.1
        self.epsilon_decay = self.epsilon_min / self.epsilon
        self.epsilon_decay = self.epsilon_decay ** (1. / float(episodes))

        # Q網路權重的檔名
        self.weights_file = 'dqn_cartpole.h5'
        # 訓練用的Q網路
        n_inputs = state_space.shape[0]
        n_outputs = action_space.n
        self.q_model = self.build_model(n_inputs, n_outputs)
        self.q_model.compile(loss='mse', optimizer=Adam())
        # 目標Q網路
        self.target_q_model = self.build_model(n_inputs, n_outputs)
        # 將Q網路參數複製到目標Q網路
        self.update_weights()

        self.replay_counter = 0
        self.ddqn = True if args.ddqn else False
        if self.ddqn:
            print("----------Double DQN--------")
        else:
            print("-------------DQN-----------")


    # Q網路為一個256-256-256的MLP
    def build_model(self, n_inputs, n_outputs):
        inputs = Input(shape=(n_inputs, ), name='state')
        x = Dense(256, activation='relu')(inputs)
        x = Dense(256, activation='relu')(x)
        x = Dense(256, activation='relu')(x)
        x = Dense(n_outputs, activation='linear', name='action')(x)
        q_model = Model(inputs, x)
        q_model.summary()
        return q_model


    # 將Q網路參數儲存於檔案中
    def save_weights(self):
        self.q_model.save_weights(self.weights_file)


    def update_weights(self):
        self.target_q_model.set_weights(self.q_model.get_weights())


    # eps-貪婪策略
```

```
def act(self, state):
    if np.random.rand() < self.epsilon:
        # 探索 - 執行隨機動作
        return self.action_space.sample()

    # 探索
    q_values = self.q_model.predict(state)
    # 選擇Q值最大的動作
    return np.argmax(q_values[0])


# 將經驗存放於回放緩衝中
def remember(self, state, action, reward, next_state, done):
    item = (state, action, reward, next_state, done)
    self.memory.append(item)


# 計算Q_max
# 使用目標Q網路來解決非固定性問題
def get_target_q_value(self, next_state):
    # 下一個狀態之動作的最大Q值
    if self.ddqn:
        # DDQN
        # 當下Q網路負責選擇動作
        # a'_max = argmax_a' Q(s', a')
        action = np.argmax(self.q_model.predict(next_state)[0])
        # 目標Q網路負責評估動作
        # Q_max = Q_target(s', a'_max)
        q_value = self.target_q_model.predict(next_state)[0][action]
    else:
        # DQN會從後續動作中挑選具有最大Q值的動作
        # 動作的選擇與評估會在目標Q網路中完成
        # Q_max = max_a' Q_target(s', a')
        q_value = np.amax(self.target_q_model.predict(next_state)[0])

    # Q_max = reward + gamma * Q_max
    q_value *= self.gamma
    q_value += reward
    return q_value


# 經驗回放可解決樣本之間的相關性問題
def replay(self, batch_size):
    # sars = state, action, reward, state' (next_state)
    sars_batch = random.sample(self.memory, batch_size)
    state_batch, q_values_batch = [], []
```

```
# fixme：如果想要執行得更快，可透過tensor來解決
# 但用迴圈較容易理解
for state, action, reward, next_state, done in sars_batch:
    # 指定狀態的策略預測
    q_values = self.q_model.predict(state)

    # 取得Q_max
    q_value = self.get_target_q_value(next_state)

    # 校正所採用動作的Q值
    q_values[0][action] = reward if done else q_value

    # 收集一批狀態-q_value的對應
    state_batch.append(state[0])
    q_values_batch.append(q_values[0])

# 訓練Q-網路
self.q_model.fit(np.array(state_batch),
                 np.array(q_values_batch),
                 batch_size=batch_size,
                 epochs=1,
                 verbose=0)

# 更新探索-運用的機率
self.update_epsilon()
# 每隔10個訓練，就把新的參數複製到舊的目標上
if self.replay_counter % 10 == 0:
    self.update_weights()

self.replay_counter += 1


# 探索減少，運用增加
def update_epsilon(self):
    if self.epsilon > self.epsilon_min:
        self.epsilon *= self.epsilon_decay
```

範例 9.6.2，`dqn-cartpole-9.6.1.py`，是用 Keras 實作 DQN 的訓練迴圈：

```
# Q-學習抽樣與適配
for episode in range(episode_count):
    state = env.reset()
    state = np.reshape(state, [1, state_size])
    done = False
    total_reward = 0
```

```
while not done:
    # 在CartPole-v0中，action=0代表向左，action=1代表向右
    action = agent.act(state)
    next_state, reward, done, _ = env.step(action)
    # 在CartPole-v0中，state = [pos, vel, theta, angular, speed]
    next_state = np.reshape(next_state, [1, state_size])
    # 將所有經驗單元儲存於回放緩衝中
    agent.remember(state, action, reward, next_state, done)
    state = next_state
    total_reward += reward

# 呼叫經驗回放
if len(agent.memory) >= batch_size:
    agent.replay(batch_size)

scores.append(total_reward)
mean_score = np.mean(scores)
if mean_score >= win_reward[args.env_id] and episode >= win_trials:
    print("Solved in episode %d: Mean survival = %0.2lf in %d
episodes"
            % (episode, mean_score, win_trials))
    print("Epsilon: ", agent.epsilon)
    agent.save_weights()
    break
if episode % win_trials == 0:
    print("Episode %d: Mean survival = %0.2lf in %d episodes" %
            (episode, mean_score, win_trials))
```

# 雙重 Q- 學習（DDQN）

DQN 的目標 Q- 網路會去選擇並評估所有的動作，因此，導致了對於 $Q$ 值的高估。為了解決這個問題，DDQN[3] 提出用 Q- 網路來選擇動作，並用目標 Q- 網路來評估這個動作。在*演算法 9.6.1* 中的 DQN，第 10 列的 $Q$ 值估計值為：

$$Q_{max} = \begin{cases} r_{j+1} & \text{if episode terminates at } j+1 \\ r_{j+1} + \gamma \max_{a_{j+1}} Q_{target}\left(s_{j+1}, a_{j+1}; \theta^-\right) & \text{otherwise} \end{cases}$$

$Q_{target}$ 會去選擇並評估動作 $a_{j+1}$。

DDQN 會把第 *10* 列改為：

$$Q_{\max} = \begin{cases} r_{j+1} & \textit{if episode terminates at } j+1 \\ r_{j+1} + \gamma Q_{target}\left(s_{j+1}, \underset{a_{j+1}}{\text{argmax}} \, Q\left(s_{j+1}, a_{j+1}; \theta\right); \theta^-\right) & \textit{otherwise} \end{cases}$$

$\underset{a_{j+1}}{\text{argmax}} \, Q\left(s_{j+1}, a_{j+1}; \theta\right)$ 這一項是讓 $Q$ 選擇動作，接著，再由 $Q$ 目標來執行這動作。

範 例 9.6.1 中 實 作 了 DQN 與 DDQN。特 別 是 針 對 DDQN，`get_target_q_value()` 函式中計算 $Q$ 值的修改部分用粗體顯示：

```
# 計算Q_max
# 使用目標Q網路來解決非固定性問題
def get_target_q_value(self, next_state):
    # max Q value among next state's actions
    if self.ddqn:
        # DDQN
        # 當下Q網路用於選擇動作
        # a'_max = argmax_a' Q(s', a')
        action = np.argmax(self.q_model.predict(next_state)[0])
        # 目標Q網路則是評估動作
        # Q_max = Q_target(s', a'_max)
        q_value = self.target_q_model.predict(next_state)[0][action]
    else:
        # DQN會選擇Q值最大的下一個動作
        # 動作的選擇與評估是由目標Q網路進行
        # Q_max = max_a' Q_target(s', a')
        q_value = np.amax(self.target_q_model.predict(next_state)[0])

    # Q_max = reward + gamma * Q_max
    q_value *= self.gamma
    q_value += reward
    return q_value
```

比較一下，平均在 *10* 次執行之後，DDQN 可在 *971* 個世代內解決 `CartPole-v0` 問題。請用以下指令來執行 DDQN：

```
$ python3 dqn-cartpole-9.6.1.py -d
```

# 結論

本章介紹了深度強化學習 DRL，許多研究者都深信這項強大的技術最有機會邁向真正的人工智慧。我們一同看過了 RL 的運作原理，雖然 RL 可以解決許多較淺顯的問題，但只靠 Q 表尚不足以擴大規模到更複雜的真實世界問題。解決方法就是透過深度神經網路來學習 Q 表。但由於抽樣相關性與目標 Q 網路的不固定性，導致在 RL 上訓練深度神經網路相當不穩定。

DQN 對這些問題的解決方案是使用經驗回放，並在訓練時把目標網路從 Q 網路獨立出來。DDQN 則進一步改良了演算法，作法是把動作選擇與動作評估隔開來，藉此來降低 Q 值高估的問題。還有針對 DQN 所提出的改良方法。優先經驗回放 [6] 主張經驗緩衝不應該均勻抽樣。反之以 TD 誤差為準，重要性更高的經驗應該更頻繁地進行抽樣來讓訓練更有效率。論文 [7] 提出競爭網路架構來估計狀態價值函數與優勢函數。這兩個函數可用於估計 Q 值來加速學習。

本章所提出之辦法為價值遞迴 / 擬合，透過找出一個最佳價值函數來間接學習策略。下一章的做法是使用稱為策略梯度方法的一系列演算法來直接學習最佳策略。學習策略的好處多多，尤其是離散與連續動作空間都可以用策略梯度方法來搞定。

# 參考資料

1. Sutton and Barto. *Reinforcement Learning: An Introduction*, 2017 (`http://incompleteideas.net/book/bookdraft2017nov5.pdf`).

2. Volodymyr Mnih and others, *Human-level control through deep reinforcement learning*. Nature 518.7540, 2015: 529 (`http://www.davidqiu.com:8888/research/nature14236.pdf`)

3. Hado Van Hasselt, Arthur Guez, and David Silver. *Deep Reinforcement Learning with Double Q-Learning*. AAAI. Vol. 16, 2016 (`http://www.aaai.org/ocs/index.php/AAAI/AAAI16/paper/download/12389/11847`).

4. Kai Arulkumaran and others. *A Brief Survey of Deep Reinforcement Learning.* arXiv preprint arXiv:1708.05866, 2017 (`https://arxiv.org/pdf/1708.05866.pdf`).

5. David Silver. *Lecture Notes on Reinforcement Learning,* (`http://www0.cs.ucl.ac.uk/staff/d.silver/web/Teaching.html`).

6. Tom Schaul and others. *Prioritized experience replay.* arXiv preprint arXiv:1511.05952, 2015 (`https://arxiv.org/pdf/1511.05952.pdf`).

7. Ziyu Wang and others. *Dueling Network Architectures for Deep Reinforcement Learning.* arXiv preprint arXiv:1511.06581, 2015 (`https://arxiv.org/pdf/1511.06581.pdf`).

# 10

# 策略梯度方法

到了本書最後一章，我們要介紹強化學習中可直接用於最佳化策略網路的各種演算法。由於策略網路已在訓練過程中直接被最佳化，策略梯度法屬於線上（*on-policy*）強化學習演算法的一支。如同在「第 9 章｜深度強化學習」中所介紹的以價值為基礎的方法，策略梯度法也可用深度強化學習演算法來實作。

策略梯度法的一個重要的動力在於解決 Q- 學習的極限所在。回想一下，Q- 學習的關鍵在於如何選擇一個動作能讓該狀態的價值最大化。有了 Q 函式，我們就能決定採用哪個策略，好讓代理能夠決定在指定狀態中要執行哪個動作。被選定的動作就是可賦予代理最高價值的那一個。這樣一來 Q- 學習就受限於離散動作的有限數量，而無法處理連續型動作空間環境。再者，Q- 學習並非直接對策略進行最佳化。強化學習至終就能找到最佳策略，代理可用於決定要採取哪個動作來將回報最大化。

相反地，策略梯度法適用於動作空間為離散型或連續型的環境。再者，本章所談到的四種策略梯度法可直接對策略網路的效能進行最佳化。結果會產生一個訓練好的策略網路，代理運用它就能在環境進行最佳動作。

本章學習內容如下：

· 策略梯度定理

· 四種策略梯度法：**REINFORCE** 法、具基準的 **REINFORCE** 法、動作 - 評價法（**Actor-Critic**）與優勢動作 - 評價法（**Advantage Actor-Critic, A2C**）

· 示範如何使 Keras 在連續型動作空間的環境中實作策略梯度法

# 策略梯度定理

如「第 9 章｜深度強化學習」中所述，強化學習中的代理是處於一個狀態為 $s_t$ 的環境中，而該狀態是狀態空間 $\mathcal{S}$ 的一個元素。狀態空間 $\mathcal{S}$ 可能為離散型或連續型。代理會遵循策略 $\pi\left(a_t|s_t\right)$ 在動作空間 $\mathcal{A}$ 執行某個動作 $a_t$。動作空間 $\mathcal{A}$ 可能為離散或連續。由於執行了動作 $a_t$ 之前，代理會收到獎勵 $r_{t+1}$，環境會因此轉移到新的狀態 $s_{t+1}$。這個新狀態只會與當下的狀態與動作相關。代理的目標是學會可將所有狀態的回報（*return*）最大化的最佳策略 $\pi^*$：

$$\pi^* = argmax_\pi R_t \quad \text{（方程式9.1.1）}$$

回報 $R_t$ 可定義為由時間 $t$ 到世代結束或到達終端狀態時的折扣累積獎勵：

$$V^\pi\left(s_t\right) = R_t = \sum_{k=0}^{T} \gamma^k r_{t+k} \quad \text{（方程式9.1.2）}$$

根據方程式 9.1.2，回報也可視為遵循策略 $\pi$ 之後的指定狀態價值。由方程式 9.1.1 可知，當 $\gamma \in [0,1]$，一般來說 $\gamma^k < 1.0$，未來獎勵的權重會比立即獎勵來得低。

到目前為止，我們只會透過最佳化價值函數 $Q(s,a)$ 來學習策略。本章的目標是藉由參數化 $\pi\left(a_t|s_t\right) \rightarrow \pi\left(a_t|s_t, \theta\right)$ 來直接學習策略。透過參數化，就能使用神經網路來學習策略函數。學習策略這件事代表要把某個目標函數 $\mathcal{J}(\theta)$ 最大化，也就是關於參數 $\theta$ 的效能指標。在世代型強化學習中，效能評量是根據起始狀態的價值。在連續型狀況來說是以初始狀態的價值來評量，而目標函數則是平均獎勵率。

最大化目標函數 $\mathcal{J}(\theta)$ 可透過執行**梯度上升**（*gradient ascent*）來達成。在梯度上升中，梯度更新是遵循函數的導數方向來進行最佳化。到目前為止，所有的損失函數都是透過最小化或直行**梯度下降**來進行最佳化。後續在 Keras 實作中就能看到，只要將目標函數取負號之後執行梯度下降，就能執行梯度上升。

直接學習策略的好處在於它對於離散型與連續型動作空間都適用。對於離散型動作空間：

$$\pi\left(a_i \mid s_t, \theta\right) = softmax\left(a_i\right) for\, a_i \in A \quad \text{(方程式10.1.1)}$$

在上述方程式中，$a_i$ 是指第 $i$ 個動作。$a_i$ 可代表一個神經網路預測，或狀態 - 動作特徵的線性函數：

$$a_i = \phi\left(s_t, a_i\right)^T \theta \quad \text{(方程式10.1.2)}$$

$\phi\left(s_t, a_i\right)$ 是任何像是編碼器這類可把狀態 - 動作轉換為特徵的函數。

$\pi\left(a_i \mid s_t, \theta\right)$ 決定了各個 $a_i$ 的機率。例如在上一章的棒車平衡問題中，目標是讓小車沿著 2D 軸左右移動好讓棒子保持直立。在該範例中，$a_0$ 與 $a_1$ 分別代表左右移動的機率。一般來說，代理會採取機率最高的動作，$a_t = \max_i \pi\left(a_i \mid s_t, \theta\right)$。

對於連續型動作空間來說，$\pi\left(a_t \mid s_t, \theta\right)$ 會根據指定狀態的機率分配來抽取某個動作。例如，如果某個連續型動作空間的範圍是 $a_t \in [-1.0, 1.0]$，那麼 $\pi^* = argmax_\pi R_t$ 通常是一個高斯分配，其平均值與標準差可透過策略網路來預測。所預測的動作就是來自這個高斯分配的一次抽樣。為了確保不會產生無效預測，動作會被修剪好使其介於 -1.0 與 1.0 之間。

嚴格來說，策略對於連續型動作空間是一次高斯分配抽樣：

$$\pi\left(a_t \mid s_t, \theta\right) = a_t \sim \mathcal{N}\left(\mu\left(s_t\right), \sigma\left(s_t\right)\right) \quad \text{(方程式10.1.3)}$$

平均值 $\mu$ 與標準差 $\sigma$ 都是狀態特徵的函數：

$$\mu\left(s_t\right) = \phi\left(s_t\right)^T \theta_\mu \quad \text{(方程式10.1.4)}$$

$$\sigma\left(s_t\right) = \varsigma\left(\phi\left(s_t\right)^T \theta_\sigma\right) \quad \text{(方程式10.1.5)}$$

$\phi(s_t)$ 代表任何可將狀態轉換為特徵的函數。$\varsigma(x) = \log(1+e^x)$ 是用於確保標準差永遠為正值的 *softplus* 函數。實作狀態特徵函數 $\phi(s_t)$ 的方法之一是使用自動編碼器網路中的編碼器。本章最後會訓練一個自動編碼器,並這個編碼器作為狀態特徵函數來使用。因此,訓練策略網路實際上就是最佳化參數 $\theta = \begin{bmatrix} \theta_\mu & \theta_\sigma \end{bmatrix}$。

指定連續型可微分策略函數 $\pi\left(a_t \big| s_t, \theta\right)$ 之後,可用以下方程式求出策略梯度:

$$\nabla \mathcal{J}\left(\theta\right) = \mathbb{E}_\pi\left[\frac{\nabla_\theta \pi\left(a_t \big| s_t, \theta\right)}{\pi\left(a_t \big| s_t, \theta\right)} Q^\pi\left(s_t, a_t\right)\right] = \mathbb{E}_\pi\left[\nabla_\theta ln\pi\left(a_t \big| s_t, \theta\right) Q^\pi\left(s_t, a_t\right)\right] \quad \text{(方程式10.1.6)}$$

**方程式 10.1.6** 又稱為**策略梯度定理**(*policy gradient theorem*)。離散型與連續型動作空間都適用。關於參數 $\theta$ 的梯度是由策略動作抽樣的自然對數來求出,並使用 $Q$ 值來縮放。**方程式 10.1.6** 運用了自然對數的特性 $\frac{\nabla x}{x} = \nabla \ln x$。

策略梯度定理在概念上相當直觀,效能梯度是透過目標策略抽樣來估計,並且與策略梯度成比例。策略梯度可透過 $Q$ 值來縮放,藉此較容易去選到可對狀態價值做出正向貢獻的動作。梯度同時又與動作機率成反比,這樣是為了懲罰那些無法提升成效但又常常發生的動作。

下一段會示範各種策略梯度的估計方法。

> 策略梯度定理的證明過程,請參考 [2] 與 David Silver 的強化學習學習講義:
> `http://www0.cs.ucl.ac.uk/staff/d.silver/web/Teaching_files/`
> `pg.pdf`

策略梯度法還有一些相當微妙的優點。例如在特定卡牌遊戲中,價值導向方法在處理隨機性方面,並沒有很直觀的流程,這與策略導向方法不同。而到了策略導向方法,動作機率會很順暢地隨著參數而變化。同時,以價值為基礎的動作可能會因為參數的微幅改動而產生劇烈變化。最後，策略導向方法對於參數的相依性，會根據如何對效能測量去執行梯度上升，而產生四種不同的方程式。後續段落一共會介紹四種策略梯度法。

策略導向方法當然也有自身的缺點。由於傾向於收斂在區域最小值而非全域最小值，一般來說它們都難以訓練。在本章後段的範例中，代理很容易會傾向於選擇價值通常不是最高的那些動作。策略梯度也常有高變異的狀況。

梯度更新也很常被高估。再者，訓練策略導向方法相當耗時。訓練會需要上千個世代（因此，在抽樣上很沒有效率）。各個世代只能提供相當有限的樣本數量。本章最後有說明了如何訓練，就算用 GTX 1060 GPU 這種等級的硬體來訓練也要 1,000 個世代，約一小時。

後續段落會介紹四種策略梯度法。雖然是聚焦在連續型動作空間，但相同的概念也適用於離散型動作空間。由於這四種策略梯度法在策略網路與價值網路的實作上相當類似，我們會在本章最後再示範如何用 Keras 來實作。

# Monte Carlo 策略梯度（REINFORCE）法

最簡單的策略梯度法稱為 REINFORCE [5]，這是一種 Monte Carlo 策略梯度法：

$$\nabla \mathcal{J}(\theta) = \mathbb{E}_\pi \left[ R_t \nabla_\theta ln \pi \left( a_t | s_t, \theta \right) \right] \quad \text{（方程式10.2.1）}$$

其中 $R_t$ 代表回報，請參考**方程式 9.1.2**。在策略梯度定理中，$R_t$ 是 $Q^\pi(s_t, a_t)$ 的一次不偏抽樣。

REINFORCE 演算法 [2] 請參考**演算法 10.2.1**。REINFORCE 是一種 Monte Carlo 演算法，它不需要得知環境動態（也就是無模型），只需要經驗樣本 $\langle s_t a_t r_{i+1} s_{i+1} \rangle$ 就能最佳化策略網路 $\pi(a_t|s_t, \theta)$ 的參數。折扣因子 $\gamma$ 會讓獎勵的價值隨著步驟數量增加而遞減。梯度會透過 $\gamma^t$ 而折扣，較後面的步驟中的梯度的貢獻也因此較小。學習率則是梯度更新的縮放因子。

參數更新是運用折扣梯度與學習率來執行梯度上升所完成的。由於屬於 Monte Carlo 演算法，REINFORCE 會要求代理在執行梯度更新之前先完成一個世代。也由於其自身的 Monte Carlo 性質，REINFORCE 的梯度更新的特色在於變異程度相當高。本章最後會使用 Keras 來實作 REINFORCE 演算法。

## 演算法 10.2.1 REINFORCE

需求：一個可微分的參數化目標策略網路：$\pi\left(a_t\,|\,s_t,\theta\right)$

需求：折扣因子 $\gamma\in[0,1]$ 與學習率 $\alpha$。例如 $\gamma=0.99$ 與 $\alpha=1e-3$

需求：$\theta_0$，代表初始時的策略網路參數（例如 $\theta_0\rightarrow 0$）

1. Repeat

2. 遵循策略 $\pi\left(a_t\,|\,s_t,\theta\right)$ 產生一個世代 $\left(s_0a_0r_1s_1,s_1a_1r_2s_2,\ldots,s_{T-1}a_{T-1}r_Ts_T\right)$

3. 從步驟 $t=0,\ldots,T-1$，執行以下內容

4. 計算回報 $R_t=\sum_{k=0}^{T}\gamma^k\mathrm{r}_{t+k}$

5. 計算折扣效能梯度 $\nabla\mathcal{J}\left(\theta\right)=\gamma^tR_t\nabla_\theta\ln\pi\left(a_t\,|\,s_t,\theta\right)$

6. 執行梯度上升 $\theta=\theta+\alpha\nabla\mathcal{J}\left(\theta\right)$

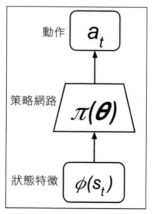

圖 10.2.1：策略網路。

在 REINFORCE 中，參數化策略可用圖 *10.2.1* 中的神經網路來建模。如上一段所述，對於連續型動作空間來說，狀態輸入會被轉換為特徵。狀態特徵就是策略網路的輸入。高斯分配指明策略函數的平均數與標準差都是狀態特徵的函數。根據狀態輸入的性質，策略網路 $\pi(\theta)$ 可以是 MLP、CNN 或 RNN。預測動作就是對策略函數的一次抽樣。

## 具基準的 REINFORCE 法

REINFORCE 演算法可對回報減去某個基準值，$\delta = R_t - B(s_t)$，來做到一般化。基準函數 B($s_t$)，可為任何不相依於 $a_t$ 的函數。基準不會改變效能梯度的期望值：

$$\nabla \mathcal{J}(\theta) = \mathbb{E}_\pi \left[ \left( R_t - B(s_t) \right) \nabla_\theta ln\pi \left( a_t | s_t, \theta \right) \right] = \mathbb{E}_\pi \left[ R_t \nabla_\theta ln\pi \left( a_t | s_t, \theta \right) \right] \quad \text{（方程式10.3.1）}$$

由於 $B(s_t)$ 並非 $a_t$ 的函數，因此，由**方程式 10.3.1** 可知 $\mathbb{E}_\pi \left[ B(s_t) \nabla_\theta ln\pi \left( a_t | s_t, \theta \right) \right] = 0$

由於加入了基準之後並不會影響期望值，它因此降低了梯度更新的變異程度。變異程度降低通常就等於學習加速。多數狀況都會用價值函數 $B(s_t) = V(s_t)$ 作為基準。如果回報被高估，縮放因子會根據價值函數來等比例降低，這樣就會讓變異程度降低。價值函數也被參數化了，$V(s_t) \rightarrow V(s_t, \theta_v)$，並與策略網路一起聯合訓練。在連續型動作空間中，狀態價值可視為狀態特徵的線性函數：

$$v_t = V(s_t, \theta_v) = \phi(s_t)^T \theta_v \quad \text{（方程式10.3.2）}$$

具基準的 REINFORCE 法 [1] 的演算法請參考**演算法 10.3.1**。除了回報被換為 $\delta$ 之外，作法類似於 REINFORCE 法。主要差別在於現在要訓練兩個神經網路。如圖 *10.3.1*，除了策略網路 $\pi(\theta)$ 之外，同時還要訓練價值網路 $V(\theta)$。策略網路參數會透過效能梯度 $\nabla \mathcal{J}(\theta)$ 來更新，而價值網路參數則是透過價值梯度 $\nabla V(\theta_v)$ 來調整。由於 REINFORCE 法是一種 Monte Carlo 演算法，因此，它的價值函數訓練也是 Monte Carlo 演算法。

學習率並不一定要一樣。請注意，價值網路也一樣會執行梯度上升。本章最後會示範如何使用 Keras 來實作具基準的 REINFORCE 法。

## 演算法 10.3.1 具基準的 REINFORCE 法

需求：一個可微分的參數化目標策略網路， $\pi\left(a_t \middle| s_t, \theta\right)$

需求：一個可微分的參數化價值網路， $V\left(s_t, \theta_v\right)$

需求：折扣因子 $\gamma \in [0,1]$ ，效能梯度的學習率 $\alpha$ ，以及價值梯度學習率 $\alpha_v$ 。

需求： $\theta_0$ 為初始策略網路參數（例如， $\theta_0 \to 0$ ）。 $\theta_{v0}$ 則是初始價值網路參數（例如 $\theta_{v0} \to 0$ ）。

1. Repeat

2. 遵循策略 $\pi\left(a_t \middle| s_t, \theta\right)$ 產生一個世代 $\left\langle s_0 a_0 r_1 s_1, s_1 a_1 r_2 s_2, \ldots, s_{T-1} a_{T-1} r_T s_T \right\rangle$

3. 由步驟 $t = 0, \ldots, T-1$ ，執行以下內容

4. 計算回報 $R_t = \sum_{k=0}^{T} \gamma^k r_{t+k}$

5. 減去基準， $\delta = R_t - V\left(s_t, \theta_v\right)$

6. 計算折扣後的價值梯度， $\nabla V\left(\theta_v\right) = \gamma^t \delta \nabla_{\theta_v} V\left(s_t, \theta_v\right)$

7. 執行梯度上升， $\theta_v = \theta_v + a_v \nabla V\left(\theta_v\right)$

8. 計算折扣效能梯度， $\nabla \mathcal{J}\left(\theta\right) = \gamma^t \delta \nabla_\theta ln\pi\left(a_t \middle| s_t, \theta\right)$

9. 執行梯度上升 $\theta = \theta + a \nabla \mathcal{J}\left(\theta\right)$

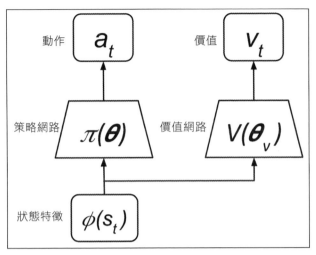

圖 10.3.1：策略網路與價值網路。

## 動作 - 評價法

在具基準的 REINFORCE 法中，價值是被當作基準來使用，而非用來訓練價值函數。本段會介紹具基準的 REINFORCE 法的一種變形版本，稱為動作 - 評價（Actor-Critic）法。策略網路與價值網路分別扮演了動作者（actor）與評價者（critic）網路。策略網路是決定在指定狀態中要執行哪個動作的動作者。而價值網路則負責評估由動作者（也就是策略網路）所執行的動作。價值網路扮演了評價者的角色，用來量化表示動作者所選擇的動作的好壞程度。價值網路會去評估這個狀態的價值 $V(s,\theta_v)$，作法是把它與所收到的獎勵 $r$ 之總和，以及觀察到下一個狀態 $\gamma V(s',\theta_v)$ 的折扣價值進行比較。差值 $\delta$ 可如下表示：

$$\delta = r_{t+1} + \gamma V\left(s_{t+1},\theta_v\right) - V\left(s_t,\theta_v\right) = r + \gamma V\left(s',\theta_v\right) - V\left(s,\theta_v\right) \quad \text{（方程式10.4.1）}$$

為了簡潔，$r$ 與 $s$ 的下標都省略了。**方程式 10.4.1** 與「**第 9 章｜深度強化學習**」中所提到的 Q- 學習之時間差分相當類似。下一個狀態的價值會由 $\gamma \in [0,1]$ 進行折扣。不過，要估計較遠的未來獎勵就非常困難了。因此，估計值只會考慮立即未來：$r + \gamma V\left(s',\theta_v\right)$。這就是之前提過的**自助抽樣（*bootstrapping*）**技巧。一般來說，**方程式 10.4.1** 中的自助抽樣技巧與狀態表示之間的相依性，都能讓學習加速並降低變異程度。由**方程式 10.4.1** 中可知價值網路會去評估當下的狀態 $s = s_t$，而它是根據策略網路的前一個動作 $a_{t-1}$ 而來。同時，策略梯度是以當下的動作 $a_t$ 為基礎，因此，不難理解評估都會慢一個步驟。

**演算法 10.4.1** 是動作 - 評價法 [1] 的總結。除了用於訓練策略與價值網路的狀態價值評估之外，其餘訓練都是在線上完成的。每一步驟都會同時訓練這兩個網路。這不同於 REINFORCE 法與具基準的 REINFORCE 法，因為它們的代理會在執行訓練之前先將世代完成。價值網路會被參考兩次。首先是用於估計當下狀態的價值，再來是為了下一個狀態的價值。這兩筆價值都會用來計算梯度。**圖 10.4.1** 是一個動作 - 評價網路。本章最後會用 Keras 來實作動作 - 評價法。

## 演算法 10.4.1 Actor-Critic

需求：一個可微分的參數化目標策略網路，$\pi\left(a|s,\theta\right)$

需求：一個可微分的參數化價值網路，$V\left(s,\theta_v\right)$

需求：折扣因子 $\gamma \in [0,1]$，效能梯度的學習率 $\alpha$，以及價值梯度的學習率 $\alpha_v$

需求：$\theta_0$ 為初始策略網路參數（例如 $\theta_0 \to 0$）。$\theta_{v0}$ 則是初始價值網路參數（例如 $\theta_{v0} \to 0$）。

1. Repeat

2. 由步驟 $t = 0,...,T-1$ 執行以下內容

3. 根據策略 $a \sim \pi\left(a|s,\theta\right)$ 來抽樣一個動作

4. 執行這個動作並觀察獎勵 $r$ 與下一個狀態 $s'$

5. 評估狀態價值的估計值，$\delta = r + \gamma V\left(s',\theta_v\right) - V\left(s,\theta_v\right)$

6. 計算折扣價值梯度，$\nabla V\left(\theta_v\right) = \gamma' \delta \nabla_{\theta_v} V\left(s,\theta_v\right)$

7.　　執行梯度上升，$\theta_v = \theta_v + \alpha_v \nabla V(\theta_v)$

8.　　計算折扣效能梯度，$\nabla \mathcal{J}(\theta) = \gamma^t \delta \nabla_\theta ln\pi(a|s,\theta)$

9.　　執行梯度上升，$\theta = \theta + \alpha \nabla J(\theta)$

10.　$s = s'$

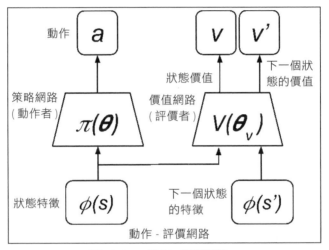

圖 10.4.1：動作 - 評價網路。

# 優勢動作 - 評價（A2C）法

在上一段所談到的動作 - 評價法中，目標是讓價值函數能夠正確地去評估狀態的價值。還有其他方法可以訓練價值網路。一個常用的方法是在價值函數最佳化過程中採用均方差（**mean squared error, MSE**），這類似於 Q 學習演算法。新的價值梯度等於回報 $R_t$ 與狀態價值兩者均方差之偏微分：

$$\nabla V(\theta_v) = \frac{\delta \left( R_t - V(s,\theta_v) \right)^2}{\delta \theta_v} \quad \text{（方程式10.5.1）}$$

當 $\left(R_t - V\left(s, \theta_v\right)\right) \to 0$，價值網路的預測也會愈來愈準。我們將這款 Actor-Critic 演算法的變形稱為 A2C。A2C 是非同步優勢動作 - 評價（**Asynchronous Advantage Actor-Critic, A3C**）[2] 的單線執行或同步版本。$\left(R_t - V\left(s, \theta_v\right)\right)$ 就稱為**優勢**（*Advantage*）。

演算法 *10.5.1* 是 A2C 法的總結。A2C 與動作 - 評價法之間有不少差異。動作 - 評價法屬於線上執行，或針對每個經驗抽樣都會進行訓練。A2C 則是類似於 REINFORCE 法與具基準的 REINFORCE 法這類的 Monte Carlo 演算法，它會在一個世代結束之後才進行訓練。動作 - 評價法是從第一個狀態開始訓練到最後一個狀態，而 A2C 訓練則是從最後一個狀態回頭訓練到第一個狀態。另外，A2C 策略與價值梯度也不會再用到折扣因子 $\gamma'$。

由於我們只修改了計算梯度的方法，因此，A2C 所對應的網路類似於圖 *10.4.1*。為了鼓勵代理在訓練過程中進行探索，A3C 演算法 [2] 建議要把策略函數中加權後的熵值梯度加入梯度函數 $\beta \nabla_\theta H\left(\pi\left(a_t \mid s_t, \theta\right)\right)$ 之中。還記得嗎？熵是用來評估事件中的資訊不確定性。

## 演算法 10.5.1　優勢動作評價（A2C）

需求：一個可微分的參數化目標策略網路，$\pi\left(a_t \mid s_t, \theta\right)$

需求：一個可微分的參數化價值網路，$V\left(s_t, \theta_v\right)$

需求：折扣因子 $\gamma \in [0,1]$，效能梯度的學習率 $\alpha$，價值梯度的學習率 $\alpha_v$，以及熵權重 $\beta$

需求：$\theta_0$ 為初始的策略網路參數（例如 $\theta_0 \to 0$）。$\theta_{v0}$ 則是初始的價值網路參數（例如，$\theta_{v0} \to 0$）

1. Repeat

2. 　根據策略 $\pi\left(a_t \mid s_t, \theta\right)$ 產生一個世代 $\left\langle s_0 a_0 r_1 s_1, s_1 a_1 r_2 s_2, \ldots, s_{T-1} a_{T-1} r_T s_T \right\rangle$

3. $R_t = \begin{cases} 0 & \text{if } s_T \text{ is terminal} \\ V(s_T, \theta_v) & \text{for non-terminal}, s_T, \text{bootstrap from last state} \end{cases}$

4. 由步驟 $t = T - 1, \ldots, 0$ 執行以下內容

5. 計算回報，$R_t = r_t + \gamma R_t$

6. 計算價值梯度，$\nabla V(\theta_v) = \dfrac{\partial \left(R_t - V(s, \theta_v)\right)^2}{\partial \theta_v}$

7. 累加梯度：$\theta_v = \theta_v + a_v \nabla V(\theta_v)$

8. 計算效能梯度，$\nabla \mathcal{J}(\theta) = \nabla_\theta ln\pi\left(a_t | s_t, \theta\right)\left(R_t - V(s, \theta_v)\right) + \beta \nabla_\theta H\left(\pi\left(a_t | s_t, \theta\right)\right)$

9. 執行梯度上升，$\theta = \theta + a \nabla \mathcal{J}(\theta)$

## Keras 中的各種策略梯度法

先前所討論的四種策略梯度法（*演算法 10.2.1* 到 *演算法 10.5.1*）都運用了相同的策略與價值網路模型。*圖 10.2.1* 到 *圖 10.4.1* 中的策略與價值網路架構都是一樣的，這四種策略梯度法彼此的差別在於：

・效能與價值梯度方程式

・訓練方式

既然它們有許多的共通點，本段將介紹如何使用 Keras 來實作*演算法 10.2.1* 到*演算法 10.5.1*。

完整程式碼請由此取得：
https://github.com/PacktPublishing/Advanced-Deep-Learning-with-Keras。

在討論實作之前，先簡單來看一下訓練環境。

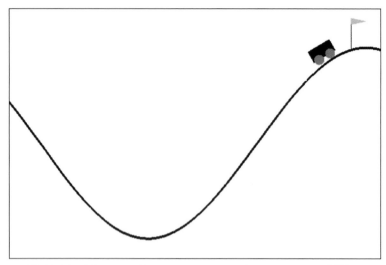

圖 10.6.1：MountainCarContinuous-v0 之 OpenAI gym 環境。

不同於 Q- 學習，策略梯度法對於離散型與連續型動作空間皆可適用。本範例會在一個連續型動作空間中來示範這四種策略梯度法。此連續型動作空間為 OpenAI gym 的 MountainCarContinuous-v0。如果你還不太熟悉 OpenAI gym 的話，請回頭參考「*第 9 章 | 深度強化學習*」。

MountainCarContinuous-v0 這個 2D 環境如圖 *10.6.1*。這個 2D 環境中有一台引擎不怎麼夠力的小車位於兩座山之間。為了到達右側山頂上的小黃旗，小車需要先後退再前進好取得足夠的 momentum 施加在車上的能量（代表動作的絕對值愈大），獎勵就愈小（或數值愈負）。獎勵永遠為負值，只有到達旗子才會有正值的獎勵。車子順利到達旗子可收到 +100 的獎勵。每個動作都是由以下程式碼來進行懲罰：

```
reward-= math.pow(action[0],2)*0.1
```

有效動作值的連續範圍為 [-1.0, 1.0]。超出這個範圍之後，動作會被修剪到介於其最小值與最大值之間。因此，去施加一個大於 1.0 或小於 -1.0 的動作值就沒意義了。MountainCarContinuous-v0 環境狀態有兩個元素：

- 小車位置

- 小車速度

在此使用編碼器來把狀態轉換為狀態特徵。預測動作就是指定狀態的策略模型輸出，而價值函數的輸出則是該狀態的預測價值：

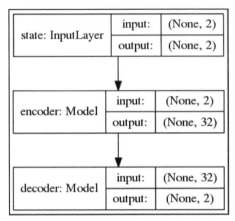

圖 10.6.2：自動編碼器模型。

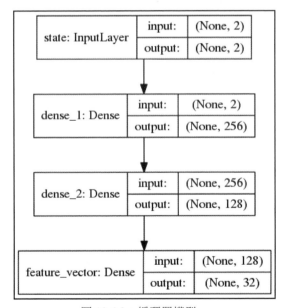

圖 10.6.3：編碼器模型。

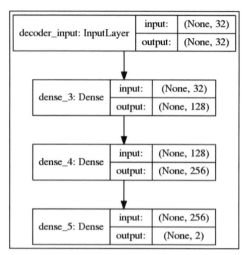

圖 10.6.4：解碼器模型

如圖 *10.2.1* 到圖 *10.4.1* 所示，在建置策略與價值網路之前，要先建立一個能將狀態轉換為特徵的函式。這個函式是由自動編碼器中的編碼器所實作的，類似於在「*第 3 章 | 自動編碼器*」的實作內容。圖 *10.6.2* 是一個由編碼器與解碼器所組成的自動編碼器。在圖 *10.6.3* 中，編碼器是一個由 `Input(2)-Dense(256,activation='relu')-Dense(128 activation='relu')-Dense(32)` 所產生的 MLP。每個狀態都會被轉換為一個長度 32 的特徵向量。圖 *10.6.4* 中的解碼器也是 MLP，但改由 `Input(32)-Dense(128 activation='relu')-Dense(256,activation='relu')-Dense(2)` 所產生。自動編碼器會用 **MSE** 損失函數與 Keras 預設的 Adam 最佳器來訓練 10 個回合。我們隨機抽樣了 220,000 個狀態用於訓練資料集與測試資料集，並分割為 200k/20k 用於訓練與測試。訓練之後會儲存編碼器權重，好用於未來的策略與價值網路訓練。**範例 *10.6.1*** 是建置與訓練這個自動編碼器的方法。

範例 10.6.1，`policygradient-car-10.1.1.py`，是建置與訓練這個自動編碼器的方法：

```
# 將狀態轉換為特徵的自動編碼器
def build_autoencoder(self):
    # 首先建置編碼器模型
```

```
inputs = Input(shape=(self.state_dim, ), name='state')
feature_size = 32
x = Dense(256, activation='relu')(inputs)
x = Dense(128, activation='relu')(x)
feature = Dense(feature_size, name='feature_vector')(x)

# 產生編碼器模型的實例
self.encoder = Model(inputs, feature, name='encoder')
self.encoder.summary()
plot_model(self.encoder, to_file='encoder.png',
           show_shapes=True)

# 建置解碼器模型
feature_inputs = Input(shape=(feature_size,),
                       name='decoder_input')
x = Dense(128, activation='relu')(feature_inputs)
x = Dense(256, activation='relu')(x)
outputs = Dense(self.state_dim, activation='linear')(x)

# 產生解碼器模型的實例
self.decoder = Model(feature_inputs, outputs, name='decoder')
self.decoder.summary()
plot_model(self.decoder, to_file='decoder.png',
           show_shapes=True)

# autoencoder = encoder + decoder
# 產生自動編碼器模型的實例
self.autoencoder = Model(inputs,
                         self.decoder(self.encoder(inputs)),
                         name='autoencoder')
self.autoencoder.summary()
plot_model(self.autoencoder, to_file='autoencoder.png',
           show_shapes=True)

# Mean Square Error (MSE)損失函數、Adam最佳器
self.autoencoder.compile(loss='mse', optimizer='adam')


# 從環境隨機抽樣狀態來訓練自動編碼器
def train_autoencoder(self, x_train, x_test):
    # 訓練自動編碼器
    batch_size = 32
    self.autoencoder.fit(x_train,
                         x_train,
                         validation_data=(x_test, x_test),
                         epochs=10,
                         batch_size=batch_size)
```

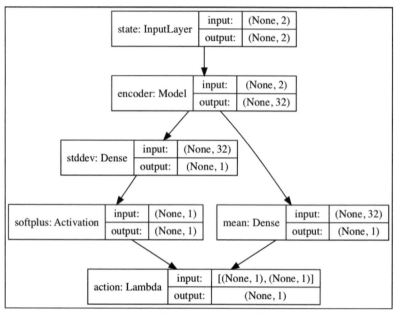

圖 10.6.5：策略模型（動作者模型）。

在 `MountainCarContinuous-v0` 環境中，策略（或行動者）模型可預測要施加在小車上的動作。如本章首段關於策略梯度法所述，對於連續型動作空間而言，策略模型是根據高斯分配，$\pi\left(a_t \,\middle|\, s_t, \theta\right) = a_t \sim \mathcal{N}\left(\mu\left(s_t\right), \sigma\left(s_t\right)\right)$ 來抽取一個動作。Keras 實作如下：

```
# 指定平均數與標準差，抽樣一個動作，修剪後回傳
# 假設指定狀態來選擇動作的機率為高斯分配
def action(self, args):
    mean, stddev = args
    dist = tf.distributions.Normal(loc=mean, scale=stddev)
    action = dist.sample(1)
    action = K.clip(action,
                    self.env.action_space.low[0],
                    self.env.action_space.high[0])
    return action
```

動作會根據其最大與最小值進行修剪，好介於這個範圍之內。

策略網路的角色是預測高斯分配的平均值與標準差。圖 *10.6.5* 是策略網路 $\pi\left(a_t \mid s_t, \theta\right)$。值得一提的是，編碼器模型所用的預先訓練之權重是被凍結的。只有平均數與標準差的權重會收到效能梯度更新。

這個策略網路基本上就是**方程式 10.1.4** 與**方程式 10.1.5** 的實作，為了方便說明這裡再列出一次：

$$\mu\left(s_t\right) = \phi\left(s_t\right)^T \theta_\mu \qquad \text{（方程式10.1.4）}$$

$$\sigma\left(s_t\right) = \varsigma\left(\phi\left(s_t\right)^T \theta_\sigma\right) \qquad \text{（方程式10.1.5）}$$

其中 $\phi\left(s_t\right)$ 為編碼器，$\theta_\mu$ 為平均值的 Dense(1) 層權重，$\theta_\sigma$ 則是標準差的 Dense(1) 層權重。在此採用修改後的 *softplus* 函數 $\varsigma(\cdot)$，來避免標準差為零：

```
# 其他做法是採用修改後的softplus來確保標準差永不為零
def softplusk(x):
    return K.softplus(x) + 1e-10
```

策略模型建置如下，其中還包括了對數機率、熵與價值模型，後續都會介紹到。

範例 10.6.2，`policygradient-car-10.1.1.py`，說明由編碼後的狀態特徵來建置策略（動作者）、`logp`、熵與價值模型之方法：

```
def build_actor_critic(self):
    inputs = Input(shape=(self.state_dim, ), name='state')
    self.encoder.trainable = False
    x = self.encoder(inputs)
    mean = Dense(1,
                 activation='linear',
                 kernel_initializer='zero',
                 name='mean')(x)
    stddev = Dense(1,
                   kernel_initializer='zero',
                   name='stddev')(x)
    # 使用softplusk來避免stddev = 0
    stddev = Activation('softplusk', name='softplus')(stddev)
    action = Lambda(self.action,
                    output_shape=(1,),
```

```
                      name='action') ([mean, stddev])
self.actor_model = Model(inputs, action, name='action')
self.actor_model.summary()
plot_model(self.actor_model, to_file='actor_model.png',
           show_shapes=True)


logp = Lambda(self.logp,
              output_shape=(1,),
              name='logp') ([mean, stddev, action])
self.logp_model = Model(inputs, logp, name='logp')
self.logp_model.summary()
plot_model(self.logp_model, to_file='logp_model.png',
           show_shapes=True)


entropy = Lambda(self.entropy,
                 output_shape=(1,),
                 name='entropy') ([mean, stddev])
self.entropy_model = Model(inputs, entropy, name='entropy')
self.entropy_model.summary()
plot_model(self.entropy_model, to_file='entropy_model.png',
           show_shapes=True)
value = Dense(1,
              activation='linear',
              kernel_initializer='zero',
              name='value') (x)
self.value_model = Model(inputs, value, name='value')
self.value_model.summary()
```

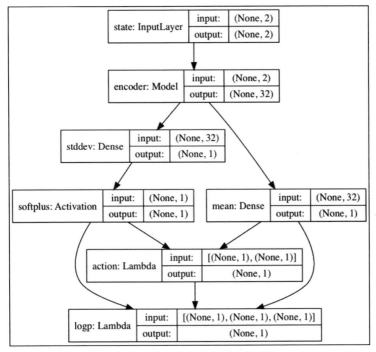

圖 10.6.6：策略的高斯對數機率模型。

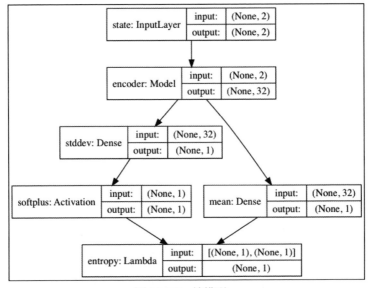

圖 10.6.7：熵模型。

除了策略網路 $\pi(a_t|s_t,\theta)$ 之外，我們還需要動作對數機率（logp）網路 $\ln\pi(a_t|s_t,\theta)$，因為計算梯度實際上是由它來完成。由圖 *10.6.6* 可知，logp 網路就是個策略網路，但多了一個 Lambda(1) 層，好在指定動作、平均數與標準差的前提下來計算高斯分配的對數機率。logp 網路與動作者（策略）模型共用同一組參數。Lambda 層沒有任何參數，並由以下函式來實作：

```
# 指定平均數與標準差與動作，藉此計算高斯分配的對數機率
def logp(self, args):
    mean, stddev, action = args
    dist = tf.distributions.Normal(loc=mean, scale=stddev)
    logp = dist.log_prob(action)
    return logp
```

因此，訓練 logp 網路就等於訓練行動者模型。但本段所介紹的訓練方法只會訓練 logp 網路。

如圖 *10.6.7*，熵模型也與參數策略網路共用參數。指定平均數與標準差之後，輸出之 Lambda(1) 層即可計算這個高斯分配的熵，如以下函式：

```
# 指定平均數與標準差來計算高斯分配的熵
def entropy(self, args):
    mean, stddev = args
    dist = tf.distributions.Normal(loc=mean, scale=stddev)
    entropy = dist.entropy()
    return entropy
```

熵模型只會在 A2C 法中用到：

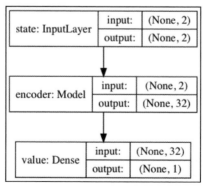

圖 10.6.8：價值模型。

上圖是一個價值模型。該模型也運用了預先訓練好的編碼器，並搭配固定權重來實作以下等式，為了方便說明在此再列出一次：

$$v_t = V\left(s_t, \theta_v\right) = \phi\left(s_t\right)^T \theta_v \quad \text{（方程式10.3.2）}$$

$\theta_v$ 是 Dense(1) 層的權重，也是唯一會收到價值梯度更新的層。**圖 10.6.8** 是**演算法 10.3.1** 到**演算法 10.5.1** 中的 $V(s_t, \theta_v)$。本價值模型只要幾行程式碼就能搞定：

```
inputs = Input(shape=(self.state_dim, ), name='state')
self.encoder.trainable = False
x = self.encoder(inputs)

value = Dense(1,
              activation='linear',
              kernel_initializer='zero',
              name='value')(x)
self.value_model = Model(inputs, value, name='value')
```

上述程式碼可在前面**範例 10.6.2** 中的 build_actor_critic() 方法裡找到。

網路模型建置完成之後，下一步就是訓練。**演算法 10.2.1** 到**演算法 10.5.1** 都是透過梯度上升來最大化目標函數。在 **Keras** 中則是透過梯度下降來最小化損失函數。損失函數就是目標函數最大化之後再取負值。梯度下降則正好是梯度上升的負數。**範例 10.6.3** 說明 logp 與價值損失函數。

我們可運用損失函數的相同結構來統一**演算法 10.2.1** 到**演算法 10.5.1** 的所有損失函數。效能梯度與價值梯度的差別只在於常數因子。所有的效能梯度都有這一項：$\nabla_\theta \ln \pi\left(a_t \mid s_t, \theta\right)$，也就是在策略對數機率損失函數 logp_loss() 中的 y_pred 這一項。共通項 $\nabla_\theta \ln \pi\left(a_t \mid s_t, \theta\right)$ 的因子則根據各演算法而有所不同，並實作為 y_true。**表 10.6.1** 說明在不同情況下的 y_true 值。剩下的就是熵的權重後梯度，$\beta \nabla_\theta H\left(\pi\left(a_t \mid s_t, \theta\right)\right)$，是在 logp_loss() 函數中將 beta 乘以 entropy 而得。只有 A2C 會用到這一項，因此，預設 beta=0.0，至於 A2C 則是 beta=0.9。

範例 10.6.3，`policygradient-car-10.1.1.py`，說明 `logp` 與價值網路的損失函數：

```
# logp損失，A2C需要第三與第四個變數 (entropy 與 beta)
# 因此需要修改損失函數架構
def logp_loss(self, entropy, beta=0.0):
    def loss(y_true, y_pred):
        return -K.mean((y_pred * y_true) + (beta * entropy),
                       ax is=-1)

    return loss


# 一般的損失函數只接受兩個引數
# 除了A2C之外，所有方法都採用價值損失
def value_loss(self, y_true, y_pred):
    return -K.mean(y_pred * y_true, axis=-1)
```

| 演算法 | y_true of logp_loss | y_true of value_loss |
|---|---|---|
| 10.2.1 REINFORCE | $\gamma^t R_t$ | Not applicable |
| 10.3.1 具基準的REINFORCE 法 | $\gamma^t \delta$ | $\gamma^t \delta$ |
| 10.4.1 Actor-Critic | $\gamma^t \delta$ | $\gamma^t \delta$ |
| 10.5.1 優勢動作評價（A2C） | $\left(R_t - V\left(s, \theta_v\right)\right)$ | $R_t$ |

表 10.6.1：logp_loss 與 value_loss 的 y_true 值比較

同樣地，*演算法 10.3.1* 與 *演算法 10.4.1* 的價值損失函數在結構上也是相同的。Keras 中是用 `value_loss()` 來實作價值損失函數，如 *範例 10.6.3*。共用的梯度因子 $\nabla_{\theta_v} V\left(s_t, \theta_v\right)$ 是由 `y_pred` 這個 tensor 來代表，其餘因子則是寫為 `y_true`。`y_true` 值請參考表 *10.6.1*。REINFORCE 法不採用價值函數，A2C 則是用 MSE 損失函數來學習價值函數。A2C 則是用 `y_true` 來代表目標值（或實況值）。

範例 10.6.4，`policygradient-car-10.1.1.py`，說明以世代為基礎來訓練 REINFORCE、具基準的 REINFORCE 與 A2C。在呼叫 *範例 10.6.5* 中的主訓練常式之前會先計算合適的回報：

```
# 以世代為基礎來訓練 （在進行逐步訓練之前，
# REINFORCE法具基準的REINFORCE法與A2C都採用以下常式來準備資料集)
def train_by_episode(self, last_value=0):
    if self.args.actor_critic:
        print("Actor-Critic must be trained per step")
        return
    elif self.args.a2c:
        # 由最後一個狀態依序到第一個狀態來實作A2C訓練
        # 折扣因子
        gamma = 0.95
        r = last_value
        # 記憶體會以相反的順序拜訪，如演算法10.5.1
        for item in self.memory[::-1]:
            [step, state, next_state, reward, done] = item
            # 計算回報
            r = reward + gamma*r
            item = [step, state, next_state, r, done]
            # 逐步訓練
            # a2c獎勵會被進行折扣
            self.train(item)

        return

    # 只有REINFORCE法與具基準的REINFORCE法
    # 會採用ff程式碼來將獎勵轉換為回報
    rewards = []
    gamma = 0.99
    for item in self.memory:
        [_, _, _, reward, _] = item
        rewards.append(reward)

    # 逐步計算回報
    # 回報是由步驟t到世代終結的所有獎勵總和
    # 用回報來取代清單中的獎勵
    for i in range(len(rewards)):
        reward = rewards[i:]
        horizon = len(reward)
        discount = [math.pow(gamma, t) for t in range(horizon)]
        return_ = np.dot(reward, discount)
        self.memory[i][3] = return_

    # 每一步驟都進行訓練
    for item in self.memory:
        self.train(item, gamma=gamma)
```

範例 10.6.5，`policygradient-car-10.1.1.py`，是上述介紹過所有策略梯度演算法的主訓練常式。動作 - 評價法會在每次進行經驗抽樣時都呼叫本常式，而其餘則是在每世代中的訓練常式中呼叫，如*範例 10.6.4*：

```python
# 4種策略梯度方法的主訓練常式
def train(self, item, gamma=1.0):
    [step, state, next_state, reward, done] = item

    # 需儲存狀態來進行熵計算
    self.state = state

    discount_factor = gamma**step

    # reinforce-baseline: delta = return - value
    # actor-critic: delta = reward - value + discounted_next_value
    # a2c: delta = discounted_reward - value
    delta = reward - self.value(state)[0]

    # 只有REINFORCE不採用評價者(價值網路)
    critic = False
    if self.args.baseline:
        critic = True
    elif self.args.actor_critic:
        # 由於Actor-Critic會直接呼叫本函式，價值函數也在此評估
        critic = True
        if not done:
            next_value = self.value(next_state)[0]
            # 加入折扣後的下一個價值
            delta += gamma*next_value
    elif self.args.a2c:
        critic = True
    else:
        delta = reward

    # 運用折扣因子，如演算法10.2.1、10.3.1與10.4.1
    discounted_delta = delta * discount_factor
    discounted_delta = np.reshape(discounted_delta, [-1, 1])
    verbose = 1 if done else 0

    # 由於共享同一組參數
    # 訓練logp模型就等於訓練動作者模型
    self.logp_model.fit(np.array(state),
                        discounted_delta,
                        batch_size=1,
```

```
                         epochs=1,
                         verbose=verbose)

# 在A2C中，目標價值就等於回報
# 獎勵被train_by_episode函式的回傳值所取代
if self.args.a2c:
    discounted_delta = reward
    discounted_delta = np.reshape(discounted_delta, [-1, 1])

# 訓練價值網路(評價者)
if critic:
    self.value_model.fit(np.array(state),
                         discounted_delta,
                         batch_size=1,
                         epochs=1,
                         verbose=verbose)
```

所有網路模型與損失函數都就位之後，剩下的就是訓練方式了，這會根據各演算法而有所不同。兩個用到的訓練函式請參考**範例 10.6.4** 與**範例 10.6.5**。**演算法 10.2.1**、**10.3.1** 與 **10.5.1** 都會在訓練之前等候整個世代完成，所以 train_by_episode() 與 train() 兩者都會執行。完整的世代是儲存於 self.memory 之中。動作 - 評價法（**演算法 10.4.1**）則是每步驟都訓練，且只執行 train()。

每個演算法都用不同的方式來處理自己的世代軌跡。

| 演算法 | y_true **formula** | y_true **in Keras** |
|---|---|---|
| 10.2.1 REINFORCE | $\gamma^t R_t$ | reward * discount_factor |
| 10.3.1 具基準的 REINFORCE 法 | $\gamma^t \delta$ | (reward - self.value(state)[0]) * discount_factor |
| 10.4.1 Actor-Critic | $\gamma^t \delta$ | (reward - self.value(state)[0] + gamma*next_value) * discount_factor |
| 10.5.1 優勢動作評價（A2C） | $\left(R_t - V\left(s, \theta_v\right)\right)$ 與 $R_t$ | (reward - self.value(state)[0]) 與 reward |

表 10.6.2：表 10.6.1 中的各個 y_true 值

對於 REINFORCE 法與 A2C 來說，獎勵就是回報，透過 train_by_episode(). discount_factor = gamma**step 所求出。

兩個 REINFORCE 法都是透過取代記憶中的獎勵值來計算回報，$R_t = \sum_{k=0}^{T} \gamma^k r_{t+k}$，
如下程式碼所示：

```
# 只有REINFORCE與具基準的REINFORCE會使用ff編碼將獎勵轉換為回報
rewards = []
gamma = 0.99
for item in self.memory:
    [_, _, _, reward, _] = item
    rewards.append(reward)

# 逐步計算回報
# 回報是由步驟t到世代終結的所有獎勵總和
# 用回報來取代清單中的獎勵
    for i in range(len(rewards)):
    reward = rewards[i:]
    horizon = len(reward)
    discount =  [math.pow(gamma, t) for t in range(horizon)]
    return_ = np.dot(reward, discount)
    self.memory[i][3] = return_
```

這樣從第一個步驟以及每當所有步驟的起頭開始，就會去訓練策略（動作者）與價
值模型（只適用具基準的 REINFORCE 法）。

A2C 的訓練方式比較不同，因為它是從最後一步往回到第一步來計算梯度。因此，
回報就等於把一開始到最後一步驟的獎勵（或最後的下一個狀態價值）累加起來：

```
# 記憶體會以相反的順序拜訪如演算法10.5.1
for item in self.memory[::-1]:
    [step, state, next_state, reward, done] = item
    # 計算回報
    r = reward + gamma*r
    item = [step, state, next_state, r, done]
    # 逐步訓練
    # a2c獎勵會被進行折扣
    self.train(item)
```

程式碼中的 reward 變數在此也會被取代為回報。如果抵達最終狀態（也就是小車
碰到旗子），該變數會被重置為 reward，否則變數值就等於非最終狀態的下一個狀
態價值，如以下語法：

```
v = 0 if reward > 0 else agent.value(next_state)[0]
```

在 Keras 實作中，所有上述提過的常式都是在 PolicyAgent 類別中實作為方法。
PolicyAgent 的角色就是實作策略梯度法的那個代理，要做的事情包括建置、訓
練網路模型、預測動作以及記錄機率、熵值與狀態價值。

以下範例說明在一個世代中，代理執行與訓練策略模型與價值模型的完整過程。
for 迴圈會執行 1000 個世代。當步驟次數到達 1000 次或小車碰到旗子時，本世代
結束。每一步驟中，代理都會根據策略來預測動作。而在每個世代或步驟之後就會
呼叫訓練常式。

範例 10.6.6，policygradient-car-10.1.1.py 中，代理會執行 1000 個世代，
且每一個步驟都根據策略來預測動作並執行訓練：

```
# 抽樣與適配
for episode in range(episode_count):
    state = env.reset()
    # 狀態為 car [position speed]
    state = np.reshape(state, [1, state_dim])
    # 在每個世代開始之前重置所有變數與記憶
    step = 0
    total_reward = 0
    done = False
    agent.reset_memory()
    while not done:
        # [min, max] action = [-1.0, 1.0]
        # 對於具基準的REINFORCE來說，隨機挑選動作無法讓小車通過旗桿
        if args.random:
            action = env.action_space.sample()
        else:
            action = agent.act(state)
        env.render()
        # 執行動作之後取得s'、r、done
        next_state, reward, done, _ = env.step(action)
        next_state = np.reshape(next_state, [1, state_dim])
        # 將經驗單元儲存於記憶中，以便後續訓練用
        # Actor-Critic不需要本項但在此還是保留
        item = [step, state, next_state, reward, done]
        agent.remember(item)

        if args.actor_critic and train:
            # 只有動作-評價法會進行線上訓練
            # 每步驟都訓練
```

```
        agent.train(item, gamma=0.99)
    elif not args.random and done and train:
        # 對於REINFORCE法、具基準的REINFORCE法與A2C來說
        # 需等到世代結束才會訓練網路 (可能多個)
        # A2C會採用最後一個價值
        v = 0 if reward > 0 else agent.value(next_state)[0]
        agent.train_by_episode(last_value=v)

    # 累積獎勵
    total_reward += reward
    # 下一個狀態為新的狀態
    state = next_state
    step += 1
```

# 策略梯度法的效能評估

這四種策略梯度方法都會將代理訓練 1,000 個世代來評估。在此將一個訓練階段定義為 1,000 個訓練世代。第一項效能指標是累加小車在這 1,000 個世代中抵達旗子的次數總和。圖 *10.7.1* 到圖 *10.7.4* 是各方法的五個訓練階段。

以本指標來說，A2C 抵達旗子的次數最多，再來是具基準的 REINFORCE 法、動作-評價法，最後是 REINFORCE 法。採用基準（評價者）確實可加速學習。請注意代理在這些訓練階段中可以持續提升自身效能。但在實驗中的某些狀況下，代理的效能並不會隨著時間提升。

第二個效能指標是以這個需求為基礎：如果每世代的總獎勵都至少為 90.0 以上，則 MountainCarContinuous-v0 視為已解決。由各方法的五個訓練階段可知，我們挑出一個在最後 100 個世代（世代 900 到 999）中，總獎勵最高的訓練階段。圖 *10.7.5* 到圖 *10.7.8* 是這四個策略梯度法的執行結果。具基準的 REINFORCE 法是唯一在訓練 1,000 個世代之後能持續達到總獎勵大約 90 的方法。A2C 的效能第二好，但無法持續讓總獎勵保持在 90 以上。

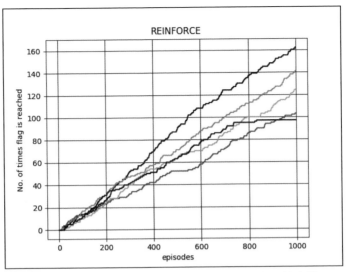

圖 10.7.1：採用 REINFORCE 法時，小車碰到旗子的次數。

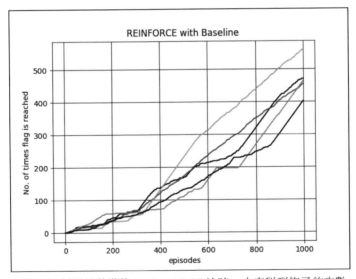

圖 10.7.2：採用具基準的 REINFORCE 法時，小車碰到旗子的次數。

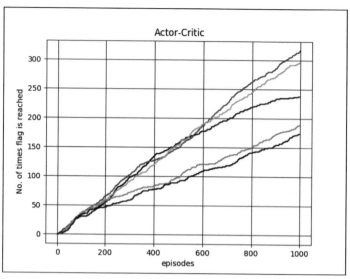

圖 10.7.3：採用動作 - 評價法時，小車碰到旗子的次數。

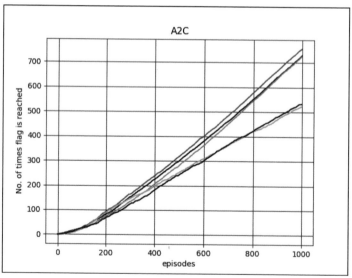

圖 10.7.4：採用 A2C 法時，小車碰到旗子的次數。

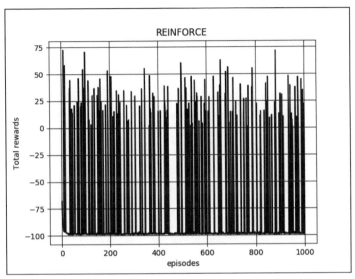

圖 10.7.5：採用 REINFORCE 法時，每世代收到的總獎勵。

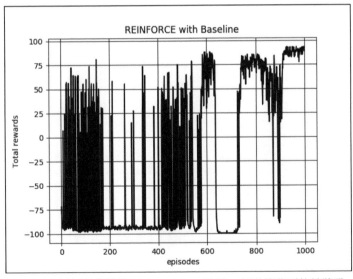

圖 10.7.6：採用具基準的 REINFORCE 法時，每世代收到的總獎勵。

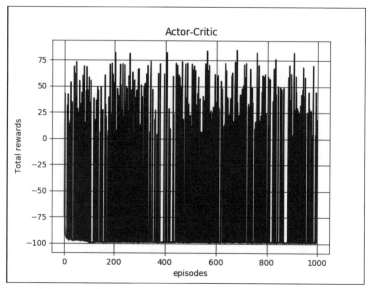

圖 10.7.7：採用動作 - 評價法時，每世代收到的總獎勵。

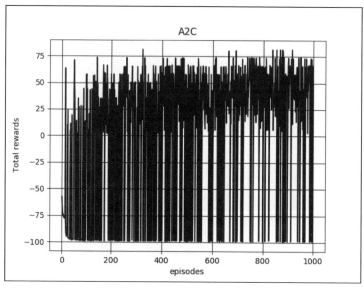

圖 10.7.8：採用 A2C 法時，每世代收到的總獎勵。

在上述實驗中，我們採用相同的學習率 1e-3 來記錄機率與價值網路的最佳化過程。折扣因子設為 0.99，但 A2C 的折扣因子則是設為 0.95 會比較容易訓練。

你可藉由以下指令來執行訓練好的網路：

```
$ python3 policygradient-car-10.1.1.py
--encoder_weights=encoder_weights.h5 --actor_weights=actor_weights.h5
```

下表說明可執行 policygradient-car-10.1.1.py 的其他模式。權重檔（\*.h5）可換為任何你預先訓練好的權重檔。請參考程式碼來看看其他可用的選項：

| 目的 | 執行指令 |
|---|---|
| 從頭開始訓練 REINFORCE 法 | python3 policygradient-car-10.1.1.py yg<br>--encoder_weights=encoder_weights.h5 |
| 從頭開始訓練具基準的 REINFORCE 法 | python3 policygradient-car-10.1.1.py<br>--encoder_weights=encoder_weights.h5 -b |
| 從頭開始訓練動作 - 評價法 | python3 policygradient-car-10.1.1.py<br>--encoder_weights=encoder_weights.h5 -a |
| 從頭開始訓練 A2C 法 | python3 policygradient-car-10.1.1.py<br>--encoder_weights=encoder_weights.h5 -c |
| 使用先前儲存的權重檔<br>來訓練 REINFORCE 法 | python3 policygradient-car-10.1.1.py<br>--encoder_weights=encoder_weights.h5<br>--actor_weights=actor_weights.h5 --train |
| 使用先前儲存的權重檔<br>來訓練具基準的 REINFORCE 法 | python3 policygradient-car-10.1.1.py<br>--encoder_weights=encoder_weights.h5<br>--actor_weights=actor_weights.h5<br>--value_weights=value_weights.h5 -b --train |
| 使用先前儲存的權重檔<br>來訓練動作 - 評價法 | python3 policygradient-car-10.1.1.py<br>--encoder_weights=encoder_weights.h5<br>--actor_weights=actor_weights.h5<br>--value_weights=value_weights.h5 -a --train |
| 使用先前儲存的權重檔來訓練 A2C 法 | python3 policygradient-car-10.1.1.py<br>--encoder_weights=encoder_weights.h5<br>--actor_weights=actor_weights.h5<br>--value_weights=value_weights.h5 -c --train |

表 10.7.1：執行 policygradient-car-10.1.1.py 的各種選項

總整理一下，用 Keras 實作各種策略梯度法是有些限制的。例如，訓練動作者模型需要重新抽樣動作。動作會首先被抽樣，並應用在環境中來觀察獎勵與下一個狀態。接著，抽出另一個樣本來訓練對數機率模型。第二個樣本不需要與第一個相同，但用於訓練的獎勵是來自第一個被抽樣的動作，但這會使得梯度計算過程中產生隨機誤差。

好消息在於 TensorFlow 以 `tf.keras` 的形式來加強對 Keras 的支援。從 Keras 轉移到像是 TensorFlow 這樣高彈性且強大的機器學習函式庫已經愈來愈簡單了。如果你是從 Keras 來入門並想要自訂一個低階機器學習常式，Keras 的各種 API 與 `tf.keras` 有相當高的共通性。

想要在 TensorFlow 運用 Keras 需要下點功夫。再者在 `tf.keras` 中，你能輕鬆運用 TensorFlow 現成的 Dataset 與 EstimatorsAPI，這節省了大量的程式碼以及模型再利用，讓整體流程更清爽。搭配 TensorFlow 新的 eager execution 模式，要在 `tf.keras` 與 TensorFlow 中，對 Python 實作與除錯變得更簡單了。eager execution 不需要先建置計算圖就可以執行程式碼，本書就是採用這個作法，讓程式結構更接近於一般的 Python 程式。

# 總結

本章介紹了策略梯度法。先從策略梯度相關理論開始，我們整理了四種訓練策略網路的方法，分別為 REINFORCE 法、具基準的 REINFORCE 法、動作 - 評價法與 A2C 演算法，也都一一深入介紹過了。另外也示範了如何用 Keras 來實作這四種方法，並透過代理成功達成目標的次數以及每個世代收到的總獎勵來驗證演算法的成效。

與先前章節談到的深度 Q- 網路 [2] 類似，基礎策略梯度演算法還是有一些改善的空間。例如，最顯著的成果之一就是 A3C[3]，這是 A2C 的多執行序版本。它可讓代理同時取得不同的經驗，但卻能以非同步的方式來最佳化策略網路與價值網路。但在本章的 OpenAI 實驗中（`https://blog.openai.com/baselines-`

acktr-a2c/），由於 A3C 並未運用現今已相當普及的強力 GPU，A3C 相較於 A2C 的強項就不太明顯了。

作為本書最後一章，值得一提的是深度學習領域實在是太廣泛了，想要在一本書裡面涵蓋所有東西根本不可能。我們能做的是精心挑選一些進階議題，這些議題在很多方面都非常實用，方便讀者更容易上手。本書中運用 Keras 的各樣實作範例已充分說明，你可將這些技術順利移植並應用到工作專案與研究上。

# 參考資料

1. Sutton and Barto. *Reinforcement Learning: An Introduction*, http://incompleteideas.net/book/bookdraft2017nov5.pdf, (2017).

2. Mnih, Volodymyr, and others. *Human-level control through deep reinforcement learning*, Nature 518.7540 (2015): 529.

3. Mnih, Volodymyr, and others. *Asynchronous methods for deep reinforcement learning, International conference on machine learning*, 2016.

4. Williams and Ronald J. *Simple statistical gradient-following algorithms for connectionist reinforcement learning, Machine Learning* 8.3-4 (1992): 229-256.

# 深度學習｜使用 Keras

作　　者：Rowel Atienza
譯　　者：CAVEDU 教育團隊 曾吉弘
企劃編輯：莊吳行世
文字編輯：詹祐甯
設計裝幀：張寶莉
發 行 人：廖文良

發 行 所：碁峰資訊股份有限公司
地　　址：台北市南港區三重路 66 號 7 樓之 6
電　　話：(02)2788-2408
傳　　真：(02)8192-4433
網　　站：www.gotop.com.tw
書　　號：ACD019000
版　　次：2019 年 11 月初版
建議售價：NT$560

國家圖書館出版品預行編目資料

深度學習：使用 Keras / Rowel Atienza 原著；曾吉弘譯. -- 初版.
  -- 臺北市：碁峰資訊, 2019.11
　　面；　　公分
　　譯自：Advanced Deep Learning with Keras
　　ISBN 978-986-502-321-8(平裝)
　　1.人工智慧　2.機器學習　3.資料探勘
312.831　　　　　　　　　　　　　　　　　108018403

讀者服務

● 感謝您購買碁峰圖書，如果您對本書的內容或表達上有不清楚的地方或其他建議，請至碁峰網站：「聯絡我們」\「圖書問題」留下您所購買之書籍及問題。(請註明購買書籍之書號及書名，以及問題頁數，以便能儘快為您處理)
http://www.gotop.com.tw

● 售後服務僅限書籍本身內容，若是軟、硬體問題，請您直接與軟體廠商聯絡。

● 若於購買書籍後發現有破損、缺頁、裝訂錯誤之問題，請直接將書寄回更換，並註明您的姓名、連絡電話及地址，將有專人與您連絡補寄商品。